包装技术

（第二版）

马桃林　余晕　欧冠男　编著

武汉大学出版社

图书在版编目(CIP)数据

包装技术/马桃林,余晕,欧冠男编著.—2版.—武汉:武汉大学出版社,
2009.9
　　ISBN 978-7-307-07278-7

　　Ⅰ.包…　Ⅱ.①马…　②余…　③欧…　Ⅲ.包装技术—高等学校—教
材　Ⅳ.TB48

中国版本图书馆 CIP 数据核字(2009)第 146179 号

责任编辑:胡　艳　　责任校对:王　建　　版式设计:王　晨

出版发行:武汉大学出版社　(430072　武昌　珞珈山)
　　　　　(电子邮件:cbs22@whu.edu.cn　网址:www.wdp.com.cn)
印刷:武汉中远印务有限公司
开本:787×1092　1/16　　印张:17.25　　字数:319 千字　　插页:1
版次:1999 年 6 月第 1 版　　2009 年 9 月第 2 版
　　　2009 年 9 月第 2 版第 1 次印刷
ISBN 978-7-307-07278-7/TB·25　　　　定价:28.00 元

版权所有,不得翻印;凡购买我社的图书,如有缺页、倒页、脱页等质量问题,请与当地图书销售部门联
系调换。

前言

现代包装是跨行业、跨部门、多学科互相渗透的交叉学科。尤其是现代科学技术的高速发展，包装新材料、新设备、新技术日新月异，更兼现代包装是新兴行业，涉及轻工、化工、机械、电子、生物工程、能源开发和环保等多门学科，涉及面广、内容复杂。包装作为高等教育的课程是在20世纪中期，而我国的现代包装工业在20世纪80年代才开始起步、发展。近几年，全国已有30多所高等院校先后设置了包装工程本科专业，80多所学校开办了与包装相关的专业。我国包装行业仍然远远落后于世界先进水平。随着人们生活水平和质量的提高，人们对包装的要求越来越高，市场对包装人才的渴求也越来越强烈。加快培养高素质的包装人才是提升我国包装水平的必由之路。

包装技术是包装过程中一个至关重要的环节，是整个包装系统的重要组成部分。包装技术随着包装的发展而不断发展新技术、新工艺、新设备、新材料，所以各高等院校、包装研究所以及包装行业均投入了很大精力进行包装技术理论和工艺的研究。教材更新必须走在行业发展的前沿。本教材在第一版《包装技术》（2001年改编）的基础上，编者结合10余年包装技术的教学经验和课程设置的特点，对原有教材的结构做了一些合理调整，补充了一些最新的包装科技成果和图例说明，对原教材的内容有较大的更新。经过重新编写后的教材无论从结构上还是从内容上都有较大的提升。

本教材总体上主要包括两大部分内容，即基础理论和工艺过程。课程内容基本包括了当今社会常用和最新的包装技术原理和方法。主要包括：防霉腐包装技术，防湿包装技术，防虫害包装技术，防锈包装技术，无菌包装技术，防震包装技术，充填技术，热成型包装技术，热收缩与拉伸包装技术，防氧包装技术，装盒、装箱、装袋及裹包技术以及防伪包装技术，捆扎技术，贴标技术，打印技术等。本教材结合教学特点，结构层次条理比较清晰，每项技术方法都进行了一定程度的归纳，是一本适合于大学本、专科教学使用的教材和行业培训的参考用书。

由于编写教材可供借鉴的资料比较少，现代包装发展迅速、内容复杂，又受到教材篇幅的限制，故对有的技术与方法论述不够透彻，有的新技术和方法由于资料不充分或未得到行业普遍认可而未能录用。此外，笔者水平有限，时间仓促，书中难免存在缺点和不完整，衷心希望得到专家和读者们的批评和指正。

编　者

2009 年 7 月

目 录

第一章 绪论 ……………………………………… 1

第一节 包装的定义、功能及分类 ……………… 1
第二节 包装技术的发展概况 …………………… 3
第三节 包装技术的选择、研究与开发 ………… 5

第二章 商品在流通中的质量变化 ……………… 8

第一节 商品的物理变化 ………………………… 8
第二节 商品的化学变化 ………………………… 10
第三节 商品的生理生化变化 …………………… 12
第四节 商品质量变化的内在因素 ……………… 13
第五节 商品质量变化的外界因素 ……………… 17

第三章 防霉腐包装技术 ………………………… 21

第一节 霉腐微生物及其营养特性 ……………… 21
第二节 影响物品霉腐的主要因素 ……………… 23
第三节 商品防霉腐包装技术 …………………… 28
第四节 防霉腐包装设计 ………………………… 33

第四章 防湿包装技术 …………………………… 37

第一节 湿空气及其表达方式 …………………… 37
第二节 产品的吸湿及其危害 …………………… 42
第三节 影响包装品湿度变化的因素 …………… 44
第四节 防湿包装的等级与方法 ………………… 47
第五节 防湿包装技术设计 ……………………… 52

第五章 防虫害包装技术 ………………………… 57

第一节 害虫的分类及危害 ……………………… 57
第二节 影响物品虫蛀的因素 …………………… 59
第三节 防虫害包装技术 ………………………… 64
第四节 防虫包装的设计要点 …………………… 68

第六章 防锈包装技术 …………………… 72

第一节 金属制品锈蚀原理 …………… 72
第二节 影响金属制品锈蚀的因素 …… 76
第三节 防锈蚀包装技术 ……………… 84

第七章 无菌包装技术 …………………… 99

第一节 无菌包装概述 ………………… 99
第二节 被包装物品的灭菌技术 ……… 100
第三节 包装容器(或材料)的灭菌技术 …… 104
第四节 无菌包装系统 ………………… 109

第八章 防震包装技术 …………………… 112

第一节 防震包装的受力分析 ………… 112
第二节 常用防震包装的材料及其性能要求 …… 118
第三节 防震包装技法 ………………… 127
第四节 防震包装的设计方法 ………… 130
第五节 防震包装理论的研究进展 …… 137

第九章 防氧包装技术 …………………… 140

第一节 概述 …………………………… 140
第二节 氧对商品质量变化的影响 …… 141
第三节 防氧包装技术 ………………… 143

第十章 充填技术 ………………………… 154

第一节 概述 …………………………… 154
第二节 液体物料的充填 ……………… 154
第三节 固体物料的充填 ……………… 169

第十一章 装盒、装箱、裹包及装袋技术 …… 181

第一节 装盒技术 ……………………… 181
第二节 装箱技术 ……………………… 185
第三节 裹包技术 ……………………… 190

　　　　第四节　装袋技术 …………………………………… 198

第十二章　热成型包装技术 …………………………………… 204

　　　　第一节　泡罩包装技术 …………………………………… 204
　　　　第二节　贴体包装技术 …………………………………… 210
　　　　第三节　泡罩包装与贴体包装的
　　　　　　　　比较与选用 …………………………………… 212

第十三章　热收缩包装与拉伸包装技术 ………………… 216

　　　　第一节　热收缩包装技术 ………………………………… 216
　　　　第二节　拉伸包装技术 …………………………………… 224
　　　　第三节　收缩包装与拉伸包装的
　　　　　　　　比较与选用 …………………………………… 230

第十四章　辅助包装技术 …………………………………… 234

　　　　第一节　艺术包装技术 …………………………………… 234
　　　　第二节　防伪包装技术 …………………………………… 236
　　　　第三节　封缄技术 ………………………………………… 242
　　　　第四节　捆扎技术 ………………………………………… 255
　　　　第五节　贴标技术 ………………………………………… 258
　　　　第六节　打印技术 ………………………………………… 263

参考文献 ……………………………………………………… 268

第一章 绪 论

第一节 包装的定义、功能及分类

原始时代人类在生活中用植物叶子、果壳、兽皮等捆扎、包裹食物和装水，这是包装的萌芽。其作用仅仅是容纳物品、方便取用，直到人类社会有商品交换和贸易活动时，包装才开始逐渐成为商品的组成部分。包装从古时代的静态储存，发展到近代的流通媒介，已成为当代市场销售竞争的有力武器，其功能变化反映出现代包装所具有的物质和精神的双重功能属性。商品的包装以社会整体发展为动力，以技术科学、管理科学和艺术科学等多科学相互渗透、发展、结合为条件，以优化其保护功能、强化其促销功能和扩大其方便功能为主要特征。现代包装已经形成了运用先进技术、材料和设备进行机械化、自动化生产的完整的工业体系，并且成为现代商品生产、储运、销售以及人们生活中不可缺少的重要组成部分。

现代商品包装的重要原则是：保护产品、流通方便、使用便利、装饰美观、促进销售。

包装是一门新的科学技术，绝大部分商品都离不开包装。研究包装需要物理学、化学、生物学、美学、心理学、印刷学等各方面的科学知识，因此包装是一门综合性的学科。

一、包装的定义

包装的定义，具有历史性和阶段性，不是一成不变的。过去大家认为包装就是保护商品的质量和数量的工具，后来又赋予便于运输、便于保管的内容，至今包装已自成体系，并增加了销售手段的内容。

包装在人类活动中扮演着重要的角色，但至今，世界各国尚未对包装制定统一的定义。虽然各国对包装的定义均不相同，但是基本意思趋于一致：包装的主要功能在于从产品生产后直到消费者手中的全过程中每一个阶段，都能使内容物受到保护，不降低其价值。广义的现代包装，可看成是用高超的艺术和科学技术，以最合理的价格、精确的量值、适当的保护性材料，保证在预定的时间内，使产品经运输、保管、搬送，完美地到达预定地点入库，然后转运到商店等处销售或使用，以达到保护产品、便于使用和运输、储存的目的，并有助于销售的一种技术措施。

国家标准 GB4122—83 包装通用术语中，对包装有明确的解释：

包装——为在流通过程中保护产品、方便储运、促进销售，按一定技术而采用的容器、材料及辅助物等以及为达到上述目的而采用的一些技术措施的总称。包装是在物流过程中，为保证产品使用价值和价值的顺利实现而采用的一个具有一定功能的系统。

二、包装的功能

包装有多种功能，但归纳起来主要有以下三种。

（1）保护产品。这是包装最重要的功能。防止内容物在物流过程中受到质量和数量上的损失，并能防止危害性内容物对其接触的人、生物和环境造成危害。产品从离开生产厂家到销售网点，往往要经过数月的时间和经历漫长的历程，这期间要保证所有的产品状态良好地到达消费者手中，有的产品甚至在完全用完之前都是有效的。通常包装要防机械损伤、防丢失盗窃、防挥发、防潮、防污染及微生物作用，在某些场合还要防曝光、防氧化和防受热与受冷等。

（2）提供方便。包装为商品的储藏、装卸、运输、零售和消费者携带提供方便。主要体现在方便生产、方便装填、方便储运、方便陈列和销售、方便开启与使用、方便处理。产品从生产厂家到消费者手中要经过多次装卸、运输，因此包装的尺寸、重量、形态都必须提供方便。同时，还必须做到容易识别，陈列简单，橱窗效果好，销售易开包，使用和流通都十分方便。

（3）扩大销售。包装具有扩大销售的功能，即商业功能。主要表现在加强与顾客之间的信息沟通上。包装通过商标、标记、代号、说明等介绍商品的成分、性质、使用方法，便于管理、识别和选购；通过精美的图案、色彩和装潢，使商品具有吸引力，并起到宣传商品、扩大销售的作用。其效果甚至不亚于广告。

包装的价值主要体现在包装的合理选择上，它寻求的是功能与成本之间最佳的对应配比，以尽可能小的代价取得尽可能大的经济效益。包装产业作为一个中间产业，一头连着生产厂家，一头连着消费者，既要为厂家产品服务，又要为消费者尽职。为此，包装应该去适应产品的保护要求，并在各种转移中实现其价值的保护。

三、包装的分类

现代产品品种繁多，性能和用途千差万别，对包装要求的目的、功能、形态、方式也各不相同。对不同产品采用的包装形式，可以分为以下几类。

（1）按包装的层次，分为第一次包装（如内包装）、第二次包装（如中包装）、第三次包装（如外包装）、第四次包装（如托盘或集装箱等）。

（2）按包装的功能，分为运输包装、销售包装，此外还有贮藏包装、分散包装、集合包装、保护包装等。

（3）按包装材料，分为硬包装（如木箱、金属复合材料等）、半硬包装（如瓦楞纸箱、硬纸盒等）、软包装（纸袋、塑料袋等）。

（4）按包装产品种类，分为食品包装、液体包装、药品包装、金属包装、机电包装、粉末包装、化妆品包装、危险品包装等。

（5）按包装的技术与方法，分为防霉腐包装、防潮包装、防湿包装、防水包装、防锈包装、防虫包装、防震包装、真空与充气包装、无菌包装、泡罩与贴体包装、收缩与拉伸包装等。

（6）按产品的形态，分为固体包装（粉末、颗粒、块状）、流体包装（液体、半液体、黏稠体等）、气体包装。

（7）按包装处理，分为一次性包装和回收性包装。

（8）按使用方法，分为商品包装（包括国内包装和出口包装）、工业包装（包括军用包装和民用包装）。

（9）按运输方式，分为火车运输包装、汽车运输包装、船舶运输包装、飞机运输包装和人力运输包装等。

（10）按数量和重量，分为单件包装、组合包装、集合包装，或小包装、中包装、大包装。

不管包装怎么分类，人们通常把包装分为运输包装与销售包装两大类。前者的主要目的是减少运输过程中的破损、降低流通费用等，一般以捆扎等外包装为主；后者的主要目的是保护产品，以利于销售和提高价格，主要以单件包装和中包装为主。

第二节 包装技术的发展概况

最初人们用天然物质作为包装材料，用手工的方式进行包装，如用芦叶包粽子，用荷叶包鱼肉，用葫芦装药，用竹筒装水、油、酒等。这些活动只能从广义上归于包装的范畴，属于初始阶段，并未涉及包装技术。

将天然物质经过一次加工，制成草袋、草绳、柳条筐、竹筐、麻袋、木箱、陶罐等，采用手工包装，这种包装的方法很简单，属于低级阶段。

将天然物质经过一次或二次加工，制成多种包装容器及封缄、捆扎、裹包用材料和保护性涂层材料，并且也能适应储运、销售和使用的一般要求。同时，商品要求包装的范围在扩大，数量在不断增长，包装技术也得到了较快的发展，属于发展阶段。

随着科学技术的进步和工农业、商业、交通运输业的发展，商品的数量、重量、花色品种和市场的急剧变化，以及商品的分配、销售和消费水平、消费习惯的变化等，对包装提出了各种新的更高的要求。与此同时，新技术、新材料、新设备不断涌现，特别是塑料、化纤、金属、复合材料、轻质合金、各种黏合剂的出现，还有新兴的灭菌、封缄、印刷装潢、塑料和金属加工、焊接技术，再加上液压、气动、微电子和计算机等技术在传动、检测、计量和控制方面的应用为包装机械提供的有利条件，使得包装工业和包装技术得到了迅速而广泛的发展。包装技术与方法已多达几十种，引用的现代技术约40种。包装商品在花色品种、应用范围等方面，包装机械在生产量、生产率和机械化、自动化程度等方面，都达到了前所未有的高水平，属于现代化阶段。

此外，还应当看到，包装技术的发展不仅受到科学技术、材料和机器设备的影响，而且在很大程度上还受到某些社会因素的影响，如商品的生产、流通和销售，国内、国际贸易往来，市场需求、消费水平、消费心理和习惯，以及成本、价格等经济因素的影响。

我国的包装技术在古代发展较早，曾经达到过当时的世界先进水平，而且具有民族风格和特色。如供宫廷和上层社会使用的珠宝手饰盒、礼品盒和食品盒等都是用名贵木料经过雕刻，甚至镶金嵌玉，或者用木质盒匣包以锦缎制成的；装酒用的瓶、罐、坛等都是用金、银、铜、锡或玉、瓷、陶等经过精美加工或彩绘制成。这些包装容器除了方便使用，还有一定的艺术价值。又如民间用竹编、柳编、木制、陶瓷、漆器等的包装，就地取材，具有地方特色，很多都是轻巧适用、价格低廉的。如浙江绍兴用陶制坛装酒，用泥封口并粉饰彩绘，称为"花雕"，既有很好的密封性，又有美观的装潢，曾在国内外享有很高的声誉。特别值得提出的是，在盛唐时期通过海上和陆地的"丝绸之路"向国外输出丝绸、瓷器和茶叶等商品，都有独特的包装技术。

由于长期的封建统治，半封建半殖民地经济和外来侵略，我国经济、生产和科学技术一直处于落后状态，基本上没有包装工业，包装技术自然得不到发展。

新中国成立之后，国民经济和工农业生产从恢复到发展，科学技术不断进步，出口贸易也增长很快。但是包装工业却未能得到应有的重视。由于物资和商品缺乏包装或包装不善造成的损失，每年高达百亿元以上。直到20世纪70年代末、80年代初，国家才开始重视包装工业，建立管理机构，引进技术和设备，整顿和新建包装企业，着手制定有关法规和标准，从而使包装工业有了较快的发展，包装技术也得到了相应的进步。目前，在吸收消化国外技术的基础上，开始研究和开发适合我国情况的包装技术，并且已经取得了可喜的成效。

包装技术是包装系统中的一个组成部分。目前，国家对包装技术的定义、范围和分类还没有统一的解释。根据一般理解，我们认为：包装技术是包装系统中的一个重要组成部分，是研究包装过程中所涉及的技术的机理、原理、工艺过程和操作方法的总称。包装过程主要是指将一件产品进行包装，成为一个包装件，然后进入商品流通领域的全过程。

第三节 包装技术的选择、研究与开发

包装技术是一门综合性强的学科，它涉及许多学科领域。加之产品品种繁多，性能复杂，要求又各不相同，因而对不同的产品应有相应的包装。因此，包装技术的选择、研究和开发应遵循科学、经济、牢固、美观和适用的原则，综合考虑各方面因素。

一、被包装物品的性质

被包装物品是包装的核心，它们对包装的要求，因其性质的不同而异，包装产品的物态、外形、重量、强度、危险性、结构、价值等决定应采用什么样的包装技术，或研究开发什么样的包装技术。在日常所见到的商品中，有固体的、液体的、气体的，有易碎、易燃、易爆或有毒的，有易生锈、易霉变、易腐烂的，有需防潮、隔氧的，有的要通气保鲜，还有的要消毒灭菌等。这些特点都是由于被包装物品的性质不同而产生的。因此，对被包装物品性质的了解也应该是多方面的。如机械性质、化学性质和生理生化性质等，以及对温度、湿度、光照、空气、水分、微生物、虫害、冲击和振动的适应性。只有充分了解被包装物品的性质，才能对包装技术进行合理的选择、开发和应用。

二、流通环境的状况

由于包装是产品从生产到使用之间所采取的一种保护措施，在流通过程中会遇到各种环境条件，并对产品带来不同的影响，这就需要用适当的包装技术来保证包装件经受这些外界环境影响而完好无损。这些外界环境对包装件的影响主要有以下几个方面。

（1）装卸作业的影响。产品在流通过程中，往往要进行多次装卸作业，装卸次数越多，对产品的影响也越大。还要考虑装卸作业的条件，是人力装卸，还是机械装卸，因为这些因素对包装产品的下落高度和产生的冲击力有很大差别。

（2）运输中的影响。产品包装在运输过程中，所产生的振动、冲击、负荷、温度、湿度等变化，对包装均会带来很大的影响。如铁路运输在急刹车时冲击力就较大；海上船舶运输会产生颠簸振动力和冲击力。

（3）储存中的影响。一般产品在储存中都要堆集成一定高度，对下层包装的负荷较大，要通过试验来决定包装的耐压强度，以免包装件被压坏而造成产品的损坏。同时要考虑产品的储存期限和储存条件。在室内储存，要注意防水、防潮、防锈；在室外储存，要注意防雨、防雷、防太阳辐射等。

（4）气象条件的影响。有的产品在高温时易于熔化，在低温时易于冻结，所以在包装时应采取绝热密封措施。对于遇湿易生霉、生锈、潮解，或遇干燥会变质的产品，在包装时，应考虑包装工房安装空调，保持通风或包装密封。

此外，大气污染可造成产品腐蚀、败坏，大风可使堆放产品倒塌或受到冲击，雨水会使产品变质，光线照射会使产品变色老化等。

三、包装材料、包装容器和包装机械的选择应用与开发

物品的性质和外界环境因素是确定包装方式与方法的基础，然后通过包装材料、包装容器和包装机械来完成包装。包装材料、包装容器和包装机械是实现包装功能的主要因素。只有通过对产品、材料、容器有比较深入的了解，才能选择适当的包装技术与方法。

（1）选择相容性好的包装材料。要根据产品的性质，选择相容性好的包装材料制造主要的包装容器，同时选定相应的附属包装材料，如固定材料、缓冲材料、防潮材料、防水材料、防锈材料、封口材料、加强捆扎材料、标志材料等。同时，对大量使用的包装材料或容器要考虑回收利用和废弃物的处理。

（2）选择合适的包装工艺和包装方法。要根据产品需要保护的程度，选择适当的包装工艺和包装方法，既要考虑到产品保护的可靠性，又要使用方便，同时能最大限度地发挥现代装卸、运输工具的效能，使包装具有现代化先进水平。

（3）选择适当的包装操作方法。包装操作包括以下三个过程。

前期工作过程：包装材料或容器的制造、清洗、干燥、搬运等。

主要的工作过程：成型、充填、封口、裹包、计量、贴标、捆扎、选别、冲切等。

后期工作过程：堆垛、储存、运输等。

不同工作过程依产量的多少、形状的复杂程度、对工人健康的影响等因素，而决定选用不同的包装操作方法，如半机械化操作、机械化操作或自动化操作，同时，对于包装机械的要求要能适应国

内产品和包装材料，机械化、自动化程度要恰当，机械运行要稳定可靠。

四、经济因素

包装的成本包括材料、容器的成本和包装储运费用等，包装时要全面考虑。例如药品片剂包装，如果只从局部考虑，玻璃瓶装比泡罩包装成本低，但从全面考虑，因为玻璃瓶重，增加了运输费用，还有洗瓶、放置填充物、加盖等的费用，所以泡罩包装反而比玻璃瓶瓶装成本低，而且使药品服用方便。另一方面，还要考虑用户和消费者在经济上的承担能力，尽量避免过分包装。

五、有关的标准与法规

包装技术的选择、研究和开发，应当遵守有关的包装标准、相关的准则（包括国际的、国家的、地方的或企业的）和有关法规（如食品卫生法、医药管理条例、商标法等）。例如，食品医药包装要求标明出厂日期和有效期；集合包装的木箱、纸箱要符合托盘和集装箱要求的尺寸等。

思考题

1. 了解包装的定义、功能与分类。
2. 什么是包装技术？了解包装技术的发展概况。
3. 包装技术的选用、研究、开发应从哪些方面入手？

第二章 商品在流通中的质量变化

在日常生活中，商品的质量变化是可以经常看到的，如金属器具的锈蚀，食品的酸败、腐烂、霉变，木制家具的腐朽或虫蛀，塑料、纤维、羊毛制品的老化等。这些变化，究其产生的原因，主要是由于商品自身的运动或生理活动。商品自身运动的快慢或生理活动的旺盛与迟滞，又和商品在流通环境中条件（如日光、温度、湿度、氧气和其他工业有害气体等）的影响有关。为了减少商品在流通过程中的质量变化，防止商品损耗和损失，就要掌握商品质量变化的现象和规律，研究相应的科学的包装技术和包装方法，保护商品安全流通，使商品按要求进入消费领域。

商品的种类繁多，商品在流通过程中质量变化的形式很多，概括起来有物理变化、化学变化、生理生化变化，等等。

第一节 商品的物理变化

物理变化是指只改变物质本身的外表形态，而不改变其本质，没有新物质生成。很多商品发生物理变化后数量减少了、质量降低了，有的甚至完全丧失了使用价值。商品的外表形态可分为气态、液态、固态三种，不同形态的商品在一定的温度、湿度或压力下，会发生相互变化，表现形式有商品的挥发、溶化、熔化、凝固、干缩等。

一、挥发

挥发是指液体商品或经液化的气体商品，在空气中液体表面能迅速汽化变成气体散发到空气中去的现象。挥发属于"三态变化"中液态变气态的变化形式。

液态商品的挥发，不仅会使商品数量减少，有的还严重影响商品的质量，特别是有的挥发气体，不仅影响人体健康，甚至还会引起燃烧爆炸。如各种香精受热易散发香气，质量下降；乙醚、丙酮等挥发出来的蒸气具有毒性和麻醉性，对人体健康有影响；还有些液体商品挥发出来的气体与空气混合成一定比例时，会成为易燃易爆的气体，若接触火星就会引起燃烧或造成爆炸事故。因此，对沸点低、易挥发的商品应研究采用密封性能强的包装方法进行包装，以防在流通过程中挥发。产品的挥发会使其质量减轻，严重时会产生干缩，这样将造成品质发生变化或丧失使用性能。

二、溶化

溶化是指某些固体商品在潮湿空气中能吸收水分，当吸收水分达到一定程度时，就溶化成液体的现象。溶化是属于"三态变化"中的固态变液态的变化形式。

具有吸湿性的商品在一定条件下会不断地从空气中吸收水分。如果该商品同时又具有水溶性，则该商品与水分接触时，水分能扩散到商品体中，破坏商品分子中原有的紧密联系，均匀地分散到水溶液里，于是商品逐渐被潮解，以至完全溶化成液体。但是有些商品，如棉花、纸张、硅胶等，虽然它们也有较强的吸湿性，但不具有水溶性，吸收水分再多，它们也不会被溶化。还有些商品如硫酸钾、过氯酸钾等虽然具有水溶性，但是由于它们的吸湿性很低，所以不易溶化。由此可见，只有同时具备吸湿性和水溶性两种性能的商品，在一定条件下，才会被溶化。

影响商品溶化的因素，主要有商品的组成成分、结构和性质以及大气的相对湿度、气温等因素。空气的相对湿度的大小对商品溶化影响很大。易溶性商品虽具有吸湿性和水溶性，但在空气相对湿度很低时，仍然不能从空气中吸收水分而溶化；相反，含有结晶水的商品，还可能散失水分而"风化"。因此，只有在一定的相对湿度条件下，商品才可能吸湿而溶化。空气的相对湿度越大，易溶性商品就越容易吸湿而溶化。产品的溶化性能除与气压、温度、湿度、储存时间等外部环境条件有关外，还与自身的材质、成分、结构、形状和性质等内在因素有关。

各种商品在不同的温度下，吸湿能力也不同，这和每种商品都有自己的吸湿点有关。商品的吸湿点是指商品在一定的温度和压力下开始吸湿的相对湿度。一般来说，随着环境温度的升高，商品的吸湿点就会不断下降，使商品易于吸湿溶化。所以，对于易溶化的商品，掌握它们在不同温度下的吸湿点，对于防止商品溶化损失、确保商品安全，具有十分重要的意义。

三、熔化

熔化是指某些商品受热后发生变软以至变成液体的现象。商品的熔化除受环境温度的影响外，还与商品本身的熔点密切相关。熔点越低，越易熔化；反之越难熔化。易于发生熔化的商品，如医药商品中的油膏类、胶囊等，百货商品中的香脂、发蜡、蜡烛等，化工商品中的松香、石蜡和金属盐类中的硝酸锌等。这类商品熔化后，有的会造成商品流失，有的会使商品与包装粘连在一起，有的商品将产生体积膨胀，胀破包装，有的还可能玷污其他商品等。因此，对易熔化商品的包装，一般应研究采用密封性能好、隔热性能强的包装方法，尽量减少因环境温度升高而影响商品的质量。

四、渗漏

渗漏主要是指液体商品，特别是易挥发的液体商品，由于包装容器密封不良，包装质量不符合内装商品的性能要求，搬运装卸时碰撞震动而使包装受损等发生的商品泄漏现象。此外，某些液体商品包装质量较差，有的容器有砂眼、气泡或焊锡不匀、接口不严等；有些包装材料耐腐蚀性差，受潮锈蚀；有的液体商品因气温升高，体积膨胀或汽化，使包装内部压力加大而胀破包装容器；有的液体商品在低温或严寒季节，也会发生体积膨胀造成包装容器破裂，致使商品受到损失。

另外，还有些商品，如玻璃制品、陶瓷制品、搪瓷制品、铝制品、皮革制品、粉状商品等，在搬运过程中，在受到碰撞、挤压和抛掷等外力的作用下，会发生破碎、变形、结块、脱落散开等形态上的变化，致使这类商品的质量降低或完全丧失了它们的使用价值。

第二节　商品的化学变化

化学变化是指不仅改变物质的外表形态，而且在变化时生成了其他物质。商品在流通过程中发生化学变化就是商品质变的过程，严重时会使商品完全丧失使用价值，商品流通领域中发生化学变化的形式很多，常见的有化合、分解、水解、氧化、锈蚀、老化等。

一、化合

商品在流通领域，受外界条件的影响，会出现两种或两种以上的物质相互作用，生成一种新物质的化合反应。如吸潮剂的吸湿过程就是一种化合反应，其反应式为：

$$CaO + H_2O \rightarrow Ca(OH)_2$$

二、分解

分解是指某些化学性质不稳定的商品，在光、热、酸、碱及潮湿空气的影响下，会发生化学变化，由原来的一种物质生成两种或两种以上的新物质。商品发生分解后，不仅数量减少而且质量降低，有时产生的新物质还可能具有危害性。

例如，过氧化氢为无色液体，是一种不稳定的强氧化剂和杀菌剂。它在常温下慢慢分解，如遇高温则迅速分解而生成氧和水。其反应式为：
$$2H_2O_2 \rightarrow 2H_2O + O_2\uparrow + 热量$$

三、水解

水解是指某些商品在一定条件下，遇水而发生分解的现象。水解的实质是分子与水作用而发生复分解。如硅酸盐、肥皂等，其水解产物是酸和碱，具有与原成分不同的性质。高分子有机物中的纤维素、蛋白质发生水解，导致链节断裂、强度降低。

各种不同商品在酸或碱的催化下，发生水解的情况不一样。例如肥皂在酸性溶液中全部水解，但在碱性溶液中却很稳定；蛋白质在碱性溶液中易于水解，而在酸性溶液中却比较稳定；棉纤维在酸性溶液中，特别在强酸的催化作用下易于水解，使纤维的大分子链节断裂，分子量降低，分解成单个纤维分子，从而大大降低了纤维的强度，但棉纤维在碱性溶液中却比较稳定。

四、氧化

氧化是指商品与空气中的氧或其他物质放出的氧接触，发生与氧结合的化学变化。商品的氧化不仅会降低商品的质量，有的还会在氧化过程中产生热量，发生自燃，有的甚至发生爆炸事故。易于氧化的商品很多，如某些化工原料、纤维制品、橡胶制品、油脂类商品等。如棉、麻、丝等纤维织品若长期与日光接触，会发生变色现象，就是由于织品的纤维材料被氧化的结果。

有些商品在氧化过程中要产生热量，如果热量不易散失，则又会加速氧化过程，使温度逐步升高达到自燃点时就会发生自燃现象。如桐油布、桐油纸等桐油制品，如尚未干透就进行包装，就易发生自燃。这是因为，桐油含有不饱和脂肪酸，氧化时放出热量，热量难以散失，温度升高，达到纤维燃点时就会发生自燃。

五、锈蚀

锈蚀是指金属制品，特别是钢铁制品，在潮湿空气或酸、碱、盐类物质的影响作用下发生腐蚀的现象。锈蚀分为电化学锈蚀和化学锈蚀。金属制品的锈蚀不仅会使金属制品的重量减少，更为严重的是会影响金属制品的质量和使用价值、美观性等。

六、老化

老化是指某些以高分子聚合物为成分的商品，如橡胶、塑料制品及合成纤维织品等，受日光、热和空气中氧等因素的影响，而发生发黏、龟裂、强度降低以至发脆变质的现象。

橡胶制品容易发生老化现象的基本原因是橡胶分子在氧的作用下受到了破坏，即橡胶分子与氧化合后破坏了橡胶烃的分子结构。

因此，日光、高温、潮湿空气等都会加速橡胶制品的老化过程。同时，橡胶与氧的接触面越大，氧扩散到橡胶内部的可能性也越大，也就愈容易老化。

塑料制品发生老化是由于合成树脂的分子结构发生变化而造成的。如主链断裂，分子量降低，使塑料变软、发黏、机械性能变坏；如分子发生交联，就会使塑料变僵、变脆、丧失弹性和发生龟裂；如分子链的侧基改变，就会使塑料制品出现变形、龟裂以及性能改变等。

合成纤维织品老化是在日光、热和空气中的氧等因素作用下，发生变色、强度降低，甚至逐渐脆化变质的过程。

第三节　商品的生理生化变化

商品的生理生化变化是指有机体商品本身所进行的一系列变化。如粮食、果蔬、鲜鱼、鲜肉、鲜蛋等商品，在流通过程中，受各种外界条件的影响，会发生各种各样的生理生化变化，这些变化主要有呼吸作用、发芽、胚胎发育等。

一、呼吸作用

呼吸作用是指有机体商品在生命活动过程中，不断地进行呼吸，分解体内有机物质产生热能，维持其本身的生命活动的现象。呼吸停止就意味着有机体商品生命力的丧失。呼吸作用是有机体在氧和酶的参与下进行的一系列氧化过程。被呼吸作用分解的物质称为呼吸基质，基质中最主要的是糖类中的葡萄糖。呼吸作用可分为有氧呼吸和缺氧呼吸两种类型。

有氧呼吸是有机体商品的葡萄糖在空气中氧的作用和呼吸酶的催化下，经过氧化还原，转化为二氧化碳和水，并释放出热量，这种氧化过程叫有氧呼吸。

缺氧呼吸是指在无氧的条件下，有机体利用分子内的氧进行呼吸作用，葡萄糖在各种酶的催化下，分解成酒精、二氧化碳，并释放热量，这种氧化过程叫缺氧呼吸。这种呼吸作用，葡萄糖还未完全分解，产生出来的酒精属中间产物，这个化学反应过程与发酵酒一样，因此又把它看成是发酵作用。缺氧呼吸产生的酒精如积累过多，会促使有机细胞中毒死亡，其结果会使粮种发芽率降低、果实和蔬菜腐烂等。

有氧呼吸和缺氧呼吸都会消耗有机体商品内营养物质葡萄糖，从而降低商品的质量，而且还释放热量。特别是粮食的呼吸作用产生的热量不易散失，如积累过多，会使粮食变质。同时，由于呼吸作用，有机体分解出来的水分又有利于有害微生物生存繁殖，加速霉变。因此，商品包装要设法控制被包装的有机体商品在流通过程中的正常呼吸强度，抑制旺盛的呼吸，以保护商品的质量。

二、发芽

有些有机体商品，如粮食、果蔬等，在流通过程中，若水分、氧气、温度、湿度等条件适宜，就可能发芽，其结果会使粮食、果蔬的营养物质在酶的作用下转化为可溶性物质，供给有机体本身的需要，从而降低有机体商品的质量。如各种粮食发芽都会降低加工成品率和食用价值；马铃薯发芽则产生有毒物质。同时，发芽萌发过程中通常伴随发热生霉，不仅增加损耗，而且降低质量，若是粮食种子则会丧失播种价值。

三、胚胎发育

这里讲的胚胎发育主要指鲜蛋的胚胎发育。鲜蛋在流通过程中如果温度适宜，胚胎往往开始发育，大大降低鲜蛋的质量。为抑制鲜蛋的胚胎发育，要研究选用合理的商品包装。

有机体商品除进行生理生化变化外，还可能污染微生物，发生霉变、发酵、蛋白质腐败等变化，并可能招致虫蛀，而造成商品破坏。霉变是有机体商品容易发生的变化；发酵主要是污染了酵母菌、乳酸菌、醋酸菌等，而使商品发生分解作用；蛋白质腐败主要是由于细菌污染食品而发生蛋白质分解的现象。

第四节　商品质量变化的内在因素

了解商品在流通过程中质量变化的因素，掌握其变化的规律，是研究包装技术和包装方法的前提。商品在流通领域质量变化的主要因素是商品的组成成分以及生产加工过程中所赋予的性能等内在因素。

一、商品的化学成分

商品的种类繁多，按化学成分分类，可把商品分为有机成分的商品和无机成分的商品两大类。必须根据商品的不同化学成分采取相应的包装技术和包装方法。

1. 无机成分的商品

无机成分的商品一般是指以不含碳氧结构的化合物为成分的商品，但包括含碳的无机化合物（如碳的氧化物、碳酸、碳酸盐以及氰化物等）。属于这类商品的有化肥、部分农药、搪瓷、玻璃、五金商品及部分化工商品等。这类商品成分中的元素种类不同，结合形式不一样，有的是单质，有的是化合物或混合物等。

2. 有机成分的商品

有机成分的商品是指以含碳的有机化合物为成分的商品,但不包括碳的氧化物、碳酸和碳酸盐以及氰化物等。属于这类成分的商品其数量相当庞大,如棉、毛、丝、麻及其制品,还有化纤、塑料、橡胶制品、石油产品、有机农药、有机化肥、木制品、皮革、纸张及其制品、蔬菜、水果、食品等。这类商品成分中,结合形式也不相同,有的是化合物,有的是混合物。

在商品中,一般多是由几种成分或几种材料组成的,即以混合物为成分的商品。如火柴、油漆、黑火药等都是混合物。火柴是由硫磺、赤磷、氯酸钾和木材等混合组成的,油漆是由黏合剂(油或树脂)、溶剂油及其他材料(颜料或辅助材料)等混合组成的,黑火药是由硫磺、氯酸钾或木炭粉等混合组成的。因此,在包装这类商品时,要根据其混合物的成分、性质等,研究采取有效的包装技术和方法。

二、商品的结构

商品的种类繁多,各种商品有各种不同的形态结构,如气态商品,分子运动迅速,分子间距离大,其形态随包装容器而异。液态商品分子运动速度较气态商品慢,分子间距离也较气态商品小,其形态也随包装容器而变。只有固态商品具有一定的外形。各种不同类别的商品从形态结构上来分,可以分为外观形态和内部结构两大类。

1. 商品的外观形态

商品的外观形态,一种是人为的,在生产过程中形成的商品外形,如玻璃杯、各种灯具等;另外一种是天然形成的外观形态的商品,如各种农副产品(水果、鸡蛋等)。由于商品外观形态的多种多样,所以在包装时就要根据待装商品的体形结构来合理排放在包装容器内,提高包装容积的利用率。

2. 商品的内部结构

商品的内部结构也就是构成此类商品原材料的成分(分子、原子)。这种结构是人的肉眼看不到的,必须借助于各种仪器来进行分析观察,所以又叫商品的微观结构。

商品的微观结构对商品性质往往影响极大,有些分子的组成和分子量虽然完全相同,但由于结构不同,性质就有很大差别。例如,白酒中含有乙醇(C_2H_5OH),它与甲醚($CH_3—O—CH_3$)的分子式 C_2H_6O 相同,分子量也都是46,但由于结构不同,性质也不一样,前者用做饮料,后者则不能食用。于是在包装上也就要采用不同的技术与方法。

三、商品的性质

商品的性质是由商品的成分和结构所决定的。例如,葡萄糖

（$C_6H_{12}O_6$）与果糖（$C_6H_{12}O_6$）都是碳水化合物，同属六碳糖，但葡萄糖含醛基，而果糖含酮基，由于二者的结构不同，其吸湿性和甜味也不一样。果糖比葡萄糖吸湿性大，但比葡萄糖甜些。

商品的性质可分为物理性质、机械性质和化学性质三类。

1. 商品的物理性质

商品物理性质是指商品的导热性、耐热性等性质。

（1）商品的导热性，是指物体传递热能的能力。影响商品导热性的主要因素是其成分和组织结构。各种不同成分的商品其导热性有很大差别。例如，金属材料都是热的良导体，动物纤维、玻璃、橡胶等都是热的不良导体。所以，导热性好的大五金商品可以露天存放，不怕高温、烈日暴晒，而导热性差的橡胶制品就应进行妥善包装存放，否则会因受热不易散发而加速老化，使其质量下降。

（2）商品的耐热性，是指商品在受热影响下仍能保持其优良的物理机械性能的能力。影响商品耐热性的因素除成分、结构和不均匀性以外，还与导热性、膨胀系数等有关。导热性高而膨胀系数小的商品耐热性良好，反之则耐热性差。在包装时如不考虑商品的耐热性，则会使内装商品的质量受损或包装破损。例如，在严冬季节，玻璃瓶内的水结冰，体积膨胀，而包装瓶受冷则体积收缩，一胀一缩故易炸裂。

2. 商品的机械性质

商品的机械性质是指商品的形态、结构在外力（荷重）作用下的反应。如商品的弹性、韧性、脆性等。

具有一定弹性和韧性的商品很多，如各种橡胶制品、软质塑料制品、皮革制品、针纺织品等。这类商品虽然一般不怕碰、撞、压，但也不宜重压、久压，以免引起商品变形。再如陶瓷、玻璃、电器等具有脆性的商品，在碰、撞、摔等外力的作用下，就完全失去了它的价值。

另外，同样的商品由于承受外力性质不同，其质量受损的程度也不同。一般来说，商品承受的静荷重的能力要大些，动荷重易使商品质量受损，而这在流通过程中又是不可避免的，因此必须研究采用相应的包装技术和方法来保护内装商品在外力作用下质量的完好。

3. 商品的化学性质

商品的化学性质是指商品的形态、结构以及商品在光、热、氧、酸、碱、温度、湿度等作用下，发生改变商品本质的性质。如商品的化学稳定性、腐蚀性、毒性、燃烧性、爆炸性等。

（1）商品的化学稳定性。是指商品受外界因素作用，在一定范围内，不易发生分解、氧化或其他变化的性质。商品的化学稳定性的大小是由具体商品的成分、结构及外界条件等来决定的。如红磷与黄磷，同是磷，但化学稳定性大不一样。红磷在常温下性质不活泼，在空气中加热至160℃能燃烧，与强氧化剂接触，经摩擦，能引起燃烧和爆炸；而黄磷在常温下性质很活泼，易氧化，能自燃，加热到40℃能燃烧。因此，为保护商品的质量和安全，红磷与黄磷的包装技术与条件就有明显的差异。

(2) 商品的毒性。是指某些商品能破坏有机体生理功能的性质。具有毒性的商品主要是医药、农药和化工商品等。有的商品的气体有毒；有的商品本身有毒；有的商品本身虽无毒，但分解化合后，产生有毒的成分。例如，甲醛和苯的气体有毒性，甲醛最高允许浓度每升空气不超过0.05mg，苯每升空气不超过0.1mg。再如砷（俗称砒），是一种非金属，通常砷多呈灰色，灰砷略带金属性，质脆而硬，银灰色而有光泽，易氧化，与氧化合后很快失去光泽而呈霜状，叫二氧化二砷，俗称砒霜，有剧毒，误食0.1g就可以致死。

(3) 商品的腐蚀性。是指某些商品能对其他物质发生破坏性的化学性质。如硫酸、盐酸、硝酸和烧碱之类的商品，它们具有腐蚀性，是由于这些商品本身具有氧化性和吸水性所致。酸挥发的气体与空气中的水分结合成金属制品的电解液，能促使金属制品生锈变质；烧碱能腐蚀皮革、纤维制品和人们的皮肤（因为人的皮肤与皮革制品均含脂肪和水）；浓硫酸能吸收动植物商品中的水分，使它们碳化而变黑；生石灰有强吸水性和放热性，能灼热皮肤和刺激呼吸器官等。所以，要根据商品的腐蚀原理采取有效的包装技术和方法。

(4) 商品的燃烧性和爆炸性。燃烧属于氧化反应范畴，只是反应剧烈，同时，伴随着有热与光的发生。具有燃烧性质的商品甚多，如闪光粉、红磷、白磷、生松香、火柴、汽油、苯、油漆、金属钠等。但是，燃烧必须具备三个条件，即可燃物、助燃物与火源，缺少其中任何一个条件都不会导致燃烧。因此，在包装这类商品时，必须设法隔离其中一至两种条件，以保护这类商品的质量和环境安全。

爆炸是指物质由一种状态迅速变成另一种状态，并在瞬息间以机械功的形式放出大量能量的现象。爆炸分物理性爆炸和化学性爆炸。物理性爆炸是指包装容器内部压力超过了该容器的承受强度而引起的爆炸。这种爆炸情况较少。发生爆炸事故最多的是化学性爆炸。化学性爆炸是指某物质受到外因的作用，引起化学反应而发生的爆炸，化学性爆炸主要有下面三种形式。

①碰击性爆炸。此类商品都是极不稳定的物质，略受碰击，就使分子突然分解成若干元素或简单的化合物，由于急剧的反应，体积突然增大而引起爆炸，如乙炔、苦味酸、硝化甘油等。由于这类物质极不稳定，稍受撞击就会分解产生大量的能量而发生爆炸，所

以这种物质一般叫起爆药。这类商品在包装时一定要避免遭受撞击。

②混入空气中的易燃物的爆炸。如苯、汽油、丙酮等，它们挥发出来的气体混合在空气里并含有较多分量时，碰到火花，由于突然的氧化作用，或因受热过高，而自行发生体积膨胀，以致爆炸燃烧。

③氧化剂混合易燃物（受热或摩擦）的爆炸。如氯酸钾、高锰酸钾、硫酸、红磷和金属锌粉等混合在一起时，由于不安定的氧化剂和细粉状的易燃物质的作用，虽在静置下不会立刻发生爆炸，但略受热或摩擦后就会立即发生爆炸。其他如重铬酸钾、硝酸钾、磷类等，如果略受摩擦或靠近热源，往往也会引起爆炸。有的商品受潮遇水会发生燃烧爆炸，如金属钠，它受极大震动也极易发生爆炸。

第五节　商品质量变化的外界因素

商品在运输、储存等流通过程中，要与空气接触，有时受日光的直接照射。由于空气的成分，特别是其中的氧、水蒸气、有害气体、细菌等的作用，温度、湿度、压力及日光照射的影响，商品会发生霉腐、虫蛀、锈蚀、老化、溶化、干裂、褪色、挥发、燃烧和爆炸等物理、化学、生化变化，使商品的质量下降，甚至报废。因此，研究这些外界因素与商品质量变化的关系，对于探讨商品包装的技术条件具有重要的意义。

一、环境温度、湿度对商品质量的影响

商品中都含有水分，其含水分的多少因商品的组成成分及结构而异。对大多数商品来说，水分是组成商品的必要成分。环境温度、湿度的变化必然引起商品含水量的增减，引起商品质量的变化，引起储存环境中微生物、虫害的生长、繁殖和死亡。所以，商品的水分与环境温度、湿度的大小密切相关。

商品中所含的水分根据存在的状态和性质，可以分为结合水和游离水。

结合水是以氢键的形式与商品成分中胶体系统内的亲水性物质（如糖类、蛋白质等）牢固结合的水，又称束缚水。它是以商品的化学成分而存在的，且和商品正常的生理活动紧密地联系在一起，具有与一般水不同的性质，如零度时不结冰，一般温度下不蒸发，一般不能作为酶的介质等。它对霉腐微生物的活动一般没有可给性，故没有直接意义。但结合水是商品的组成成分，它和商品体的其他物质共同决定商品的使用价值，如果失去这部分水，商品的质

量就会受到影响。

游离水是吸附在商品表面或结构中毛细管内的游离状态的水，又称为自由水。这种水具有一般水的性质。在一般情况下，它是商品水分变化的主体部分，是霉腐微生物等生物因子进行生命活动所需的水分来源。由此可见，商品本身水分的变化，一般情况下是游离水的变化，它将随着环境温度、湿度的变化而变化。由于多数商品中含有糖类、蛋白质等亲水物质，与水有很强的结合力，同时商品结构又存在大大小小的毛细管，内外纵横贯通，空气中的水蒸气分子不仅可以吸附于商品表面，也可以通过毛细管作用进入商品的内部，吸附于亲水物质的表面。这种吸附并不稳定，水蒸气分子不断地运动又能重新逸出到空气中去。商品对水分的吸附和水分从商品内的逸出是同时进行的。当商品干燥而空气潮湿时，进入商品的水汽分子比逸出的多，总的来说商品水分趋于增加，这就是商品的吸湿反潮；相反，当商品潮湿而空气干燥时，逸出的水汽分子比进入的多，商品的水分就减少，即散湿干燥。商品通过吸湿和散湿进行水分交换的性能，称为商品的吸湿性。商品的吸湿和解吸的性能是随着大气湿度的变化而变化的。在一定温度条件下，当商品吸湿和解吸的速度相等时，商品的水分就会暂时稳定在一个数值上，这一数值上的水分，称为在这温度下的平衡水分。在温度不变时，商品的平衡水分与湿度成正比。

总之，商品的平衡水分是一种动态平衡，这种动态平衡是相对的、暂时的。这时商品的吸湿和散湿过程照样进行，只不过是数量相等而已。如果环境的温度或相对湿度发生变化。原来的平衡立即遭到破坏，又要在新的条件下建立新的平衡。

在理论上一般把游离水即将出现之前，即饱和状态的结合水，称为商品的临界水分。在一般情况下，处于临界水分的商品较安全。但是，储存商品的稳定性除受水分条件的影响外，还要受到温度、湿度、气体成分等环境因素的影响。一般情况下，商品尽管出现了游离水，但我们可以通过一定的包装技术和方法将其他条件制约，同样也能达到安全储存的目的。

环境温度的变化对商品中的含水量有着密切的关系，而且直接影响商品质量的变化，在相对湿度不变的情况下，温度的变化可以提高或降低商品中的含水量，同时温度的变化还可以引起某些易熔、易溶、易挥发商品以及有生理机能的商品发生质与量的变化，使商品在数量上和质量上受到损失。

二、空气中的氧和日光照射对商品质量的影响

在空气中通常有1/5的氧存在。商品发生化学和生化变化绝大多数与空气中的氧有关，氧是很活泼的气体，能与许多商品直接化合，使商品氧化，不仅降低商品质量，有时还会在氧化过程中产生

热量，发生自燃，甚至还会发生爆炸事故。如氧能加速五金商品的锈蚀，加速害虫的生长繁殖。商品霉变也有氧的作用。在腐败微生物中，也有部分的气性菌需要氧，缺氧就会受到抑制甚至死亡；有不饱和成分的油脂和肥皂，接触空气中的氧能逐渐氧化、酸败。另一些具有生理机能的商品要借氧进行呼吸，如粮食、果蔬、鲜蛋等。

  由此可见，氧对商品的质量变化有着极大的影响。所以，要针对商品的具体性能，研究相应的包装技术和方法，控制包装内的含氧量。通常在氧含量降到5%以下时，呼吸强度明显下降。但氧的含量又不能太低，许多蔬菜在氧含量低于1%时，缺氧呼吸明显增加，发生缺氧生理病害，抗病性大为削弱。另外，在有氧呼吸时要产生大量二氧化碳，二氧化碳对细胞原生质有麻醉作用。空气中积累适量的二氧化碳也能抑制呼吸作用。高含氧量加速呼吸和供热作用，可由提高二氧化碳含量来抑制；高二氧化碳的毒害又可由提高氧的含量来减少或消除。

  日光也是影响商品变质的一个重要因素，日光中包含着各种频率的色光（可见光谱）以及红外线和紫外线，红外线约占43%，紫外线约占7%。红外线有增热作用，可以增加商品的温度，降低商品的含水量。紫外线对微生物有杀伤作用。大多数细菌只要日光照射1~2小时就死亡，其他微生物光照1~4小时大多数也要死亡。但是，有些商品在日光照射下会发生剧烈或缓慢的破坏作用，如酒类在日光下与空气中的氧作用会变浊；油脂会加速酸败；橡胶、塑料、纺织品、纸张会加速老化。商品的成分中如含有不饱和的化学键，在日光的作用下，易发生聚合反应，丙烯腈、福尔马林、桐油等结块沉淀就属于这种情况。有些商品，如油布、油纸，在日光照射下氧化放热，若不及时散热，不仅会加速这些商品的氧化，而且还可能达到自燃点引起火灾。照相胶卷和感光纸未使用时若见光，则发生光化学反应而成为废品。

三、在流通过程中遭受的外力对商品质量的影响

  商品在流通过程中需经过各种运输工具的运输及运输途中车船码头、周转仓库的储存与搬运、装卸，致使商品受到振动、冲击等因素的影响，而使其质量受损。例如，我们目前常用的交通运输工具有汽车、火车、轮船、飞机等，而各种运输工具的减震系统皆不相同，因此其运载商品受到的震动情况也不同，火车的震源主要来自车轮通过路轨接头处或轨道面凹凸处的冲击震动，如车轮的偏心，道路的起伏不平，车辆的摘挂、上下坡、过岔道、启动、紧急制动等因素。以上震源在一定条件下可以单独起震也可能同时作用，引起更为复杂的叠加震动。轮船的震动源主要来自主机及螺旋桨的不平衡，尤其当螺旋桨部分露出水面时，震动更大。此外，波

浪的撞击也能引起震动。飞机的震源一般来自发动机及气流突变所发生的抖动，飞机起落时，突然瞬间着地或由于跑道不平也往往引起冲击震动。除此之外，商品在储存、运输过程中的层层堆码，使底层商品承载过重，以及商品在装卸、搬运过程中的意外跌落等因素产生的外力也会损害商品的质量。所以，为了保护商品在流通过程中避免或减轻各种外力的损害，就要研究相应的包装技术和方法。

思考题

1. 商品在流通过程中的质量变化的原因和形式有哪些？
2. 阐述挥发、溶化、熔化的定义，并分别说明影响它们的因素。
3. 简单了解包装过程。
4. 在了解吸湿性、水溶性、绝对温度、相对温度等概念的基础上，充分理解吸湿点和平衡水两个概念。
5. 什么是束缚水、自由水？它们对商品质量变化有什么影响？
6. 简述流通过程中，商品质量变化的外界因素。
7. 简述流通过程中，商品质量变化的内在因素。

第三章 防霉腐包装技术

由有机物构成的物品包括生物性物品及其制品和含有生物成分的物品。它们在日常的环境条件下容易受霉腐微生物的侵袭和污染而发生霉变和腐败，使物品的质量受到损害、外观受到影响。物品的霉变和腐败简称为霉腐。物品的霉变就是指霉菌在物品上经过生长繁殖后，出现肉眼能见到的霉菌；物品的腐败是指由细菌、酵母霉菌等引起物品中营养物质的分解，使物品遭到侵袭破坏而呈现的腐烂现象。防霉腐包装技术就是在充分了解霉腐微生物的营养特性和生活习性的情况下，采取相应的措施使被包装物品处在能抑制霉腐微生物滋长的特定条件下，延长被包装物品质量保持期限。

物品发生霉腐，第一是因为该物品感染上了霉腐微生物，这是物品霉腐的必要条件之一。第二是因为该物品含有霉腐微生物生长繁殖所需的营养物质，这些营养物质能提供给霉腐微生物所需的培养基（包括碳源、氮源、水、无机盐、能量等）。第三是因为有适合霉腐微生物生长繁殖的环境条件，如一定的温度、湿度、空气等，这是物品霉腐的外界因素。

第一节 霉腐微生物及其营养特性

在物品的生产、包装、运输、储存过程中，由于不断受到周围空气、土壤、水以及人体或动物体内外微生物的污染，而使物品带有种类繁多的大量微生物。由于微生物的生长繁殖造成了大量物品的霉腐，所以我们要对这些霉腐微生物有全面的了解。

一、常见的霉菌及其危害

（1）毛霉。外形呈毛状，具有分解蛋白质的能力，常发现在果实、果酱、蔬菜、糕点、乳制品、肉类等食品上，可引起食品变质腐败。

（2）根霉。形态与毛霉相似，可使淀粉转化为糖，还会引起粮食及其制品霉变。

（3）曲霉。依菌种的不同，其菌丝可为黑、棕、黄、绿、红等色。曲霉有分解有机物的能力，从而引起许多种类的食品霉腐。

（4）青霉。可呈青色、灰绿色或黄褐色。青霉能生长在各种食品上，引起食品变质。其中有些青霉菌种可制取抗菌素，如青霉素。

（5）木霉。可使谷物、水果、蔬菜等霉变，也可使木材、皮革与纤维物质霉烂。

（6）芽枝霉。能引起食品霉变，并危害纺织品、皮革、纸张与橡胶等。

（7）镰刀霉。可引起谷物与果蔬霉变，其中有些菌种可产生毒素。

（8）枝霉。分布在土壤与空气中，在冷藏肉与腐败蛋中经常出现。

二、霉菌细胞的化学组成

霉菌种类多、体积小，但它们都是有生命的，是由一个个细胞组成的微生物。微生物的细胞由各种复杂的化合物构成，含有碳、氢、氧、氮和各种矿物质元素。目前，已经确定霉菌细胞的组成成分主要是水分和干物质。

（1）水分。占微生物细胞的85%~95%，是微生物细胞的主要组成成分，微生物的蛋白质、碳水化合物与脂肪的水解作用，即微生物的各种生理活动，都需要在水的参与下才能进行。

（2）干物质。微生物细胞内的干物质含量是不固定的，是随菌龄和生活条件而改变的，占细胞的15%~5%。其中90%左右为有机物，如蛋白质、核酸、糖类、脂类、维生素等；其他的为无机物，如硫、磷、钾、钙、镁、铁、钠和微量的铜、锌、锰、硼、钼等。

三、霉菌的营养特性

1. 霉菌的营养物质及其作用

霉菌孢子的发育生长需要三个条件：温度、湿度和营养物质。在机电仪产品中，除使用大量的金属外，其他占主要成分的是有机材料。有机材料含有霉菌生长的营养成分，在潮湿环境下易于长霉。

霉菌生长所需要的湿度一般为60%~100%。湿度为75%以上，温度为25~30℃时生长迅速；湿度为90%以上，就能旺盛生长，破坏产品的外观和标志。霉菌细胞中含有大量的水分，当这种饱含水分、呈网状分布的稠密菌丝布满产品表面时，能保持表面的水分，增强腐蚀性。同时，霉菌代谢过程中分泌出酸性的物质（如二氧化碳、醋酸、丁酸及柠檬酸等），也增强了腐蚀性。金属、无机材料上的长霉情况，主要是由于灰尘、油迹、手汗等积留物，加上适宜的温度、湿度，引起霉菌孢子萌发生长。

营养物质对菌体有两方面的作用：在菌体进行新陈代谢过程中提供所需的能量；可合成为菌体本身的成分。

各种菌体在生长与繁殖过程中所需的营养物质有以下一些。

（1）水。菌体生长必须要有适量的水，原因是菌体所需营养物质必须先溶解于水后，才能被菌体吸收和利用。此外，细胞内的各种生物化学反应也都要在水溶液中进行。

（2）碳源。凡能供给菌体碳素营养物质的，都称为碳源，它也是构成细胞的重要物质。有些菌体以二氧化碳作为碳源，有些则需从外界供给有机碳素化合物，如单糖、双糖、有机酸、醇、纤维素等。

（3）氮源。凡能被菌体利用的含氮物质，统称为氮源，它是组成细胞内蛋白质和核酸的重要元素。氮源来自 N_2，NH_3，NO_3^- 等无机含氮化合物和蛋白质、氨基酸等有机含氮化合物。

（4）矿物元素。菌体所需的矿物元素有主要元素（磷、硫、钾、镁、钙、铁）和微量元素（铜、锌、钴、锰、钼）两类。主要元素所需量不多，过多或过少都将影响菌体的生长发育；微量元素含量更少，对菌体生长有刺激作用。

（5）生长因素。能够促进菌体发育生长的有机物质称为生长因素。菌体的生长因素多是维生素类的物质，目前已知的生长因素有20多种，且主要是B族水溶性维生素，如硫胺素（B_1）、核黄素（B_2）、泛酸（B_5）、烟酸（pp）、吡哆醇（B_6）等。

2. 霉菌的营养特性

霉菌是异养型微生物，即菌体所需能量源只能从现成的有机物的分解过程中获得。例如，从淀粉、纤维素、单糖、双糖、有机酸等有机含碳的化合物中取得碳源；从硝酸铵、硫酸铵等无机含氮化合物或蛋白质、氨基酸等有机含氮化合物中取得氮源。单糖、多糖是霉菌吸收碳源的良好物质；脂肪也可作为霉菌的碳源；有机酸是霉菌较差的碳源。蛋白质及其水解产物、硝酸盐和铵盐为霉菌的主要氮源，氨基酸可兼作霉菌的氮源或碳源。

霉菌正常生长繁殖的条件之一，就是具有一定的酸碱度的环境。霉菌生长的最低pH值为1.5，最高为7~11，霉菌生长的最适pH值为3.8~6，此时植物、动物和微生物产生具有催化能力的蛋白质得到最大发挥，营养物质才能被菌体较好地吸收。

第二节 影响物品霉腐的主要因素

霉腐微生物在物品上，不断从物品中吸取营养和排除废物，所以在其大量繁殖的同时，物品也就逐渐遭到分解破坏，因此，霉腐微生物在物品上进行物质代谢的过程也就是物品霉腐发生的过程，这就是物品霉腐的本质。

物品霉腐一般经过以下四个环节。

（1）受潮。物品受潮是霉菌生长繁殖的关键因素。当物品吸收了外界水分受潮后，物品含水量超过了该物品安全水分的限度，则为物品提供了霉腐的条件。

（2）发热。物品受潮后霉腐微生物开始生长繁殖，就要产生热量。其产生的热量一部分供其本身利用，剩余部分就在物品中散发。物品的外部比内部易散热，所以内部的温度比外部的温度高。

（3）霉变。由于霉菌在物品上生长繁殖，开始有菌丝生长，能看到白色毛状物，称为菌毛。霉菌继续生长繁殖形成小菌落，称为霉点。菌落增大或菌落融合形成菌苔，称为霉斑。霉菌代谢产物中的色素使菌苔变成黄、红、紫、绿、褐、黑等色。

（4）腐烂。物品霉变后，由于霉菌摄取物品中的营养物质，通过霉菌分泌酶的作用，破坏了物品的内部结构，发生霉烂变质。发霉后的物品发出霉味，外观上产生污点或染上各种颜色，内部结构被彻底破坏，弹力消失而失去了使用价值。

从霉腐的本质和过程中我们可以看到，物品的霉腐不仅与物品本身的组成成分有关，而且与在物品的生产、包装、运输、储存过程中受到的许多环境因素的影响有关，如环境湿度、环境温度、空气、化学因素、辐射、压力等。

一、物品的组成成分对物品霉腐的影响

物品的霉腐是由于霉腐微生物在物品上进行生长繁殖的结果，不同的霉腐微生物生长繁殖所需的营养结构不同，但都必须有一定比例的碳、氮、水、能量的来源，以构成一定的培养基础。霉腐微生物从含糖类物品（如动物的肌肉、蜂蜜、水果、乳制品、棉麻纤维及其制品）中、含有机酸的物品（如苹果、葡萄、柑橘等）中获得碳源供其生长繁殖之用，从含蛋白质物品（如肉蛋鱼乳及其制品、皮革及其制品、毛线及毛制品）中获得氮源，供其合成菌体的需要，再从含脂肪类物品中获得碳源和能量以及物品本身所含有的水分，就构成了良好的培养基，霉腐微生物就容易生长繁殖了。

不同的被包装物品，含有不同比例的有机物和无机物，能够提供给霉腐微生物的碳、氮源以及水分、能量也不同。有的菌体能够正常生长繁殖，而另外的一些霉菌则会不适应而生长受到抑制，故物品受到霉腐的形式、程度都不同。不同组成成分的物品对物品霉腐的影响起决定性作用。各种物品中的常见霉菌如表 3-1 所示。

表 3-1　　　　　　　各种物品中常见霉菌

物品名称	常见霉菌
棉织品	纤维杆菌、棒状杆菌、绿色木霉、烟曲霉、土曲霉、球毛壳霉、镰刀霉、淡黄青霉、蜡叶芽霉等
麻织品	黄曲霉、烟曲霉、土曲霉、黑曲霉、木霉等
羊毛织品	铜绿色极毛杆菌、普通变形杆菌、产碱杆菌、芽孢杆菌、变色曲霉、黄曲霉、烟曲霉、土曲霉、球毛壳霉、青霉、镰刀霉等
尼龙织品	红曲霉、羊端孢霉等
皮革	青霉、曲霉、拟青霉、根霉、木霉等
光学仪器	灰绿曲霉、萨氏曲霉、杂色曲霉、黄曲霉、土曲霉、黑曲霉、橘青霉、常见青霉、根霉、毛霉、交链孢霉、球壳毛霉、芽枝霉、毛格霉等
塑料	萨氏曲霉、棒曲霉、溜曲霉、拟青霉、橘青霉、黄青霉、牵连青霉、球毛壳霉、绿色木霉、蜡叶芽枝霉、常见青霉、杂色曲霉、土曲霉、灰绿曲霉等
电工材料及其产品	土曲霉、焦曲霉、黑曲霉、萨氏曲霉、变色曲霉、灰绿曲霉、黄曲霉、黄绿青霉、常见青霉、拟青霉、芽枝霉、木霉、球毛壳霉、交链孢霉、根霉、毛霉、共头霉、放线霉等
卡板、毛毡、骨胶	黑曲霉、黄曲霉、树脂枝孢霉、绿色木霉、常见青霉、高大毛霉等

二、物品霉腐的外界因素

霉腐微生物从物品中获得一定的营养物质，但要繁殖生长还需要适宜的外界条件。

1. 环境湿度和物品的含水量

水分是霉腐微生物生长繁殖的关键。霉腐微生物是通过一系列的生物化学反应来完成其物质代谢的，这一过程也必须有水的参与。

当物品含水量超过其安全水分时就容易霉腐，相对湿度愈大，则愈易霉腐。各类常见的霉菌使物品霉腐的相对湿度条件如表 3-2 所示。由表可知，防止商品霉腐，要求物品安全水分控制在 12% 之内，环境相对湿度控制在 75% 以下。

表 3-2　　各类霉菌使物品霉腐的相对湿度和物品含水量

霉　菌	物品含水量(%)	相对湿度(%)
部分霉菌	13	70～80
青霉	14～18	80以上
毛霉、根霉、大部分曲霉	14～18	90以上

2. 环境温度

温度对微生物的生长繁殖有着重要的作用。霉腐微生物因种类不同，对温度的要求也不同。霉菌为腐生微生物，生长温度范围较宽，为10～45℃，它属于嗜温微生物。温度对霉菌最主要的影响是对菌体内各种酶的作用，温度的高低，影响酶的活性。多数霉菌体内的酶最适宜的温度是25～28℃。在此温度下酶的活性最强，新陈代谢也随之加速，生长繁殖也就旺盛。当温度超过或低于霉菌生长繁殖的适宜温度时，霉菌的生命活动就停止，生长繁殖就受抑制。

不同类型霉菌生长所要求的温度如表3-3所示。从包装的角度来说，一般考虑"中温型菌"，其最适宜生长温度范围是18～37℃。

表 3-3　　　　　　　　霉菌生长的温度范围

菌种类型	生长的温度范围（℃）			存活处
	最　低	最适合	最　高	
低温型	-5～0	10～20	25～30	水、冷藏库、腐生物、病原、温泉
中温型	10～20	18～37	40～45	
高温型	25～45	50～60	70～85	

3. 酸碱度（pH值）

霉菌的生长需要保持一定的酸碱度，若生长环境中pH值过高或过低，均不利于其正常生长繁殖。一般霉菌和酵母菌适于在偏酸性的条件下生长，可生长的pH值范围是2～8，最适宜生长的pH值条件是4～6。而细菌更适于在中性或稍偏碱性的条件下（pH=7～8）生长，最适条件是pH=7.5。微生物在超过最适合pH值的环境中，生长受到抑制，发育受阻，甚至死亡。一些霉菌的生长与基质pH值的关系如表3-4所示。

表 3-4　　一些霉菌生长与基质 pH 值的关系

菌名	pH 值范围	
	可生长	最适
黑根霉	2.2~9.6	—
烟曲霉	3.0~8.0	5.6
黄柄曲霉	2.5~9.0	6.5
青霉	2.5~9.5	4.2
橘青霉	2.2~9.6	—
康氏木霉	2.5~9.5	4.3
葡萄孢霉	4.5~7.4	6.6~7.4
灰葡孢霉	1.6~9.8	3.0~7.0
弯孢霉	2.5~9.0	7.0
侧孢霉	3.0~9.6	5.0
腐质霉	2.5~9.5	6.0

4. 空气的影响

霉菌的生长繁殖还需要有足够的、适量的氧气，在霉腐微生物的分解代谢过程中（或呼吸作用），微生物都需要利用分子状态的氧或体内氧来分解有机物并使之变成二氧化碳、水和能量。空气中氧供应充足时，有利于嗜氧霉菌的生命活动，抑制厌氧霉菌的生长繁殖；相反，当空气中氧比较少时，则有利于厌氧霉菌的生命活动。

5. 化学因素

化学物质对微生物有三种作用：一是作为营养物质；二是抑制代谢活动；三是破坏菌体结构或破坏代谢机制。化学物质究竟起了上述的何种作用，取决于化学物质的浓度以及环境的物质性、菌体敏感性、接触时间的长短、温度的高低。不同的化学物质对菌体的影响不同，这些化学物质主要有酸类、碱类、盐类化合物、氧化物、有机化合物以及糖类化合物等。

6. 其他因素

除以上几种主要的影响因素外，物品在储存、流通过程中，还会受到紫外线、辐射、微波、电磁振荡以及压力等其他因素的作用，这些都将影响霉腐微生物的生命活动，影响物品的霉变和腐败。

第三节 商品防霉腐包装技术

商品在流通过程中，不但种类、规格、数量繁多，而且要经过许多环节。在商品流通的各环节都有被霉腐微生物污染的机会，如果有适宜的环境条件，商品就会发生霉腐。因此，为了保护商品安全地通过储存、流通、销售等各个环节，必须对易霉腐商品进行防霉腐包装。防霉腐包装技术当前主要有以下几种。

一、化学药剂防霉腐包装技术

化学药剂防霉腐包装技术主要是使用防霉腐化学药剂对待包装物品、包装材料进行适当处理的包装技术。有的将防霉腐剂直接加在商品生产的某个工序中，有的是将其喷洒或涂抹在商品表面，有的需浸泡包装材料再予包装。但是，这些处理都会使有些商品的质量与外观受到不同程度的影响。利用防霉腐剂的杀菌机理主要是使菌体蛋白质凝固、沉淀、变性；有的是用防霉腐剂与菌体酶系统结合，影响菌体代谢；有的是用防霉腐剂降低菌体表面张力，增加细胞膜的通透性，而发生细胞破裂或溶解。

使用防霉腐剂时，应选择具有高效、低毒、使用简便、价廉、易购等特点的防霉腐剂。同时，还要求该防霉腐剂不影响商品的性能和质量，对金属无腐蚀作用以及要求防霉腐剂本身应具有较好的稳定性、耐热性与持久性。通常可作为防霉腐剂的有酚类（如苯酚）、氯酚类（如五氯酚）、有机汞盐（如油酸苯基汞）、有机铜类（如环烷酸铜皂）、有机锡盐（如三乙基氯化锡）以及无机盐（如硫酸铜、氯化汞、氟化钠）等。防霉腐剂有两大类，一类是用于工业品的防霉腐剂，如多菌灵、百菌清、灭菌丹等；另一类是用于食品的防霉腐剂，如苯甲酸及其钠盐、脱氢蜡酸、托布津等。

二、气相防霉腐包装技术

气相防霉腐包装技术是使用具有挥发性的防霉防腐剂，利用其挥发产生的气体直接与霉腐微生物接触，杀死这些微生物或抑制其生长，以达到商品防霉腐的目的。气相防霉腐是气相分子直接作用于商品上，对其外观和质量不会产生不良影响。但要求包装材料和包装容器透气率小、密封性能好。

气相防霉腐剂有一种是多聚甲醛防霉腐剂。多聚甲醛是甲醛的聚合物，在常温下可徐徐升华成有甲醛刺激气味的气体，能使菌体蛋白质凝固，以杀死或抑制霉腐微生物，使用时将其包成小包或压成片剂，与商品一起放入包装容器内加以密封，让其自然升华扩散。但是，多聚甲醛升华出来的甲醛气体在高温高湿条件下可能与空气中的水蒸气结合形成甲酸,对金属有腐蚀作用,因此有金属附件的商品不可使用。另外,甲醛气体对人的眼睛黏膜有刺激作用,所以操作人员应做好保护。

还有一种气相防霉腐剂是环氧乙烷防霉腐剂。环氧乙烷能与菌体蛋白质以及酚分子的羧基、氨基、羟基中的游离的氢原子结合,生成羟乙基,使细菌代谢功能出现障碍而死亡。环氧乙烷分子穿透力比甲醛大,因而杀菌力也比甲醛强,还可在低温低湿下发挥杀菌作用,所以应用于不能加热、怕受潮的商品的杀菌防霉腐较为理想。但是,环氧乙烷能使蛋白质液化,并能破坏粮食中的维生素和氨基酸,还残留下有毒的氯乙醇。所以,环氧乙烷只可用于日用工业品的防霉腐,不宜用做粮食和食品的防霉腐。

目前还有一种最新的防霉腐包装膜,其原理也属于气相防霉腐技术。这种防霉腐包装膜没有毒性,可用于食品包装中,这种能防霉腐包装膜,由聚烯烃系树脂构成,其中含有 0.01% ~ 0.05% 的香草醛或乙基香草醛。所使用的聚烯烃系树脂种类较多,如低密度聚乙烯、高密度聚乙烯、聚丙烯、乙烯及丙烯混合物、乙烯及醋酸乙烯混合物等。它们可以是两种组分混合使用,也可以是两种以上组分混合使用。这种聚烯烃系树脂所制成的薄膜,可以使其中的香草醛或乙基香草醛慢慢地挥发。而香草醛不仅具有能防止食品生霉的作用,而且具有芳香性,可以使食品更加适合人们的口味。聚烯烃和香草醛所制的薄膜袋在粮食和饲料包装中已经得到了很好的应用。这种防霉包装薄膜有较高的防霉性能,可保证所包装食品在运输和储存中,长期不发生霉变。

三、气调防霉腐包装技术

气调防霉腐是生态防霉腐的形式之一。霉腐微生物与生物性商品的呼吸代谢都离不开空气、水分、温度这三个因素。只要有效地控制其中一个因素,就能达到防止商品发生霉腐的目的,如只要控制和调解空气中氧的浓度,人为地造成一个低氧环境,霉腐微生物生长繁殖和生物性商品自身呼吸就会受到控制。

气调防霉腐包装就是在密封包装的条件下,通过改变包装内空气组成成分,以降低氧的浓度,造成低氧环境来抑制霉腐微生物的生命活动与生物性商品的呼吸强度,从而达到对被包装商品防霉腐的目的。这也是气调防霉腐包装的原理。

气调防霉腐包装是充以对人体无毒性、对霉腐微生物有抑制作用的气体来达到防霉腐的目的。目前主要是充二氧化碳和氮。二氧化碳在空气中的正常含量是 0.03%。微量的二氧化碳对微生物有刺激生长作用;当空气中二氧化碳的浓度达到 10% ~ 14% 时,对微生物有抑制作用;如果空气中二氧化碳的浓度超过 40%,则对微生物有明显的抑制和杀死作用。包装材料必须采用对气体或水蒸气有一定阻透性的气密性材料,才能保持包装内的气体浓度。

气调防霉腐包装技术的关键是密封和降氧,包装容器的密封是保证气调防霉腐的关键。降氧是气调防霉腐的重要环节,目前人工降氧的方法主要有机械降氧和化学降氧两种。机械降氧主要有真空充氮法和充二氧化碳法,化学降氧是采用脱氧剂来使包装内的氧的浓度下降。

气调防霉腐包装按包装方式,可分为以下三种。

1. 真空包装

真空包装是将包装物装入气密性包装容器中,抽去容器中的空气使其达到规定的真空度后密封。这种包装容器应该密不透气,密封性要求严格,一般可由金属、玻璃、陶瓷、硬质塑料、复合塑料和铝塑复合材料制成。真空包装中,水分和氧气都十分稀薄,生物无法发育生长,因此达到防霉腐的目的。

2. 充气包装

充气包装是在真空包装的基础上发展起来的,它是用干燥的氮、二氧化碳或稀有气体置换容器中的空气。充气包装能使包装容器内的氧气和水蒸气大大降低,同时能够保持容器内外压力的平衡,在储运过程中,容器壁不会引起应力而损坏,因此较安全。充气包装采用充二氧化碳,当包装容器中二氧化碳的浓度达到7%时,即使尚有2%的氧气存在,对防止内装物的霉腐也能起很大作用;当二氧化碳的浓度达到10%时,效果将更显著;当二氧化碳浓度达到50%时,对霉菌、微生物有强烈的抑制和杀灭作用。

3. 除氧包装

除氧包装是将产品用透氧率、透湿度低的金属、玻璃、塑料复合膜等材料或气密性良好的容器包装起来,并将具有除氧能力的脱氧剂封入包装空间内,以除去包装空间内的微量氧气,达到防止氧化和抑制微生物发育生长的目的。除氧包装中,常用的脱氧剂一般都是制备好的脱氧剂,如钙复合脱氧剂、硅钙锰脱氧剂、硅钙钡铝复合脱氧剂。除氧包装比真空包装和充气包装要方便,不需要抽真空和置换气体的机器设备,生产效率高。

四、低温冷藏防霉腐包装技术

低温冷藏防霉腐包装技术是通过控制商品本身的温度,使其低于霉腐微生物生长繁殖的最低温度界限,控制酶的活性。它一方面抑制了生物性商品的呼吸氧化过程,使其自身分解受阻,一旦温度恢复,仍可保持其原有的品质;另一方面抑制霉腐微生物的代谢与生长繁殖来达到防霉腐的目的。

低温冷藏防霉腐所需的温度与时间应按具体商品而定。一般情况下,温度愈低、持续时间愈长,霉腐微生物的死亡率愈高。按冷藏温度的高低和时间的长短,分为冷藏和冻藏两种。冷藏防霉腐包装适于含水量大又不耐冰冻的易腐商品,短时间在 0℃ 左右冷却储藏,如蔬菜、水果、鲜蛋等。在冷藏期间霉腐微生物的酶几乎全部失去了活性,新陈代谢的各种生理生化反应缓慢,甚至停止,生长繁殖受到抑制,但并未死亡。冻藏是适于耐冰冻含水量大的易腐商品,较长时间在 $-16\sim-18℃$ 温度的冻结储藏,如肉类、鱼类等。在冻藏期间,商品的品质基本上不受损害,商品上的霉腐微生物同细胞内水变成冰晶脱水,冰晶又损坏细胞质膜而引起死伤。低温冷藏防霉腐包装应使用耐低温包装材料。

五、干燥防霉腐包装技术

微生物生活环境缺乏水分即造成干燥。在干燥的条件下,霉菌不能繁殖,商品也不会腐烂。

干燥防霉腐包装技术是通过降低密封包装内的水分与商品本身的含水量,使霉腐微生物得不到生长繁殖所需水分来达到防霉腐目的的。因为干燥可使微生物细胞蛋白质变性,并使盐类浓度增高,从而使微生物生长受到抑制或促使其死亡。霉菌菌丝抗干燥能力很弱,特别是幼龄菌种。可通过在密封的包装内置放一定量的干燥剂来吸收包装内的水分,使内装商品的含水量降到其允许含水量以下。

一般地说,高速失水不易使微生物死亡;缓慢干燥,霉菌菌体死亡最多,且在干燥初期死亡最快。菌体在低温干燥下不易死亡,而干燥后置于室温环境下最易死亡。

六、电离辐射防霉腐包装技术

能量通过空间传递称为辐射。射线使被照射的物质产生电离作用,称为电离辐射。

电离辐射的直接作用是,当射线通过微生物时,能使微生物内部成分分解而引起诱变或死亡。其间接作用是,使水分子离解成为游离基,游离基与液体中溶解的氧作用产生强氧化基团,此基团使微生物酶蛋白的 $-SH$ 基氧化,酶失去活性,因而使其诱变或死亡。

电离辐射一般是放射性同位素放出的 α、β、γ 射线,它们都能使微生物细胞结构与代谢的某些环节受损。α 射线在照射时被空气吸收,几乎不能到达目的物上;β 射线穿透力弱,只限于物体表面杀菌;γ 射线穿透作用强,可用于食品内部杀菌。射线可杀菌杀虫,照射不会引起物体升温,故可称其为冷杀菌。但有的食品经照射后品质可能变劣,也可能得以改善。

电离辐射防霉腐包装目前主要应用 β 射线与 γ 射线,包装的商品经过电离辐射后即完成了消毒灭菌的作用。经照射后,如果不再污染,配合冷藏的条件,小剂量辐射能延长保存期数周到数月;大剂量辐射可彻底灭菌,长期保存。

七、其他防霉腐包装技术

1. 紫外线

紫外线也是一种具有杀菌作用的射线，是日光杀菌的主要因素。紫外线的波长范围为 100~400nm，其中波长为 200~300nm 的紫外线具有杀菌作用，尤以波长为 265~266nm 的紫外线杀菌力最强。紫外线穿透力很弱，所以只能杀死商品表面的霉腐微生物。此外，含有脂肪或蛋白质的食品经紫外线照射后会产生臭味或变色，因此不宜用紫外线照射杀菌。

紫外线一般是用来处理包装容器（或材料）以及非食品类的被包装物品，将这些要灭菌的对象在一定距离内经紫外线照射一定时间，即杀死商品表面和容器表面的霉腐微生物，再予包装则可延长包装有效期。

2. 微波

微波是频率为 300~300 000MHz 的高频电磁波。含水和脂肪成分较多的物体易吸收微波的能量，吸收后转变为热能。微波的杀菌机理是微生物在高频电磁场的作用下，吸收微波能量后，一方面转变为热量而杀菌，另一方面菌体的水分和脂肪等物质受到微波的作用，它们的分子间发生振动摩擦而使细胞内部受损而产生热能，促使菌体死亡。微波产生的热能在内部，所以热能利用率高，加热时间短，加热均匀。

3. 远红外线

远红外线是频率高于 3 000 000MHz 的电磁波，其作用与微波相似，其杀菌机理主要是远红外线的光辐射和产生的高温使菌体迅速脱水干燥而死亡。

4. 高频电场

高频电场的杀菌机理是含水分高的商品和微生物能"吸收"高频电能转变为热能而杀菌。只要商品和商品上的微生物有足够的水分，同时又有一定强度的高频电场，消毒瞬间即可完成。

八、抗霉性包装材料

目前，防霉包装的新技术是采用新型的抗霉性包装材料，如抗霉性薄片、抗霉性吸水薄板、抗霉薄膜等。其特点是采用沸石为母体的无机抗霉剂，且以沸石自身作为催化剂，与以往所使用的有机抗霉剂相比，具有抗霉持续时间长、储存运输时对内装物无影响、包装材料加工过程的热稳定性好、使用清洁卫生安全等优点。这种新型抗霉包装材料，是将无机抗霉剂加入聚乙烯（PE）、乙烯-醋酸乙烯共聚物（EVA）等聚烯类或聚氨酯树脂等复合而成的抗霉性薄片；或者是将无机抗霉剂加入以纸为主要原料，同纺布、高吸水性树脂等复合而成抗霉吸水薄板；或者是将无机抗霉剂加入聚烯类塑料中制成抗霉薄膜。采用这类抗霉包装材料包装产品，可达到比真空包装更好的紧凑性，缩小包装体积、降低包装成本、减少运输费用。

第四节　防霉腐包装设计

为确保产品在生产、流通、销售过程中不发生霉变，必须采用经济合理的包装结构与包装工艺方法。

一、防霉包装的等级

防霉包装的分级是以产品表面在储运期间的长霉情况来划分的，其工艺结构和方法的设计则是根据产品的性质、储运和装卸条件来考虑的。对干燥空气封存包装确定干燥剂用量时，才考虑储运地区的温度、湿度关系系数。而防霉包装分级的本身，要求考虑产品特点、储运时间与储运地区气候特点。生产厂可根据产品的性质、运输、储存的不同要求，选择合适的包装等级。但在技术要求中则没有定量的关系。

按照 GB4768—84 防霉包装技术要求和包装的产品在出厂后两年内生霉情况，我国规定的防霉包装等级有以下几种。

Ⅰ级防霉包装：产品表面用肉眼看不见菌丝的生长。

Ⅱ级防霉包装：产品表面霉菌呈个别点状生长，霉斑直径小于2mm，或菌丝呈稀疏丝状生长。

Ⅲ级防霉包装：产品表面霉菌呈稀疏点状生长，其中个别霉斑直径 2~4mm，或菌丝呈稀疏网状分布，生长区面积小于 25%。在防霉包装设计中，对干燥空气封存包装计算硅胶用量时，要考虑预想的外界大气条件分级。

在确定防霉包装等级时需注意以下问题。

（1）防霉包装等级只表明包装结构的抗霉能力，并不表明包装内部产品的抗霉能力。因此，极易生霉的产品，应采用Ⅰ级防霉包装。

（2）上述防霉包装等级是为机电产品制定的，对于其他各类商品可参照前述的等级自行定出防霉包装的等级。

（3）当包装结构材料已确定时，欲知其防霉的等级，可进行为期 28 天的长霉加速试验（见 GB4768—84），然后根据试验结果参照上述的等级标准判定出防霉包装的等级。

二、机电产品的防霉腐包装设计

机电产品主要有各种机械、电工、电子、仪器、仪表等产品，它们的防霉腐包装设计主要有以下几项工作。

1. 包装材料的选用

如前所述，包装材料的防霉腐能力各有不同，因此，依照防霉腐包装的等级要求，在选用包装材料时应遵循以下的基本原则。

（1）与产品直接接触的包装材料，不允许对产品有腐蚀作用，也不允许使用有腐蚀性气体的包装材料。

（2）尽量选用吸水率、透湿度较低的包装材料，同时该材料应具有一定的耐霉腐性。

（3）使用耐霉腐性能差的包装材料时，需进行相应的防潮、防霉腐处理。

（4）包装容器及其材料必须干燥。

（5）包装容器内使用硅胶作为干燥剂时，应选用吸水率大于33%的细孔型硅胶。

2. 包装方式的选用

产品的包装方式主要分为两类，即密封的防霉腐包装和非密封的防霉腐包装。

对于外观与性能要求高的机电产品，可以选用抽真空、置换惰性气体的包装。此时包装结构的气密性要好；放置挥发性防霉腐剂的防霉腐包装；包装内部具有干燥空气的封存包装以及除氧的封存包装。这几种包装方式都必须采用透湿度低、透氧率低的材料或复合材料，以确保容器的气密性，属于密封的防霉腐包装。密封包装的好坏与包装材料性能、厚度以及封口部位的气密性紧密相关。常用的包装结构有：铝塑复合薄膜的密封包装，主要用于电工产品；金属罐抽真空或置换惰性气体的密封包装，一般用于机电产品和食品；双层塑料薄膜袋内放置硅胶的密封包装；多种材料的多层包装；除氧封存包装；气相防霉腐的塑料袋密封包装。对于经过防霉腐处理的产品或对生霉腐敏感性低的产品可采用非密封的防霉腐包装。

不密封容器内的相对湿度将受环境气候的影响，只能用来包装不易生霉的产品。为确保产品在流通过程中的安全，包装容器的防霉腐将成为首要问题。

例如，易生霉产品经有效防霉腐处理后，可用防霉纸作为内包装，其外包装用一般的包装材料即可；对于吸水率低、生霉敏感性低的产品，主要是防止包装内部的湿度过高，这些可在包装容器的端面开设通风窗，从而控制包装内部的含湿量，即可防止产品长霉或生锈。非密封包装结构的包装有：电工、机具和木盒包装；大型机电产品的木箱包装；仪器、仪表的发泡塑料盒包装；机电产品的塑料箱盒包装。

3. 包装工艺条件的确定与要求

产品的防霉腐除需采用防霉腐包装结构材料外，合理的包装工艺也是十分重要的。提高包装的防霉腐性能，还应注意包装生产的环境条件。

（1）控制包装生产环境的温度、湿度。一般物品当其含水量少于12%，环境湿度在70%以下时，孢子难以发芽生长，霉菌难以生长繁殖，同时温度太低，霉菌生长繁殖率降低，因此产品包装生产车间应保持低温、低湿。

（2）保持包装生产环境的卫生。进行文明、整洁生产，可防灰尘、油渍、昆虫尸体以及污物进入包装容器，即不给霉菌留下营养物质。

（3）库房应保持干燥、卫生。库房应装有适当的隔层，以阻止潮气从地下或四周侵入。堆放物与墙壁间留有通道，且货堆间保持适当距离，以便通气与清理污物。

三、食品的防霉腐包装设计

食品生霉腐败是最普遍的现象，除与食品成分、基质渗透压和pH值有关外，还与外界的温度、湿度、环境卫生、日光与氧气等因素有关。食品是食用物品，在设计时有其特殊的要求。

（1）包装材料或容器与食品必须是相容的。食品的物理形态与pH值是多种多样的，所选用的包装材料除不受食品的侵害外，也不能影响食品的质量以及食品的色、香、味，还必须切实保证不会使食品产生毒性。因此，对食品包装容器进行防霉腐处理必须慎重行事。

（2）包装材料或容器必须进行防潮处理。包装后需要进行销售、运输的食品，无论其形态如何，含水量如果在12%以上，并且周围环境相对湿度大于75%，就为大多数霉菌创造了生长繁殖的良好条件。因此，除应严格控制食品包装的储运条件外，还应对包装材料或容器进行防潮处理。

包装材料或容器除采用复合材料外，最简便、最经济的防潮方法是对其单面或双面涂喷防潮涂料。

（3）包装材料或容器必须进行卫生处理。由于包装材料或容器在加工过程或库存时可能被污染，因此在包装食品前必须进行清理，甚至需要进行除霉、防霉的处理。

对于耐热包装材料的除霉腐方法可以是湿热灭菌和干热灭菌，对不耐热包装材料可以用化学药剂（如双氧水 H_2O_2）、紫外线照射、放射性照射等方法除霉杀菌，具体在第七章无菌包装技术中介绍。

思考题

1. 什么叫防霉腐包装、物品的霉变、物品的腐败？
2. 了解常见霉腐微生物类型、危害对象及其营养特性。

3. 影响物品霉腐的外界因素有哪些？
4. 防止有机物霉腐的安全水分和相对湿度分别是多少？
5. 简述霉腐经过的四个环节。
6. 目前常用的防霉腐包装技术有哪几种？试分别理解其作用机理。
7. 了解食品防霉腐包装设计要求。

第四章 防湿包装技术

地球的大气中含有多种气体以及水蒸气、污染物质等。空气中的水蒸气随季节、气候、湿源等各种条件的不同而变化，且在一定压力和温度下水蒸气还可凝结为水。为了防止某些产品及其包装容器从空气中吸湿受潮，避免产品质量受损或潮解变性，可靠的方法是采用防湿包装，也称防潮包装。同时，有些含水分多的产品脱湿后会引起干涸或变质，同样也可采用防湿包装。防湿包装还可防止食品、纤维制品、皮革等受潮霉变，防止金属及其制品锈蚀等。所谓防湿包装，就是采用具有一定隔绝水蒸气能力的防湿材料对产品进行包封，隔绝外界湿度变化对产品的影响，同时使包装内的相对湿度满足产品的要求，保护商品的质量。

防湿包装应用最为广泛，且可采用多种包装材料与包装结构，小至味精、药片的塑料薄膜小袋包装，大至整个火车车厢用复合材料大罩的封套等。

第一节 湿空气及其表达方式

产品吸湿的来源主要是空气中的水蒸气，而空气中的水蒸气又来源于海洋、江河、湖泊表面的水分蒸发，各种生物（人、动物、植物等）的生理过程以及工艺生产过程。空气中的水蒸气含量虽少，但其含量发生变化将使湿空气的物理性质随之改变，且对人体感觉、产品质量、工艺生产过程和设备等都有不可忽视的影响。

一、湿空气的组成

从空气中除去全部水蒸气和污染物质后，所剩的即为干空气。干空气是由氮、氧、氩、二氧化碳、氖以及其他一些微量气体所组成的混和气体，其组成较为稳定，仅有少数成分随时间、地理位置、海拔高度等因素的变化而有少许变化。干空气与水蒸气的混和气体称为湿空气，湿空气中水蒸气含量的变化会引起湿空气干湿程度的改变。

湿空气的物理性质除和它的组成成分有关外，还取决于它所处的状态。湿空气的状态通常可用压强、温度、比容等参数来表达，这些即为湿空气的状态参数。

干空气在空气中的含量较少，比容大、压强低，因而它们可近似地当作理想气体来看待。干空气状态参数间的关系，可用如下理想气体状态方程表示：

$$pV = (m/\mu)RT \quad 或 \quad pU = RT \tag{4-1}$$

式中，p——气体的压强(Pa)；

$\quad V$——气体的总体积(m^3)；

$\quad U$——气体的比容(m^3/kg)；

$\quad m$——气体的总质量(kg)；

$\quad \mu$——气体的分子量(kg/kmol)；

$\quad R$——普通气体常数(= 8314.66 J/(kmol·K))；

$\quad T$——气体的热力学温度(K)。

单位质量的空气所占有的容积称为空气的比容，它与空气的密度互为倒数，两者可视为一个状态参数。

由于空气中的干空气与水蒸气为均匀混和的状态，显然两者具有相同的温度和相等的容积。由此，不难得出，湿空气的密度为干空气密度和水蒸气密度之和。尽管湿空气的状态在经常的变化过程中必将产生热交换，然而，湿空气状态变化时的吸热、放热对包装而言是完全可以忽略的。

道尔顿定律指出：混和气体总压强等于各组成气体分压强之和。因此，湿空气压强（即大气压）为水蒸气分压强与干空气分压强之和。

二、湿空气的表达方式

1. 湿空气的含湿量

湿空气中水蒸气的质量与湿空气中干空气的质量之比称为含湿量（C）。当空气压力一定时，水蒸气的分压强与空气含湿量近似为线性关系，即水蒸气的分压强愈大，含湿量就愈大。如果含湿量不变，水蒸气分压强将随着空气压强的增加而上升，随着空气压强的减小而下降。

2. 空气的绝对湿度

每立方米湿空气中所含有的水蒸气量即为空气的绝对湿度。但由于水分蒸发或凝结时，湿空气中水蒸气质量是变化的，而且即使水蒸气质量不变，但湿空气的容积还将随温度的变化而变化，因此，绝对湿度不能确切反映湿空气中水蒸气量的多少。

3. 空气的相对湿度

众所周知，在一定温度下，湿空气所含的水蒸气量有一个最大限度，超过这一限度，多余的水蒸气就会从湿空气中凝结出来。因此，具有最大限度水蒸气量的湿空气称为饱和空气。饱和空气所具有的水蒸气分压强和含湿量，称为该温度下湿空气饱和水蒸气分压强和饱和含湿量。

空气中水蒸气分压强与同温度下饱和水蒸气分压强之比称为该温度下的相对湿度，即

$$\psi = (p/P) \times 100\% \tag{4-2}$$

式中，ψ——相对湿度；

p——该温度下的绝对湿度；

P——同温度下的饱和湿度。

相对湿度不能表达空气中的含湿量，只能表征空气接近饱和的程度。ψ 值越小，表明空气饱和程度越小，空气吸收水蒸气的能力越强；反之，ψ 值大，空气吸收水蒸气的能力越差。当 $\psi = 100\%$ 时，空气为饱和空气；当 $\psi = 0$ 时，空气为干空气。相对湿度也可以用下面表达式来表示：

$$\psi = (c/C) \times 100\% \tag{4-3}$$

式中，c——该温度下空气的实际含湿量；

C——该温度下空气的饱和含湿量。

相对湿度与湿空气的其他参数关系密切，当增加压强（减小体积）或降低温度时，可使未饱和的空气变成饱和空气。当不饱和空气的温度下降时，虽然其实际含湿量并未变化，但相应的饱和含湿量将减少，此时空气的相对湿度将增大。与此相反，减压或升温可使饱和空气变为不饱和，也就是说，湿空气的含湿量、饱和水蒸气分压强随温度的升高而增大（见表4-1），而干空气密度、饱和空气密度随温度的升高而减少。

湿空气的密度、水蒸气压力、含湿量和焓

表 4-1 （大气压 $B = 1\ 013\text{mbar}$）

空气温度 t （℃）	干空气密度 ρ （kg/m²）	饱和空气密度 ρ （kg/m²）	饱和空气的水蒸气分压力 $P_{P \cdot b}$ （mbar）	饱和空气含湿量 d_b （g/kg 干空气）	饱和空气焓 t_p （kj/kg 干空气）
-20	1.396	1.395	1.92	0.63	-18.53
-19	1.394	1.383	1.13	0.70	-17.39
-18	1.385	1.384	1.25	0.77	-16.20
-17	1.379	1.378	1.37	0.85	-14.99
-16	1.374	1.373	1.50	0.93	-13.71
-15	1.368	1.367	1.65	1.01	-12.60
-14	1.363	1.362	1.81	1.11	-11.35
-13	1.358	1.357	1.98	1.22	-10.05

续表

空气温度 t (℃)	干空气密度 ρ (kg/m²)	饱和空气密度 ρ (kg/m²)	饱和空气的水蒸气分压力 $P_{P \cdot b}$ (mbar)	饱和空气含湿量 d_b (g/kg 干空气)	饱和空气焓 t_p (kj/kg 干空气)
-12	1.353	1.352	2.17	1.34	-8.75
-11	1.348	1.347	2.37	1.46	-7.45
-10	1.342	1.341	2.59	1.60	-6.07
-9	1.337	1.336	2.83	1.75	-4.73
-8	1.332	1.331	3.09	1.81	-3.31
-7	1.327	1.325	3.36	2.08	-1.88
-6	1.322	1.320	3.67	2.27	-0.42
-5	1.317	1.315	4.00	2.47	1.09
-4	1.312	1.310	4.36	2.69	2.68
-3	1.308	1.306	4.75	2.94	4.31
-2	1.303	1.301	5.16	3.19	5.90
-1	1.298	1.295	5.61	3.47	7.62
0	1.293	1.290	6.09	3.78	9.42
1	1.288	1.285	6.56	4.07	11.14
2	1.284	1.281	7.04	4.37	12.89
3	1.279	1.275	7.57	4.70	14.74
4	1.275	1.271	8.11	5.03	16.54
5	1.270	1.266	8.70	5.40	18.51
6	1.265	1.261	9.32	5.79	20.51
7	1.261	1.266	9.99	6.21	22.61
8	1.256	1.251	1.70	6.65	24.70
9	1.252	1.247	11.16	7.13	26.92
10	1.248	1.242	12.25	7.63	29.18
11	1.243	1.337	13.99	8.75	34.04
12	1.239	1.232	13.99	8.75	34.08
13	1.235	1.228	14.94	9.35	36.59
14	1.230	1.223	16.95	9.97	39.19
15	1.226	1.218	17.01	10.6	41.74

续表

空气温度 t (℃)	干空气密度 ρ (kg/m²)	饱和空气密度 ρ (kg/m²)	饱和空气的水蒸气分压力 $P_{P \cdot b}$ (mbar)	饱和空气含湿量 d_b (g/kg 干空气)	饱和空气焓 t_p (kj/kg 干空气)
16	1.222	1.214	18.13	14.4	44.80
17	1.217	1.208	19.32	12.1	47.73
18	1.213	1.204	20.59	12.9	50.66
19	1.209	1.200	21.92	13.8	54.91
20	1.205	1.195	23.31	14.7	57.78
21	1.201	1.190	24.80	15.6	61.13
22	1.197	1.185	26.37	16.6	64.06
23	1.193	1.180	26.02	27.7	67.83
24	1.189	1.176	39.77	18.8	72.61
25	1.185	1.171	31.60	20.0	75.78
26	1.181	1.166	33.53	21.4	80.39
27	1.177	1.161	35.56	22.6	84.57
28	1.173	1.156	37.71	24.0	89.18
29	1.169	1.151	39.95	25.6	94.20
30	1.165	1.146	42.32	27.2	99.55
31	1.161	1.141	44.32	27.3	99.55
32	1.157	1.136	47.43	30.5	110.11
33	1.154	1.131	50.18	32.5	145.97
34	1.150	1.126	53.07	34.4	122.25
35	1.146	1.121	56.10	36.6	128.95
36	1.142	1.116	59.26	3.8	135.65
37	1.193	1.111	62.60	41.1	142.35
38	1.135	1.107	66.99	43.5	149.47
39	1.132	1.102	69.75	46.0	157.42
40	1.128	1.097	73.58	42.3	105.80
41	1.124	1.091	77.59	51.7	174.17
42	1.121	1.086	81.80	54.8	182.96
43	1.117	1.081	36.18	58.0	192.17

续表

空气温度 t (℃)	干空气密度 ρ (kg/m²)	饱和空气密度 ρ (kg/m²)	饱和空气的水蒸气分压力 $P_{P \cdot b}$ (mbar)	饱和空气含湿量 d_b (g/kg 干空气)	饱和空气焓 t_p (kj/kg 干空气)
44	1.114	1.076	96.79	61.3	202.22
45	1.110	1.070	95.60	65.0	212.69
46	1.107	1.065	100.61	68.9	223.57
47	1.103	1.059	105.87	72.3	233.30
48	1.100	1.054	111.33	77.0	247.02
49	1.096	1.048	117.07	81.5	260.00
50	1.093	1.043	123.04	86.2	275.40
55	1.076	1.013	156.94	114	352.11
60	1.060	0.981	198.70	152.	456.36
65	1.044	0.946	249.38	204	598.71
70	1.029	0.909	310.82	276	795.50
75	1.014	0.868	384.50	382	1080.19
80	1.000	0.823	472.23	545	1519.81
85	0.986	0.773	576.69	823	2281.81
90	0.973	0.718	699.31	1400	3818.36
95	0.909	0.656	843.09	3120	8436.40
100	0.947	0.589	1013.00	—	—

第二节 产品的吸湿及其危害

空气中的水蒸气常常随季节、气候、湿源等各种条件变化而改变。空气中水蒸气的含量虽少，但其变化引起干、湿程度的改变，对商品质量变化影响很大。

一、商品的吸湿性

商品的吸湿性是指商品在一定条件下，从空气中吸收或释放出水分的能力。吸湿性强的商品在潮湿的空气中不断吸收水分而增加含水量，而在干燥空气中则会不断释放出水分而减少含水量。商品吸湿是商品与空气中水蒸气之间作用的结果。

某些商品（如食糖、食盐等）主要成分的分子是极性分子。这些分子与水分子之间具有较强的相互吸引力，可以把与它接触的气体或液体分子吸引住，因此这类商品必然表现出明显的吸湿性。而非极性分子则不吸湿。

另外，在某些商品的组成成分中，含有亲水性基团，易于吸湿。从商品的组织结构看，凡具有疏松多孔或粉末结构的商品，它们的表面积较大，与空气中水蒸气接触面积大，吸湿速度快。为了使防湿包装收到良好的防护效果，必须对被包装产品的吸湿特性进行充分的了解，提出明确的防湿要求。

二、产品与水的结合方式

产品与水的结合方式分为如下两类。

1. 结合水（又叫束缚水）

结合水是一般干燥处理难以除去的水分，又可分为两类。

（1）化学结合水。是以氢键的形式存在于化合物或矿物中的水，且在晶格中占有一定的位置，在高温下方可除去。

（2）物化结合水。是物质细胞或纤维皮和毛细管中所含的水分，包括吸附水分与渗透水分。吸附水分与物质结合的强度大，而渗透水分比吸附水分的含量多。物化结合水所产生的蒸汽压小于液态水在同温度时所产生的蒸汽压，故一般干燥处理也难以去除。

2. 非结合水（又叫自由水或游离水）

非结合水是物质毛细管中水分、表面润湿水分及存在于孔隙中的水分，它们与物质的结合强度弱，一般的干燥处理即可去除。

三、吸湿产品的平衡湿度

吸湿产品在一定的温度与湿度的空气或环境中，将排除水分（蒸发）或吸收水分（吸湿），可达到并维持一定值，此值称为在该条件下商品的平衡水分（或平衡湿度）。它不会因与空气接触时间的延长而有所变化。平衡水分因商品的种类而异。对于同一种商品，其平衡湿度因所接触的空气组成以及环境的温度、湿度的变化而改变。平衡水分是一个相对的、动态的平衡水分。

四、水蒸气对产品和包装质量的影响

商品的含水量对商品质量变化有很大影响，能使商品发生物理、化学、生化变化。

在微生物的细胞中，一般含有 70%～85% 的水分。水作为一种溶剂，能溶解微生物生存和繁殖需要的一些糖分、胶质及其他一切水溶性的营养物质，从而被微生物所吸收。如果缺乏水分，微生物体内的水分失去平衡,就会直接影响它们的生理机能而不能生存。使商品霉腐的微生物主要从商品中获得水分。商品含水量较低,微生物因缺乏水分而不能进行生命活动;反之,商品的含水量较高,在一定的条件下,微生物生长繁殖就会旺盛。

水分也是仓库害虫生长和繁殖的重要条件。一般害虫体内的水分含量占体重的44%~67%,水分还是害虫进行生理活动的重要介质,并参与虫体细胞原生质的组成以及新陈代谢中进行的全部化学反应。由于虫种、营养状况等不同,生长的不同时期,害虫体内的含水量和对水分的需求量也不一样。仓库害虫体内的水分主要从各种商品中获得。如果空气中湿度大,商品就会吸湿,含水量增加,容易被虫蛀;反之,如果空气湿度小,商品就会放湿,含水量减少,不易被虫蛀。

对于某些溶于水的商品,在一定的湿度条件下,能不断吸收空气中的水分,逐渐潮解,以至完全溶化成液体,影响了商品的质量,如食品中的食糖、味精,化工商品中含结晶水多的明矾、氯化钙等。

某些结晶粒状或粉状易溶化商品,在空气湿度低的条件下,商品将逐渐地放湿,失去水分后结成硬块,特别是受压情况下更为严重。雪花膏等含水量大的化妆品,当空气湿度低时,易发生干缩,使香气挥发,甚至膏体酸败而变质。对于蔬菜鲜果之类的商品,含水量为65%~96%,这类商品的含水量是其新鲜程度的重要品质特征,它们的营养成分与味觉物质大多数溶解于细胞液中,如果失去一部分水分,就会大大降低其鲜嫩程度和食用价值。如果环境的空气湿度低,蔬菜鲜果的水分就会蒸发而萎缩,并促使其体内酶的活性增强,加快一些化学成分的分解,造成营养物质的损耗。而湿度高时,商品易受微生物的侵袭,发生腐烂。另外,金属制品特别是钢铁制品,在湿度大的环境中,在其表面易形成水膜,容易发生电化学腐蚀;纸张、皮革、纤维制品在湿度低的环境中易发生脆损或裂开。

第三节 影响包装品湿度变化的因素

防湿包装的目的就是隔绝空气中的水分对被包装物品的作用,但由于各种物品的吸湿特性不同,因而对水分的敏感程度各异,对防湿性能的要求不同,同时由于商品包装、流通、储藏、销售的环境不断地变换,也会影响包装内环境湿度、温度等条件的变化。

一、湿度变化的影响

无论一个包装件的包装是多么严密,包装外环境的变化必将影响内环境的变化。根据气体的扩散定律可知：气体分子总是不停从高密度区向低密度区扩散，直到最后混和均匀，各处的密度都一致。任何一个具有吸湿性的商品置于空气中，商品与空气之间都会有水分的交换。如果空气潮湿而商品含水量小，则空气中的水蒸气就会向商品扩散，引起商品潮解和霉腐；如果商品含水量大，而空气干燥，则商品中的水分就向空气中扩散，引起商品的脱湿变质。具有吸湿性的商品在一定湿度和温度的环境中置放一段时间，商品含水与空气湿度之间出现一个动态平衡，此时商品的含水量就会固定在某一个数值上，如果这个数值没有超过商品的最大安全含水量，则商品就不会潮解或霉腐。

另外，含水量不同的具有吸湿性的商品放在一起，它们之间也有水分的交换。如果商品是不接触的，则商品与商品是通过空气的媒介作用来交换水分，有的商品在储存运输过程中是相互接触的，则商品之间的水分交换，除了通过空气的媒介外，还有接触部分的直接扩散作用。如图 4-1 所示。

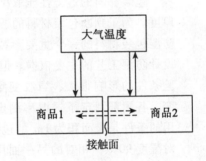

图 4-1　商品在储运过程中水分交换图

如果空气的湿度在流通过程中发生了变化，则商品与空气之间的水的平衡关系被打破，就会在新的条件下建立新的平衡关系，而商品在储运过程中，其环境湿度是经常改变的。如北方天气寒冷、空气干燥，而南方和靠海、靠水的地方，气温较暖和平稳，但空气比较潮湿，这些湿度的变化都会影响商品含水量的稳定性。因此，必须通过一定的防湿包装措施，采用适当的技术和方法，限制商品含水量的变化，确保商品的质量在有效期内不发生变质，同时要求内环境的相对湿度和物品的含水量保持在一定变化范围之内。

二、温度变化对商品质量的影响

温度变化对商品质量的影响，主要表现在温度的变化引起空气含水量的变化。此外，温度的变化还影响微生物、虫害的生理活动和金属的锈蚀速度。

在环境相对湿度为一定值的条件下，当温度升高时，空气中的含水量增高，当温度下降时，空气中的水蒸气含量易达到过饱和状态,产生水分凝结,或使相对湿度升高。这种温度、湿度变化与防湿包装有很大关系。例如,在较高温度下将产品封入包装内,包装内的相对湿度是被包装物品所允许的。以后当环境温度降到一定程度时,包装内的相对湿度就有可能超过被包装产品允许的条件。所以,包装产品时环境空气中的湿度条件,决定了防湿包装件内部的湿度,具有重要的意义。若防湿包装件内的相对湿度过高,则失去了防湿包装的意义,因为即使环境相对湿度低,但被包装物品仍然处于包装内的高湿条件下,将会引起商品的变质。

三、包装材料的透湿性

一般气体都有从高浓度区域向低浓度区域扩散的性质,空气中的湿度也有从高湿度区向低湿度区进行扩散流动的性质,要隔断这种流动在包装容器内外的进行、保持包装内所要求的相对湿度,必须采用相应透湿率的防湿材料。包装材料的透湿率是指在单位面积上单位时间内所透过的水蒸气的重量,其单位用 $g/(m^2 \cdot h)$ 表示。

包装材料的透湿性能取决于所用材料的种类、加工方法和材料厚度。为了判断包装材料的透湿性能,一般是测定其透湿率,这是防湿包装材料的一个重要参数,是选用包装材料、确定防湿期限、设计防湿工艺的主要依据。但包装材料透湿率的值受测定方法的实验条件的影响很大,当改变测定条件时,其透湿率的值也随之改变。各国都制定了透湿率测定标准,如日本在 JIS—Z—0208 中采用的条件是表面积为 $1m^2$ 的包装材料。在其一面保持温度40℃,相对湿度90%,相对的另一面用无水氯化钙进行空气干燥,然后用仪器测定24小时内透过的水蒸气量,测定之值就是在温度40℃,相对湿度差为 90% ~ 0% 的条件下,单位面积的湿气透过速度,称为该包装材料的透湿度。

水蒸气透过包装材料的速度,一般应符合费克气体扩散定律,即

$$dm/dt = DS(dp/dx) \qquad (4-4)$$

式中,dm/dt——扩散速度;

D——扩散系数,决定于气体和材料的性质;

S——包装材料有效面积;

dp/dx——水蒸气的压力梯度。

当整个过程建立平衡时,dp/dx 由下式决定:

$$dp/dx = (P_1 - P_2)/\delta \qquad (4-5)$$

式中,$P_1 - P_2$——材料两面的水蒸气压力差;

δ——材料的厚度。

由式 (4-4) 和式 (4-5) 可知,对于一定的包装材料,扩散速度主要决定于材料两面的水蒸气压力差。因此,测定过程必须控制两面的水蒸气压力差接近恒定,才能保证测定的准确性。

按上述方法测得各种包装材料的透湿度，可以作为防湿包装设计的参考数量，实际上产品包装不可能只在温度40℃、相对湿度90%~0%条件下进行，通常环境温度、湿度变化较大，所以受存放环境温度、湿度的影响很大。在不同温度、湿度条件下，材料透湿度将有很大差别，因为温度高，湿度梯度大，水蒸气扩散速度就会增大；温度低，湿度梯度小，扩散速度就会降低。

由此可见，当包装材料相同时，其透湿率与厚度成反比的关系，厚度大时透湿率小，反之则大。

为了提高包装材料的防潮性能，降低其透湿度，往往采用多层不同材料进行复合，制成复合薄膜，经复合后的包装材料透湿度，如表4-2所示。

表4-2　　　　　　　　几种复合薄膜的透湿度

序号	复合薄膜组成	透湿度（g/(m²·24h)）
1	玻璃纸（30g/m²）/聚乙烯（20~60μm）	12~35.3
2	防湿玻璃纸（30g/m²）/聚乙烯（20~60μm）	10.5~18.6
3	拉伸聚乙烯（18~20μm）/聚乙烯（10~70μm）	4.3~9.0
4	聚酯（12μm）/聚乙烯（50μm）	5.0~9.0
5	聚碳酸酯（20μm）/聚乙烯（27μm）	16.5
6	玻璃纸（30g/m²）/纸（70g/m²）/偏二氯乙烯（70g/m²）	2.0
7	玻璃纸（30g/m²）/铝箔（7μm）/聚乙烯（20μm）	<1.0

第四节　防湿包装的等级与方法

防湿包装就是采用具有一定隔绝水蒸气能力的防湿材料对物品进行包封，隔绝外界湿度变化对产品的影响，同时使包装内的相对湿度满足物品的要求，保护物品的质量。

根据流通环境的湿度条件和物品特性，选择合适的防潮包装材料和合理的防潮包装结构，或采用附加物（如干燥剂、涂料、衬垫等），防止水蒸气通过或者减少水蒸气通过，达到物品防潮的目的。

由于被包装的商品种类繁多、性能各异，有的商品对水十分敏感，少量的水分得失即会影响商品的品质。而有的商品可以承受较大的湿度（含水量）的变化范围，此时就可以降低防湿包装的要求，降低包装成本，减少不必要的费用。在实施包装前，要预先对商品进行了解，确定其包装的等级，然后再进行包装。

一、防湿包装的等级

依据被包装产品的性质、储运期限与储运过程的温湿条件，防湿包装可分三级，详见表4-3。

表4-3　　　　　　　防湿包装等级与储运条件

等级	储运条件		
	储运期限	气候种类	内装物性质
Ⅰ	1年以上，2年以下	A	贵重、精密，对湿度敏感，易生锈、长霉变质
Ⅱ	半年以上，1年以下	B	较贵重、较精密，对湿度轻度敏感
Ⅲ	半年以下	C	对湿度不大敏感

表4-3中的气候种类分为三种，它是依据包装储运气候与环境的温湿条件来划分的，详见表4-4。

表4-4　　　　　　　储运环境气候类别

气候种类		A	B	C
气候特征		高温高湿	中温中湿	常温常湿
气候条件	温度（℃）	>30	30~20	<20
	相对湿度（%）	>90	90~70	<70
	绝对湿度（mb）	>38	36~16	<16

二、防湿包装的技术要求

为满足各个等级防湿包装的技术要求，应特别注意以下事项。

（1）防湿包装的有效期限一般不超过两年，在有效期内，防湿包装内空气相对湿度是在25℃时不超过60%（特殊要求除外）。

（2）产品以及进行防湿包装的操作环境应干燥、清洁，温度不高于35℃，相对湿度不大于75%，且温度不应有剧烈的变化，以免产生凝露。产品含水多，可在35℃±3℃以及小于或等于35%相对湿度的条件下干燥6小时以上（干燥食品除外）。

（3）产品若有尖突部，应预先采取包扎等措施，以免损伤防湿包装容器。

（4）防湿包装操作应尽量连续进行，一次完成包装操作，若需中间停顿作业,应采取临时的防湿措施。

(5) 产品运输条件差,易发生机械损伤,此时应采用缓冲衬垫卡紧、支撑或固定,并尽量将上述附件放在防湿层的外部,以免擦伤防湿包装容器。

(6) 包装附件以及产品的外包装件等也应保持干燥,并充分利用它们来吸湿。碎纸或纸箱含水率不得大于12%,刨花、木材或木箱含水率不得大于14%,否则,应进行干燥处理。

(7) 尽量减小防湿包装的总表面积,使包装表面积与其体积之比达到最小。

三、防湿包装材料的选用

防湿包装材料除具有普通包装材料的功能外,在防湿包装中的特殊要求是透湿度小。防湿材料的透湿度越小,防潮性能就越好。常用防潮包装材料有:玻璃、金属、防潮玻璃纸、石蜡纸、聚氯乙烯加工纸、沥青防水纸、聚乙烯加工纸、铝塑复合防潮纸、防潮瓦楞纸板等。各种防潮材料一般是在未漂白的硫酸盐化学浆中添加或在纸材表面涂覆各种具有防潮性的化学药品制成的,如碳酰胺树脂、乳胶、聚酰胺树脂及沥青、石蜡等,所以防潮材料的功能特性和环境性能受到防潮药品的很大影响。防潮袋纸用于制造包装散粒产品、无机肥料、日常排出的废料以及在高湿度运输条件下的其他货物的纸袋。

1. 金属或玻璃包装容器

金属或玻璃包装材料本身的透湿度接近于零,防潮的薄弱环节是封口及接缝卷边处。例如,为确保玻璃瓶盖的密封,可在盖外再封一层纤维素薄膜、涂蜡或用热收缩薄膜封包;也可以在瓶口先用直插式塑料空心塞或软木塞,再封外盖。金属罐盖或玻璃瓶的四旋盖等可施涂液体高分子密封胶,使在封合处形成弹性膜,以提高密封度。

2. 单层塑料薄膜袋

PVDC、PP、HDPE 有非常好的湿气阻隔性;其次是 MDPE、LDPE、LLDPE(线性低密度聚乙烯)、PET、离子型聚合物;PVC 和 EVA 也有一定的湿气阻隔性;尼龙、聚苯乙烯、丙烯腈共聚物、聚乙烯醇等的阻湿性是不太好的。

3. 复合薄膜袋

如果单从防潮的目的出发,PP、PE 等单层膜已具备很好的水蒸气阻隔性。但在包装设计时,常需将阻隔性与对氧气、二氧化碳、香气的阻隔性,对油脂和溶剂的抗耐性及机械强度等综合考虑,即根据产品对保护性的不同要求采用多功能的复合材料。

在设计复合材料时,应根据产品对防护性的要求和成本等选用内封层、阻气层、阻湿层、结构层等。各层的作用并不是单一的。

如果在复合材料的组成中选用了 PVA、EVOH（乙烯-乙烯醇共聚物）、尼龙等，它们虽然都有极佳的气体隔阻性，但是它们的阻气性随环境湿度的增加而明显降低。这是因为水分子渗透到它们的内部后会与羟基或酰胺基形成氢键，造成主链松弛，使阻气性下降。所以，用上述塑料作复合材料的阻隔层时，如果它们所处的环境（大气或包装袋内）湿度较大时，应将它们夹在高阻湿层之间，或用高阻湿层与高湿环境隔开，如 PE/EVOH/PE 等。为确保复合材料的封缄可靠，应选择热封性能良好的内层，如 PE、离子型聚合物、PP、EVA、PVC 等，其中，离子型聚合物在袋口稍有污染的情况下仍能密封。

4. 其他隔潮包装材料

在防湿防潮领域也出现了许多的新型材料，简单介绍如下。

（1）聚乙烯加工纸。由牛皮纸和高密度聚乙烯或低密度聚乙烯复合而成。它具有牛皮纸的坚韧结实的特性，同时又有聚乙烯材料的优越的介电性、耐潮性、良好的机械强度和抗冲击性，在低温时仍能保持柔软及化学稳定性，能抵抗一定浓度及温度的酸类、碱类、盐类溶液及各种有机溶剂的腐蚀作用。聚乙烯加工纸，特别是高密度聚乙烯加工纸是一种优良的高级防潮包装材料，其防潮性能比聚氯乙烯加工纸和沥青纸都要好。

对于复合防潮材料来说，因为湿度对各层材料的透湿系数影响的程度有差别，即各层材料的透湿系数的湿度依赖性有差别，所以在用这样的材料进行防潮包装时，还应注意把透湿系数对湿度依赖性大的材料放在低湿侧，把透湿系数对湿度依赖性小的材料放在高湿侧。例如，对于聚乙烯加工纸来说，就应该将聚乙烯薄膜层放在高湿度一侧。

（2）瓦楞纸板。是在包装上应用最广的一种纸板，特别是用于商品包装，可以用来代替木板箱和金属箱。在抗潮纸板中，石蜡成分的含量为 30%～45%，这种瓦楞纸板具有较高的抗潮性能，其强度比未经浸渍的纸板大大提高。近年来，由于合成树脂的发展，生产出一种钙塑瓦楞纸板，可以克服原有一些瓦楞纸板的缺点。它具有防潮、防雨、强度高等特点，且材料来源丰富，应用越来越广泛。钙塑瓦楞纸板是指加有钙化物填料的塑料纸。它是一种塑料包装材料，而不是纸包装材料，因与牛皮瓦楞纸对比，所以习惯称为纸板。不管是牛皮瓦楞纸还是钙塑瓦楞纸板，都具有自重轻、力学强度高、防潮性好等特点，所制成的纸箱折叠性好、存储空间小、运输费用低，用完可多次重复使用，易于回收利用，是优良的可供运输的绿色代木包装。

（3）防潮平粘合纸板。由抗潮的原材料和防潮胶制造而成，可达到一定要求的防潮能力。有的防潮平粘合纸板是在表面经过聚乙烯处理得到。通常在成卷的纸板外层上预先用喷压的方法加上聚乙烯覆盖层，然后在压粘机上与纸板进行压合，用这种方法可以获得具有一面或两面为聚乙烯覆盖层的平粘合纸板。由于聚乙烯层的不透水性，因此与纸板的粘合必须使用含水量最少的胶液，如乳胶、聚醋酸乙烯酯乳液以及热熔胶等。为提高干粘合纸板的抗潮性，还可在其外表面涂以蜂蜡混合物。

防潮平粘合纸板包装箱主要用于高湿度条件下要求包装箱有足够强度的产品，如果品、蔬菜、爆炸物、各种备用零件、五金制品等，以及用于寒冷地区运输产品的转运包装箱等。

四、防湿包装的形式

不言而喻，防湿包装应采用密封包装。下面介绍几种包装方式，可以根据产品性质与实际流通条件，恰当地选择采用这些包装方式。

1. 绝对密封包装

绝对密封包装是指采用透湿度为零的刚性容器包装。如将产品装入金属容器内。但应注意检查容器壁面及焊缝处有无缺焊、砂眼、破裂等造成漏气的隐患，如有，应修补好；若采用玻璃、陶瓷容器或壁很厚的塑料容器，需采用可靠的一次封口或附加二次密封。

2. 真空包装

将包装产品容器内残留的空气抽出，使其处于符合要求的负压状态，从而可以避免容器内残留的湿气影响产品的品质。同时，抽真空还可以利用其负压来减小膨松物品的体积，减少商品占用的储存空间。

3. 充气包装

将包装容器内部的空气抽出，再充以惰性气体，可以防止湿气及氧气对包装物产生不良影响。充入的气体应进行过滤干燥。充气包装除了防湿防氧外，还可以克服真空包装中包装容器被商品棱角和突出部分戳穿的缺点。

4. 贴体包装

用抽真空的方法使塑料薄膜紧贴在产品上并热封容器封口，这样可大大降低包装内部的空气量及其影响。

5. 热收缩包装

用热收缩塑料薄膜包装产品后，经加热，薄膜可紧裹产品，并使包装内部空气压力稍高于外部空气，从而减缓外部空气向包装内部的渗透。

6. 泡罩包装

采用全塑的泡罩包装结构并热封，可避免产品与外部空气直接接触，并减缓外部空气向包装内部的渗透。

7. 泡塑包装

将产品先用纸或塑料薄膜包裹,再放入泡沫塑料盒内或就地发泡,这样可不同程度地阻止空气渗透。

8. 油封包装

机电产品涂以油脂或进行油浸后,金属部件不与空气直接接触,可有效地减缓湿气的侵害。

9. 多层包装

采用不同透湿度的材料进行两次或多次包装,从而在层与层之间形成拦截空间,不仅可减缓水蒸气的渗透,且可使内部气体与外界空气掺混而降低湿度。多层包装阻湿效果较好,但操作麻烦。然而,在一般情况下,比采用复合材料的成本低。

10. 使用干燥剂的包装

在包装产品的容器内放入干燥剂,它可吸收原有的以及透入的湿气而保护产品。常用的干燥剂有硅胶干燥剂、生石灰干燥剂和蒙脱土干燥剂。

第五节 防湿包装技术设计

一般的防湿包装方法按其包装目的分为两类,一类是为了防止被包装的含水产品失去水分、保证产品的性能稳定,采用具有一定透湿率的防湿包装材料进行包装,即防止包装物内水分失去的防湿包装;另一类是为了防止被包装物品增加水分、保护物品质量的包装,在包装容器内装入一定数量的干燥剂,吸收包装内的水分和吸收从包装外渗透进来的水分,以减缓包装内湿度上升的速度,从而延长防湿包装有效期。

一、防止被包装物品失去水分的防湿包装方法与设计

1. 防湿包装设计的基本要求

进行防湿包装设计时,应特别注意以下几个方面的问题。

(1) 包装容器各处的物料吸湿不同。粉粒状易吸湿的产品包装后置于高温高湿环境中,在靠近包装容器器壁处的物料吸湿剧烈,而远离器壁的物料吸湿少,因此,设计防潮包装时,应着眼于使器壁处物料不过度吸湿。

(2) 恰当确定包装容器内以及包装操作环境的湿度。需要强调的是,包装容器内的湿度,除与包装材料透湿性有关外,还取决于包装操作环境的空气湿度。如前所述,在环境的相对湿度一定的条件下,当温度升高时,空气中水蒸气含量增高;当温度下降时,空气中的水蒸气含量易达到饱和状态,使相对湿度增高,直到产生凝露。因此,若在较高温度下将产品封入包装容器内,相对湿度适合于保护产品的要求,但当储运环境温度低于前者时,包装容器内

的相对湿度有可能超过允许值。

（3）为了加强防潮效果，包装产品后可采用如下的工艺操作：用降湿设备将空气进行干燥处理后再送入包装容器内；用惰性气体置换包装内的空气；用抽真空设备将包装内部抽真空。

（4）合理地选定包装材料。根据产品的性质、价值、形状、体积、重量以及储运条件、流通周期等，恰当地确定防潮包装的等级与包装材料的品种，是防湿包装设计的关键。当选用透湿度不为零的包装材料时，则需进行透湿计算。

（5）恰当设计包装容器的结构与外形。综合分析得知，包装容器以球形为最佳，当包装容器为非球形时，应从包装内吸湿最剧烈处着手进行整体设计。如图 4-2 所示，包装袋内 A 处物料少且包装表面积大，故此处吸湿剧烈；而 B 处与之相反。如欲较精确计算整个包装的吸湿量，可将包装容器分成 $1, 2, 3, \cdots, n$ 个部分并分别考察各部分的吸湿量，总吸湿量 $Q_总$ 可由下式计算：

$$1/Q_总 = 1/Q_1 + 1/Q_2 + \cdots + 1/Q_n \tag{4-6}$$

式中，$Q_1, Q_2, \cdots, Q_n$ 分别为各部的吸湿量。

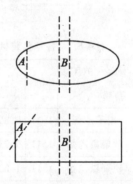

图 4-2 容器形状对吸湿的影响

2. 防湿包装方法与设计计算

进行防湿包装设计时，要根据被包装产品的性质、防湿要求、形状和使用特点来合理地选择用防湿包装材料，设计包装容器和包装方法，并对防湿性进行必要的测算。同时，必须具有以下各项具体的参数：

（1）被包装物品的净重 W（g）；
（2）被包装物品的含水量 C_1（%）；
（3）被包装物品允许最大含水量 C_2（%）；
（4）包装材料面积 S（m²）；
（5）防湿包装有效期 t（24h）；
（6）包装储存环境的平均气温 θ（℃）；
（7）包装储存环境的平均湿度 h_1（%）；
（8）包装内的湿度 h_2（%）。

设包装的条件如上所列,则允许透进包装的水蒸气量 q(g)为:

$$q = W \cdot (C_2 - C_1) \times 10^{-2} \qquad (4-7)$$

又由包装材料的面积 S 和防湿包装有效期 t,可求得包装材料的透湿度 Q_θ(g/(m²·24h)):

$$Q_\theta = q/(S \cdot t) = [W \cdot (C_2 - C_1) \cdot 10^{-2}]/(S \cdot t) \qquad (4-8)$$

由式(4-8)可求得在储存包装的环境温度 θ(℃),包装内外湿度差($h_2 - h_1$)条件下,包装材料的最大透湿度。在用这类透湿度的包装材料进行包装后,能保包装内所含水量不超过并保持被包装产品允许的最大含水量 C_2(%)。

在任意温湿度条件下的透湿度可按下式求出:

$$Q_\theta = R \cdot K \cdot \Delta h \qquad (4-9)$$

式中,Q_θ——在任意温度(θ℃)条件下的透湿量度(g/(m²·24h));

R——温度为 40℃ 时测得的透湿度(g/(m²·24h));

K——包装存放环境温度为 θ℃ 时不同包装材料的系数,其值如表 4-5 所示。

Δh——在任意温度 θ℃ 时,包装内外相对湿度差。

表 4-5 各种包装材料在不同温度下的 K 值(K 值 $\times 10^{-2}$)

θ(℃) 薄膜	40	35	30	25	20	15	10	5	0
聚苯乙烯	1.11	0.85	0.64	0.48	0.35	0.257	0.184	0.131	0.092
软聚氯乙烯	1.11	0.73	0.49	0.31	0.20	0.126	0.078	0.046	0.028
硬聚氯乙烯	1.11	1.80	0.58	0.41	0.29	0.199	0.136	0.090	0.061
聚酯	1.11	0.73	0.48	0.31	0.20	0.129	0.081	0.048	0.029
低密度聚乙烯	1.11	0.70	0.45	0.28	0.18	0.105	0.163	0.036	0.021
高密度聚乙烯	1.11	0.69	0.44	0.27	0.17	0.100	0.059	0.033	0.049
聚丙烯	1.11	0.69	0.43	0.25	0.16	0.092	0.053	0.029	0.017
聚偏二氯乙烯	1.11	0.65	0.39	0.22	0.13	0.074	0.040	0.021	0.011

为了按规定的温度 40℃ 来表示透湿度,则可以按下式计算:

$$R = [W \cdot (C_2 - C_1) \cdot 10^{-2}]/[S \cdot t \cdot (h_2 - h_1) \cdot K] \qquad (4-10)$$

由式(4-10)计算出的 R 值,即是包装材料使包装内部产品含水量恰为极限值时的透湿度,且此透湿度是以标准试验表征的,但是一般情况下其值与有关图表中的数值并不相等,因此,在设计中还应考虑影响透湿度的各种因素,从而恰当地确定出该包装材料的厚度,并使实际防湿包装材料的透湿度稍小于由式(4-10)所计算出的 R 值。

当考察一已知包装容器是否满足产品的防湿要求时，可根据已知条件计算出防湿包装的有效期（计算法），也可通过实际试验测得其防湿有效期（实验法）。无论采用前述哪种方法，求得或测得之值需稍大于实际要求的防潮有效期。

如果用计算法，必须知道包装容器、环境条件以及产品极限含水量的确切数据，由式（4-10）可计算出允许的防潮有效期，即

$$t = [W \cdot (C_2 - C_1) \cdot 10^{-2}]/[S \cdot R \cdot (h_2 - h_1) \cdot K] \quad (4-11)$$

二、防止被包装物品增加水分的防湿包装方法及其设计

防止被包装物品增加水分的防湿包装方法是在包装内存放适量的干燥剂。将固体干燥剂与产品同时放入密闭的包装容器中，干燥剂可从湿物质中夺取水分而蓄于自身内，从而降低包装容器内的湿度或减少被包装产品的水分。这种防湿包装方法防湿性强且可靠，对包装容器的防湿性要求低，但仅适用于食品、药品或其他小型机电产品的短期防湿包装。

这种防湿包装要求采用透湿度小的防湿包装材料，因为包装内存放干燥剂后增加了包装内外的湿度差，如果所使用的包装材料透湿度较大，则会使包装外的水分更快地进入包装内，使包装内有限的干燥剂很快失去作用，造成被包装物品吸湿变质。防湿包装还要求所使用的干燥剂必须具有如下特性。

（1）吸湿能力强，且单位体积的吸湿量应尽可能大；
（2）具有物理稳定性，无味、无毒、不挥发；
（3）具有化学稳定性，吸湿后不产生化学变化；
（4）在常温下，温度对吸湿能力无显著影响；
（5）通过烘焙等干燥处理可再生，重复使用。通常使用的干燥剂有：硅胶、分子筛（沸石与合成沸石）、无水氯化钙、矾土与铝胶、硅藻土与活性藻土等。

在设计使用干燥剂的防湿包装时，应根据包装的目的和包装条件来计算干燥剂的用量。在设计时必须给出如下计算参数。

（1）测定出所使用防湿材料的透湿度 R（g/（m^2·24h））；
（2）根据被包装物品与湿度的关系，决定包装内部的湿度值 h_2（%）；
（3）根据所使用干燥剂的吸湿等温曲线，求出包装内部的湿度值 h_2 所对应的干燥剂最大含水量 C_2（%），并选定干燥剂的原始含水量 C_1（%）；
（4）设计出包装容器的表面积 S（m^2）、包装有效期 t（d），假设外部环境温度为 θ（℃），相对湿度为 h_1（%），则根据 θ 和 h_1（%）条件决定系数 K 的值。

将以上各参数代入式（4-10），即可求得干燥剂的用量 W（g）：

$$W = [S \cdot R \cdot t \cdot (h_2 - h_1) \cdot K] / [(C_2 - C_1) \cdot 10^{-2}]$$
(4-12)

如果知道了包装容器内的干燥剂的重量，则可以利用以上的各参数和式（4-11），核算包装的有效期。

思考题

1. 什么是防湿包装？
2. 了解空气中的水分的表达方式。
3. 掌握水分的扩散速度、透湿率、透湿度的概念。
4. 写出水分扩散速度的计算公式，了解各参数的含义。
5. 了解防湿包装的技术要求。
6. 防湿包装形式有哪些？
7. 防失水的包装设计中，如何计算材料的透湿度或包装有效期？
8. 防增水的包装设计中，如何计算所需干燥剂的重量或包装有效期？

第五章 防虫害包装技术

粮食及其加工品、干果、药品、毛皮、布匹、纸张、木材等产品，除易生霉外，还易遭虫害而影响其品质，失去销售价值或使用价值。为在储运过程中避免产品遭受虫害以及全面保护产品，需采用防虫包装。防虫包装是以用包装容器将易遭虫害的产品密封起来为主要手段，并以防虫、驱虫或杀虫为辅助手段，从而达到使产品免遭虫害的目的。防虫不仅是用包装来达到，而且需要净化生产环境，尤其需要注意包装材料与包装容器加工以及包装操作等环节的防虫。

害虫种类很多，且分布是世界性的。由于害虫生存繁殖环境与所需养料的差异，不同的害虫便常在某些特定的物品中出现。仓库害虫又叫储藏物害虫，简称仓虫，它是仓储商品的主要危害因素之一，仓虫在仓库中不仅蛀食动植物性商品和包装物、破坏商品的组织结构、使商品发生破碎和孔洞，而且其新陈代谢中排泄的污物还将玷污商品。此外，还有专门蛀蚀和破坏食品的害虫、专门蛀蚀木材的害虫以及专门蛀蚀纸张的害虫。总之，害虫的种类繁多，且有不同的习性，因此对一些易虫蛀和易被虫咬的商品应进行防止虫害的包装。防虫害包装的任务就是要破坏害虫的正常生活条件，扼杀和抑制其生长繁殖。

第一节 害虫的分类及危害

一、食品害虫的分类与危害

食品害虫绝大多数体小色暗，不易被人发现，它们多可抵抗高温或严寒，有的常潜藏于阴湿的场所，有的又喜在干燥环境中栖息。食品害虫有数百种，繁殖力与适应力强，且分布广泛。常见的食品害虫主要有以下几类。

1. 昆虫类

昆虫成虫的体躯可明显地分为头、胸、腹三大体段，不同的昆虫各部体态结构有很大的差异。属于食品害虫的昆虫分为以下三类。

（1）甲虫类。其幼虫主要危害奶粉、干酪、干鱼虾、谷类、豆类、药材、日用杂货等。

（2）蛾类。其成虫一般不直接危害食品。但其幼虫喜吃不同食品的不同部位。例如，印度谷蛾能在食品表面大量吐丝结网，排出大量带臭味的粪便，使食品极易发霉，严重地危害着谷类、豆类、油料、干果、干菜、奶粉、糖果、蜜饯、果品与药材等。

（3）其他害虫。书虱属于微小害虫类，因其危害纸张书籍而得名，它主要危害粉状粮食、粮食加工产品、干果、菜叶、药材及纸张等；美洲大蠊俗称蟑螂，是食品加工厂、食品仓库与厨房常见的害虫，且分布很广，蟑螂能携带痢疾、伤寒、霍乱等病菌并且沾染各种病源微生物，严重威胁人类健康。

2. 螨类

螨类体小且多为圆形或椭圆形，基本上是白色，危害粮食、面粉、干果、干酪、食糖、薯干等。如腐食螨，体长为 0.3～0.4mm，体有恶臭，会使食品带异味，危害食用脂肪与蛋白质较高的花生、干鱼、干肉、干果、干菜、奶粉、油料、豆类等。

二、木材害虫的分类与危害

危害木材的昆虫主要是白蚁和甲虫。

1. 白蚁

白蚁属鳞翅目，是一种活动隐蔽、过群体生活的昆虫。根据蚁种的不同，其单独的群体蚁数可从数百个至百万个。白蚁在世界上共有两千多种，我国也有近百种，以温暖潮湿地区为最多。

白蚁可将木材蛀成粉末状，使树木枯死，使得木质结构的建筑物倒塌，蛀蚀木质集装箱造成重大运输事故等，其危害十分严重。

2. 甲虫

甲虫属鞘翅目，主要有天牛和粉蠹、长蠹等。甲虫在木材表面产卵，新孵化的幼虫蛀入木材潜伏，因此木材会被蛀出许多通道与虫孔，不仅损害了木材的强度，且为木腐菌的侵入创造了条件。由上可知，甲虫危害木材主要是幼虫期。

三、仓库害虫的分类及危害

鳞翅目和鞘翅目害虫从某种意义上也可称为仓虫。因为无论是食品或木材，都可有仓库储存的过程。除此之外，在粮食或原粮库存中常见的害虫有以下几种。

1. 玉米象

玉米象成虫体长约为 2.5～3.2mm，体呈暗赤褐色。玉米象遍布全世界，我国除新疆外，其他省区均有发现。玉米象生长繁殖的环境条件为：温度为 24～30℃，相对湿度为 90%～100%，谷物含水量为15%~20%。它在15℃时，暴露4天就死亡；在50℃时，暴露1小时即死亡。玉米象成虫危害禾谷类种子、花生仁、干果、饼干、面包和某些豆类，它可使粮食、食品等发热、增水并滋生霉菌。玉米象幼虫只在禾谷类种子内蛀蚀，可使原粮变为碎粒或粉屑，其危害惊人，3个月内可使原粮损失11.25%，半年则损失原粮达35.12%。

2. 米象

米象与玉米象外形极相似。米象每年可发育4~5代，其耐寒力较玉米象弱，在15℃时，暴露1~2天就死亡；在50℃时，暴露1小时即死亡。它寄生于稻谷、小麦、花生、玉米及植物药材中。

3. 谷蠹

谷蠹生长繁殖的环境条件为：粮食含水量为14%，温度为18~39℃，直至粮食含水量为8%~10%，温度达35~40℃时仍能正常发育，但在0~6℃下只能生存7周。从卵至成虫约需40~90天，寿命为1年。谷蠹属长蠹科，它遍及世界，我国大部分省区都有发现，它危害着稻谷、大米、小麦、玉米、高粱、豆类、面粉、药材、干果与图书等。

4. 拟谷盗

拟谷盗在寒冷地区每年只发育1~2代，而一般为4~5代，发育适宜温度为28~30℃，当温度至45℃以上时20天就死亡，或2~3℃在1个月就死亡。它遍及世界，我国除西藏外各地均有发现，它危害面粉、米糖、干果、豆类、皮革、生药材、烟叶、谷类、油料种子、干鱼、干肉以及昆虫标本等；成虫有臭腺，分泌臭液污染粮食与食品。

5. 米蛾

米蛾每年发育2~3代，在20~21℃下完成一代约42天。幼虫越冬后，在6月上旬可成虫，但寿命仅1~2周。幼虫喜生长于碎米中，并吐丝将碎米变成长茧。米蛾遍及世界，我国的产米区更为多见。主要是危害大米，其次是可可、朱古力、饼干、粉类、坚果等。

第二节 影响物品虫蛀的因素

一、害虫的种类及其发育时期

不同的害虫有不同的营养特性，即不同的害虫其生长环境、生活习性、食品来源等都不同。因此，不同的害虫都会对一种或几种物品感兴趣，它就会引起这几种物质的蛀蚀。同时，不同害虫处在不同的发育时期，对物品的危害程度也不同，有的害虫的成虫对物品的危害强,有的则是幼虫对物品的危害严重。所以,要了解害虫的种类和生活习性,以便对症下药,防止虫害。

二、物品的化学组成

商品的蛀蚀除了与某些仓虫有关外,还与商品的化学组成以及环境的温度、湿度有很大的关系。容易引起蛀蚀的商品有:羊毛织品、蚕丝织品、人造纤维织品、天然草织品、毛皮及其制品、粮食、干果等。

1. 羊毛织品的蛀蚀

羊毛织品是由羊毛纺织而成的。羊毛的主要成分是角质蛋白质(含量达91%以上)。羊毛角质蛋白质大分子中含有大量的酰氨酸,在碱液的作用下,酰氨酸中的二硫基团会被破坏,发生水解,短时间内可以导致羊毛溶解,角质蛋白质的分子非常巨大,不经消化则不能被昆虫吸收利用,蛋白质的消化主要靠蛋白酶的作用而实现。角质蛋白是多种微小鳞翅目、食毛目和几种鞘翅目昆虫的基本食料。如谷蛾、负袋衣蛾、黑点衣蛾、二点衣蛾能侵蚀哺乳动物的皮毛,织网衣蛾的幼虫对于角质蛋白质具有特殊的爱好。

2. 蚕丝织品的蛀蚀

蚕丝织品由桑蚕丝、柞蚕丝和蓖麻蚕丝等织成。蚕丝由丝素和丝胶两部分组成,丝胶易溶于沸水和碱液中;丝素由多种氨基酸所组成,其中以氨基乙酸、氨基丙酸、干酪氨基酸等为主。丝素不溶于水,具有较强的吸湿性,在潮湿的环境里丝素极易引起霉变和虫蛀。有些仓虫和圆蠹能蛀蚀蚕丝和虫茧,并能依靠丝素和丝胶而生长发育。

3. 皮革制品的蛀蚀

皮革是用动物的真皮部分加工制成的。它的主要成分是皮质,为原料皮鞣制后保留下来的一种蛋白质,这种蛋白质可被某些昆虫体内的蛋白酶水解而利用。皮革中还含有3%~4%的油脂,络鞣草和轮胎草含油脂更为多一些,这类油脂可被相应的脂纺酶所水解。某些皮革的表面涂有一层用干酪素等物质组成的涂饰剂,有的还用动物血制成的上光剂,这一层含有丰富的蛋白质和糖类的物质,可为某些昆虫的营养物质。皮蠹科和花斑皮蠹、黑皮蠹、花背皮蠹、小圆皮蠹等对皮革及其制品的蛀蚀甚为严重,有的会被蛀蚀成许多浅色斑痕。这些昆虫体内含有多种酶类,能对上述化学成分进行水解、消化利用。

4. 毛皮的蛀蚀

许多毛皮如貂皮、水獭皮、香鼠皮、艾虎皮、灰鼠皮、狐狸皮、貂子皮、绵羊皮、山羊皮、猾子皮等,含有丰富的皮质蛋白、角质蛋白、糖类、脂肪,这是因为鞣制后的毛皮,加入适量的脂肪可以提高成品皮面柔软性、可塑性、强度和稳定性等。同时,加入脂肪可在皮面上的皮纤维周围形成脂肪薄膜保护层，防止纤维在干燥过程中发生黏结。所加的脂剂有合成加脂剂、合成中蹄油、磺化蓖麻油、氧化鱼油等，这些都为仓库害虫提供了丰富的养料。

5. 粘胶纤维织品的蛀蚀

粘胶纤维是再生纤维素纤维，几乎全部由纤维素组成。早期的粘胶纤维都是长丝，俗称人造丝，后来逐步发展到切断成短纤维。它们都可纯纺或与其他纤维混纺。粘胶纤维的化学组成和棉纤维相似，性能接近棉纤维，其吸湿性比棉纤维好，强度比棉纤维低，由于粘胶纤维由纤维素组成，在纤维素酶的作用下，粘胶纤维可以水解成葡萄糖。因此，具有纤维素酶的害虫与其他各种能分泌纤维素的纤毛虫、鞭毛虫、变形虫等原生动物的害虫，都能消化利用纤维素材料。故粘胶纤维及其织品会被虫蛀。根据仓库害虫的生理构造和体内各种酶的生化特性，常见的仓虫一般对腈纶、绦纶、维纶、尼龙不能很好地消化利用，所以这类合成纤维织品一般不易被蛀蚀。

6. 木材蛀蚀

木材是由纤维素（干重占40%~62%）、木质素（干重占18%~36%）和总称为半纤维的己聚糖和戊聚糖等组成。新鲜木材中还含有淀粉。另外，木材中还含有少量其他物质，如单宁、色素、含油松脂、脂肪、有机酸、有机氮化合物等。木材的所有成分中，木质素是永远不会被消化的，这是由于它特殊的结构所决定的，至于纤维素、半纤维素，只有某些昆虫能消化。

除上述几种商品以外，粮食、干制食品、肉类物品、蛋类物品等食品都含有大量的昆虫所需要的各种营养成分，极易被仓库的害虫所蛀蚀，所以必须采用相应的防虫害包装。

三、温度对害虫的影响

任何一种害虫都是作为生活环境中的一个组成部分而存在的，它与环境因素息息相关、互相影响，各种生态因素的变动都能影响害虫群落的改变和种群数量的增减。

害虫是变温动物，它的体温很大程度上取决于周围环境的温度。因此，温度对幼虫的发育速度、成虫的寿命和繁殖率以及死亡速度和迁移分布都有直接的影响。害虫虽然也有通过改变呼吸强度和水分蒸发速度来调节体温的能力，但这种能力是极微弱的。

害虫体温的调节主要靠获得和散失热量。热量的获得有内生和外来两个途径。从害虫自身新陈代谢作用分解营养物质而获得的热量为内生热，从害虫栖息地方的环境温度中获得的热量为外来热。就害虫来说，外来热是主要的，内生热只有调节体温的作用。热量的散失一般通过水分蒸发、向外传导和以热射线形式等三个途径向外辐射,其中以水分蒸发来散失热量为最重要。

每种害虫在生长发育和繁殖等方面都有一定的温度要求,在不同的温度范围内表现出它的基本行为和特殊的生理过程。从图5-1中可以看到,8~40℃为有效温度范围,这是害虫生长发育和繁殖所要求的温度。其中,22~30℃是害虫生活最合适的温度区,在此范围内昆虫的发育良好、发育速度适中、个体死亡率小、成虫寿命较长、生殖力最强。35~45℃是有效温度的上限,在此范围内,害虫的生长发育开始发生热抑制状态,称为高温临界。8~15℃是有效温度的下限,是发育的起点。超过上限或下限的温度,都会对害虫有着致死的作用。45~48℃能引起害虫各部分代谢速度加快而不能得到平衡,因此生理功能失调、生命活动降低,处于热昏迷状态(又称夏眠)。这种状态如果继续延续,可以致死,但如果使温度下降到适当温度,虫体仍可保持生命。48~52℃为致死高温,对大多数害虫有致死效力。对于发育起点以下的温度,各种害虫表现的耐寒能力不同。一般,8℃以下,虫体的新陈代谢减慢、生命活动降低,进入冷昏迷状态(又称冬眠),如果时间长久就会导致死亡。低温致死一般在0℃以下,但通常不会低于-15℃。

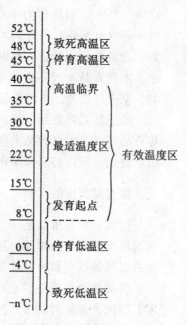

图5-1 害虫发育和繁殖温度区示意图

致死高温或致死低温及作用时间的长短,因害虫的种类、虫期等的不同差异较大,而且还受温度变化速度的影响。温度快速变化常使害虫难以适应。一般害虫对高温的忍耐力比低温的忍耐力要小。低温对害虫的致死效力与保持低温的时间长短有密切的关系,保持长时间的低温会有较强的致死效力。例如,拟谷盗成虫在

-5℃的低温下，13天就会死亡，但在5℃时，要保持67天才完全死亡；它的幼虫在-5℃时，要保持12天才完全死亡，但在5℃时，要保持45天才完全死亡。

温度也影响害虫的生长发育速度和种群密度。通常，在适宜温度范围内，温度越高，虫体的生长发育速度越快，因而温度决定着害虫在全年内活动时期的长短，也间接影响全年发育的代数和种群密度以及物品的受害程度。

害虫对温度的反应和适应性不仅因虫种的不同而不同，而且还受到下列情况的影响。

（1）温度变化的速度。温度快速上升或下降，常使害虫一时难以适应，从而缩小了对高温或低温的忍耐范围。

（2）大气湿度的变动。对害虫有利或不利的温度范围亦随大气湿度的改变而变化。一般来说，在干燥条件下，害虫对温度变化的忍耐力比潮湿的条件下的忍耐力高。

（3）不利温度持续时间的长短。长时间的不利温度会促使害虫死亡。

（4）不同的生理状态和发育阶段对温度有特殊的要求。害虫对温度的反应与其内在生理状态有关系。一般地，当体内水量增多、脂肪量相对减少时，忍耐低温的能力较差；反之，脂肪量增多、水分减少时，忍耐低温的能力增强。不同的发育阶段表现对温度的反应也有差异，一般，以越冬期个体忍耐低温能力最强，处于停止发育状态或已经成熟的幼虫次之，正在发育的虫体最弱。

一般害虫对高温的忍耐力低于对低温的忍耐力，其能忍耐的限度以温暖地区的害虫比寒冷地区的为高。

四、湿度对害虫的影响

湿度对害虫的影响与温度同等重要，它的作用有两个方面：一方面直接影响害虫的有水分的生理活动；另一方面影响害虫食物的含水量，起着间接作用。

一般害虫体内含有大量的水分，占体重的50%~90%。这些水分是消化作用、营养物质的循环、排泄物的排出、渗透压的调节等生理活动所必要的溶剂，也是体温调节中必不可少的。但害虫体内的水分含量常因害虫的种类、虫期和环境条件而有差异。当环境条件改变时，它必须用获得和散失水分来调节这种平衡，以维持正常的生理活动。

害虫体内水分主要从食物中获得。一般仓库害虫在食物含水量低于8%时就难以生存，但也有一些害虫耐干燥的能力特别强，如谷斑皮蠹能够生活于含水量2%的食物中。各种害虫对湿度和水分的要求不一样，而且也和对温度的要求一样，有一定的适应范围。相对湿度70%~90%是多数害虫的最适宜的湿度。在害虫能够生存的湿度范围内，湿度所起的作用主要是影响生长发育速度和生殖能力。

一般害虫对环境湿度的变化具有非常敏感的反应，特别是对低湿度的反应更为明显。如米象在 16~27℃ 时食物含水量至少要达 10% 以上方能生存，如果食物含水量降低到 8.5%，只能生存 52 天即自行死亡。但也有些害虫能生活在干燥的物品中，它们往往具备耐干燥的能力，有的害虫（如地中海螟）能生活在几乎没有水分的食物中。但一般来说，如物品的含水量下降到 8%，就不容易发生虫害了。

此外，空气中的氧也对害虫有一定的影响。当空气中的氧的浓度降低到一定程度时，必然会影响虫体的呼吸作用，影响害虫正常的新陈代谢和生长繁殖。

五、空气对害虫的影响

害虫在新陈代谢中需要进行有氧呼吸，以进行正常的生理活动，同时呼出二氧化碳。害虫生活环境中氧气和二氧化碳的浓度对其正常生理活动有着巨大的影响。降低氧气浓度或提高二氧化碳的浓度都可以达到抑制害虫生理活动或是达到杀灭害虫的目的。

当氧气浓度低于 8%，二氧化碳浓度高于 20% 时，可以达到防虫的目的；当氧气浓度小于 2%，二氧化碳浓度大于 35% 时，可以达到杀虫的目的。在高浓度的二氧化碳环境中，害虫气门全部敞开，有利于毒气分子进入体内或害虫体内的水分大量蒸发，将害虫杀死。

第三节 防虫害包装技术

防虫害包装技术是通过各种物理的因素（光、热、电、冷冻等）或化学药剂作用于害虫的肌体，破坏害虫的生理机能和肌体结构，劣化害虫的生活条件，促使害虫死亡或抑制害虫繁殖，以达到防虫害的目的。

一、高温防虫害包装技术

高温防虫害包装技术利用较高的温度来抑制害虫的发育和繁殖。当环境温度上升到 40~45℃ 时，一般害虫的活动就会受到抑制，至 45~48℃ 时，大多数害虫将处于昏迷状态（夏眠），当温度上升到 48℃ 以上时，虫体新陈代谢加剧，虫体水分大量损失，虫体结构发生剧烈的变化，蛋白质变性，虫体组织被破坏，导致死亡。表 5-1 就是拟谷盗害虫死亡与温度的关系。

表 5-1　　　　　　　　　拟谷盗害虫死亡与温度的关系

温度		造成50%死亡所需时间			
(℃)	(℉)	卵	幼虫	蛹	成虫
44	111.2	14h	10h	20h	7h
46	114.2	1.2h	1h	1.5h	1.2h
48	118.4		8min	12min	26min
50	122.0		4.7min	4.5min	4.9min

高温杀虫包装技术可以采用烘干杀虫、蒸汽杀虫、日光暴晒和远红外线及微波干燥等方法来进行。烘干杀虫一般是将待装物品放在烘干室或烘道、烘箱内，使室内温度上升到65～110℃，也可以按照待装物品的品种规格、容易滋生害虫种类的特性来定出温度和升温时间的要求，进行烘烤处理；日光暴晒法是利用太阳辐射的热能，降低产品本身的水分，来提高物品自然抗虫的能力，常见的如干果、粮食等都依靠此方法来降低虫害的影响；远红外线干燥是利用远红外射线穿透物品，使物品受热均匀达到干燥的效果；微波杀虫是利用高频磁场的作用使虫体内部水分、脂肪等物质受到作用，分子之间产生剧烈的摩擦，生成大量的热能，使虫体内部温度迅速上升致死。蒸汽杀虫是利用高热的蒸汽杀灭害虫，一般利用蒸汽室，室内温度保持在80℃左右，要处理的受害商品，在室内处理15～20分钟，害虫可以完全被杀死。

二、低温防虫害包装技术

低温防虫害包装技术利用低温抑制害虫的繁殖和发育，使其死亡。仓库害虫一般在环境温度为8～15℃时，开始停止活动，-4～8℃时处于冷麻痹状态，如果这种状态延续时间太长，害虫就会死亡。-4℃是一般害虫致死的临界点。当温度降到致死临界点时，由于虫体体液在结冻前释放出热量，使体温回升，已经冻僵的害虫往往会复苏，如果继续保持低温，害虫就会真正死亡。

一般仓库害虫在气温下降到7℃时就不能繁殖，并大部分开始死亡。各种冷冻设备，如冷冻机、低温冷藏库等都能将温度降到0℃以下，足以达到防虫的目的。害虫对于外界低温具有一定的抗寒能力。为了破坏害虫的抗寒性、加速它的死亡，在低温处理时，应注意以下两个问题。

（1）害虫的抗寒性与其食物的含水量有密切的关系。各种害虫（包括各个虫期）体内所含的水分一般为50%～90%，仓库害虫生活在停止生长的动植物中，从食物中获得的水分较少，因而体内含水量也低，如谷象成虫体内含水量为49.25%～53.33%，如果将含水量分别为12%、14%及18%的三种食物饲养三组谷象，然后作低温处理，温度从0℃降到-15℃。试验结果发现，摄取含水量12%的食物者最先死亡，14%的次之，18%的最后死亡。所以，可以认为，害虫的食物中含水量愈高，它的抗寒性就越强。因此，在防虫包装中，要在内装商品含水量的允许范围内，尽量减少商品中的水分，以降低害虫的抗寒性，加速它的死亡。

（2）害虫的抗寒性与冷却速度有密切的关系。冷却速度越慢，则害虫体内热量散失越慢，冷却状态越稳定；反之，冷却速度越快，体温在较高的温度下，体液骤然进入到结晶状态，则可以加快害虫死亡。如果在短时间内一次接一次重复急剧加温、急剧冷却，也可以降低害虫的抗寒性，加速害虫的死亡。

低温防治害虫的方法有室外自然冷冻法、室内通风冷冻法、机械制冷法（德国）等。

三、电离辐射防虫害包装技术

电离辐射防虫害包装技术是利用X射线、γ射线、快中子等的杀伤能力使害虫死亡或者不育，从而达到防虫害的目的。

X射线是一种不带电的粒子流，也是波长为0.01～10nm的电磁波，有很高的穿透能力。

放射性物质的原子核是不稳定的，它不断放出α、β、γ三种射线。其中，γ射线是一种光子流，波长短于X射线。它的性质与一般的可见光、紫外线、X射线相似，所不同的是，它的能量很大，对害虫的杀伤力强。

快中子是一种质量和质子相近的中性粒子，不带电，穿透力特别强，辐射效应高于γ射线。

各个虫种对电离辐射的敏感性表现不同，一种害虫的各个不同发育时期也有差异。目前较常用的是γ射线，因为其穿透能力较强，而且也较易获得，可将其制成固定或流通式的辐射源装置，便于运用。

电离辐射对害虫的各个发育期的影响如下。

（1）电离辐射对卵期的影响。经过电离射线照射的害虫卵发育停止，不能孵化，死亡率高。例如，米象的卵在产出后的1～2小时，用剂量为1千伦（1伦琴=2.58×10^{-4}库/千克）的X射线照射，只有5.5%能发育到孵化。有一些鞘翅目和鳞翅目仓库害虫的卵，致死剂量较高，需要用100千伦剂量的X射线，才能使胚胎发育停止。

（2）电离辐射对幼虫期的影响。电离射线对幼虫期的作用是使其食欲减退，发育迟缓，甚至不能化蛹。例如，谷象和米象在发育早期受X射线照射，3千伦剂量就可使其不能发育到成虫；谷斑皮蠹幼虫受6千伦剂量作用后不能化蛹。

（3）电离辐射对蛹期的影响。害虫蛹期对辐射作用的敏感性明显地低于幼虫期，蛹期对射线的抗性随着蛹龄的增长而提高。害虫受电离射线的影响，蛹期延长，甚至不能羽化，因而羽化率降低、寿命短，生殖腺发育产生病理变化，不能繁殖后代或产生不育性的卵和精子。低于致死剂量的射线虽然不会在短期内杀死害虫，却能影响它的生殖细胞，这是因为正在进行分裂的细胞对辐射致死作用最为敏感。在近羽化前的蛹期或者成虫羽化初期，体细胞和生殖对射线的敏感性差别最大，它们的绝育剂量和毒性剂量的差别也最大，因而这是致使害虫不育的最好时期。据文献介绍，各种害虫在 X 射线或 γ 射线作用下，绝育剂量为 2.5~55 千伦，一般雄虫所需剂量比雌虫低得多。快中子与 X 射线、γ 射线的作用相同，但其生物效应比 X 射线和 γ 射线高得多。

利用电离辐射杀虫对各个种类、各个虫期的害虫都有很好的致死效果，由于射线具有较强的穿透性，能杀死物品内较深层次的害虫，在实际应用上，电离辐射手段可以处理大批量的产品，而不产生高温，不会使物品变质及严重污染。

四、微波与远红外线防虫害包装技术

微波是指波长为 1mm~1m 的电磁波，频率为 300~300 000MHz，也称为超高频。

微波在传输过程中，不同的材料对微波会产生不同的反射、吸收和穿透现象。用微波处理的材料通常会不同程度地吸收微波的能量，特别是含水量和含脂肪的物质，它们吸入微波能量以后能把它转变为热量。

微波杀虫是害虫在高频的电磁场作用下，虫体内的水分、脂肪等物质受到微波的作用，其分子发生振动，分子之间产生剧烈的摩擦，生成大量的热能，使虫体内部温度迅速上升，可达 60℃ 以上，因而致死。

微波杀虫具有处理时间短、杀虫效力高、无残害、无药害等优点。但是，微波对人体健康有一定影响，可以引起贫血、嗜睡、神经衰弱、记忆力减退等病症，因此操作人员不要进入有害剂量（150MHz 以上）的微波范围，或采取必要的防护措施。

远红外线具有与微波相似的作用，主要是能迅速干燥储藏物品和直接杀死害虫。例如，竹蠹的死亡临界温度为 48℃，利用远红外线的光辐射和产生的高温（可高达 150℃），可使竹制品内部的竹蠹全部死亡。远红外线杀虫的优点与微波杀虫的优点也基本相似，是一种有效的防治害虫的包装技术方法。

五、化学药剂防虫害包装技术

化学药剂防虫包装技术就是利用化学药剂来抑制或杀灭害虫，

保护包装物品的防护措施。

通常所用的杀虫剂有很多种类,但到目前为止还没有一种杀虫剂能防治所有各类害虫。害虫也有抗药性,从而使杀虫剂的杀虫效率降低,杀虫剂杀虫机理与适用场合各不相同。

其中,最常用的杀虫剂是从除虫菊中提取的除虫菊酯,是一种神经毒剂。它在较高的温度条件下会快速分解,因此对于具有较高体温的鸟类和哺乳动物等毒性较低,在较高温度下,昆虫也对除虫菊酯呈现较高的抵抗能力。除虫菊酯中毒症状为兴奋、痉挛、麻痹及死亡,这是典型的神经毒剂的中毒现象。中毒的昆虫神经和肌肉都发生组织病理变化。主要表现在神经节和脑内神经纤维的蛋白质结构被破坏,神经细胞的染色质聚集成块,细胞内产生空泡,染色质块渐渐消失;另一方面,发生肌肉方面的组织改变,肌肉产生空泡,肌肉纤维彼此分开,细胞核集聚成小块。除虫菊酯具有快速击倒效能,多种害虫触及后在几秒钟内死亡。除虫菊酯对人畜几乎无毒性,使用安全。

利用化学药剂防虫,通常是将包装材料进行防虫剂、杀虫剂处理,或在包装容器中加入杀虫剂或驱虫剂,以保护内装商品免受虫类侵害,以除虫菊和丁氧基葵花香精的混合物可以使用于多层纸袋,且这种混合剂是一种安全的杀虫剂。

第四节 防虫包装的设计要点

如前所述,为防止害虫混入或侵入包装,除在各个环节采取各种防虫与卫生措施外,在包装结构上还应采取特殊的技术处理。

一、防虫包装对包装材料的基本要求

为了防虫,包装材料需同时具备以下条件。

(1) 足够的防虫能力。加大包装容器的壁厚只有在包装材料具有较强的防虫能力时才有意义,对易被害虫蛀穿的包装材料,必须进行必要的防虫处理。

(2) 恰当的机械强度。制作防虫包装容器的材料,必须具有耐揉、扯、磨与冲击的能力。因此,防虫性、强度好的当属金属包装材料。

(3) 适用的透气性、透湿性。产品装入包装内可与外界隔绝,并不能可靠地防虫。包装材料必须能阻止外界水分与氧气进入包装,只有这样,才可抑制害虫生存或使其死亡。

(4) 无毒的卫生性。工业产品的防虫包装也应低毒,以防人手接触而中毒。食品的防虫包装应无毒或低毒,有关规定参见表5-2。

表5-2　有机磷杀虫剂在粮食中允许的残留量（联合国粮农组织）

杀虫剂	粮　种	卫生标准（百万分之一）
马拉硫磷	原粮	8
	小麦、黑麦、全麦粉、面包	2
甲嘧硫磷	小麦、黑麦、稻谷	10
	大麦、玉米、燕麦	7
	全麦粉	5
	大米、精白粉	2
	面包、精白米	1
	精白粉面包	0.5
	花生果	50
	花生油	10
	花生米	10
杀虫畏	玉米	0.3
杀螟松	小麦	10
	全麦粉	5
	精白粉	1
	面包	0.2
	麸皮	20
	稻谷	10
	大米	1
	米糠	20

二、防虫包装结构的合理选择

为便于设计者确定包装结构，现将可采用的包装形式分述如下。

1. 刚性包装

仅以防虫作为出发点，用金属、玻璃、陶瓷制成刚性容器最为保险。但是，由于材料成本、包装重量以及机械性能等多方面的原因，上述材料也不一定是最佳的。然而，刚性包装的防虫性是较好的。

2. 柔性包装

加工纸经防虫处理后制成包装袋较为理想，但其成本高。一般多用塑料薄膜来担任防虫包装，常用的塑膜有四种。

（1）单质塑膜。厚40～45mm的塑膜适于防虫包装，其材质多为聚酯、拉伸的聚丙烯与拉伸的尼龙膜。

（2）复合塑膜。对一般食品害虫有较好的防护性，但不能防护穿孔性害虫，常用的材料为 PET/PVDC，OPP/PVDC，PE/CPP，ON/PVDC 等。

（3）铝塑复合膜。塑料薄膜与铝箔复合后有很高的防虫性，但不能防穿孔性很强的害虫。

（4）加工纸。塑料薄膜与纸复合防虫性较好，但防蛀虫能力差。

3. 半刚性包装

（1）全塑包装容器。采用注射、吸塑或吹塑成型加工方法，制成厚 0.6~0.9mm 的透明或半透明的容器，具有良好的防虫性。常用的材料为 PC、PVC、HDPE、PS 等。

（2）纸塑包装容器。多层纸张或纸板与塑膜复合制成的容器表面涂布除虫菊酯、胡椒基丁醚后，具有 9~12 个月的驱虫、防虫能力。当前，美国主要是采用这种方法来提高纸塑容器的防虫性能。为防止防虫剂透过包装而迁移至食品中，在防虫剂用量与涂布工艺上都有相应的要求。如处理得当，其防虫性与带有铝箔的复合材料不相上下。

三、包装容器防虫结构的特殊要求

防虫包装容器的结构，除应便于成型与包装外，在结构、造型上还应具有防虫性。如某些室内昆虫常以瓦楞纸板的瓦楞为栖息地；拟谷盗、扁甲、蠹鱼、纹斑螟等在幼虫成蛹时，爬入较干燥的缝隙内、褶皱处作茧蛹化。因此，对防虫包装容器有着以下的特殊要求。

（1）包装容器各处无针孔、无缺陷、无缝隙；
（2）包装容器的造型应无折弯、无凹陷、少棱角；
（3）包装容器表面要平滑、无褶皱；
（4）包装容器密封性好。

四、包装容器内部环境条件的控制

包装容器可分别选用高温、低温、照射或蒸熏等方式进行杀虫。此外，为了防虫，还可采用真空包装、充气包装以及包装内加吸氧剂等方式，以使包装内部成为害虫不宜生存的环境，从而达到防虫的目的。

思考题

1. 仓虫危害商品的形式有哪些？

2. 害虫是变温动物吗？为什么？
3. 害虫的分类及其危害各有哪些？
4. 影响物品虫蛀的因素有哪些？
5. 害虫的生长、繁殖与种群分布与温度有什么关系？
6. 防虫害包装技术有哪些？
7. 除虫菊酯的杀虫特点是什么？
8. 防虫包装设计的要点是什么？

第六章　防锈包装技术

金属由于受到周围介质的化学作用或电化学作用而发生损坏的现象叫金属锈蚀。按介质的不同，可分为大气锈蚀、海水锈蚀、地下锈蚀、细菌锈蚀等。在包装过程中遇到最多的是大气锈蚀。锈蚀对于金属材料及其制品有严重的破坏作用。根据试验，钢材如果锈蚀1%，它的强度就要降低5%~10%，薄钢板就更容易因锈蚀穿孔而失去使用价值。金属制品因锈蚀而造成的损失远远超过所用材料的价值，为了减轻因金属锈蚀带来的损失，研究金属制品的锈蚀规律及其防护技术是非常重要的。

为隔绝或减少大气中的水蒸气、氧气和其他污染物对金属制品表面的影响，防止发生大气锈蚀而采用的包装材料和包装技术方法称为防锈或封存包装。

第一节　金属制品锈蚀原理

除了少数贵重金属（如金、铂）外，各种金属都有与周围介质发生作用的倾向，因此金属锈蚀现象是普遍存在的。按照金属锈蚀的机理，锈蚀可分为电化学锈蚀和化学锈蚀两种类型。而一般金属制品的锈蚀主要是电化学锈蚀。

一、金属电化学锈蚀原理

电化学锈蚀是指金属与酸、碱、盐等电解质溶液接触时发生作用而引起的锈蚀，它在锈蚀过程中有电流产生，即所谓微电池作用。电化学锈蚀是破坏金属的主要形式。

1. 电化学锈蚀原理

金属电化学锈蚀的进行必须同时具备三个条件：①金属上各部分（或不同金属间）存在着电极电位差；②具有电位差的各部分要处于相连通的电解质溶液中；③具有电极电位差的各部分必须相连。

造成电化学锈蚀的原因主要是在具备上述三个条件下的原电池作用。当将两种金属放在电解质中，并以导线连接之，导线上便有电流流过，这种装置就叫做原电池。众所周知的伏特电池的装置便是原电池，如图 6-1 所示。

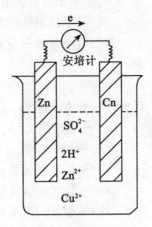

图 6-1 伏特电池图解

在伏特电池中，导线将两极板连接起来，成为自由电子流动的通道。电解质溶液（硫酸溶液）使两极板维持各自的电极电位，同时成为阳离子流动的通道。

即使是一块金属，如果不与其他金属接触，把它放在电解质溶液中，也会产生与上述类似的锈蚀电池。一般工业用的金属都不是同一种金属元素组成的，常含有少量的杂质。在金属表面上一般也分布着很多杂质，当它与电解质溶液接触时，每一颗粒杂质对于金属本身来说都成为阴极，所以在整个表面就必然有很多微小的阴极和阳极存在，因而在金属表面就形成了许多微小的原电池，这些微小的原电池称为微电池。

由此可见，金属电化学锈蚀的产生是由于金属与电解质溶液相接触时，金属表面的各个部分的电极电位不尽相同，结果形成锈蚀电池，其中电位较低的部分成为阳极，容易遭受锈蚀；而电位较高的部分则成为阴极，只起传递电子的作用，而不受锈蚀。

当金属与比金属表面温度高的空气接触时，在空气中所含的水蒸气就可以形成液态的水，在金属表面凝聚，使金属表面润湿形成水膜。当金属表面上存在着水膜时，由于大气中的某些气体，如二氧化碳、二氧化硫、二氧化氮或盐类溶解进去，这种水膜实际上就是一种电解质溶液。在这种情况下，金属表面很自然地就会进行电化学锈蚀，引起金属制品锈蚀。

2. 极化作用

使金属材料发生电化学锈蚀是锈蚀电池作用的结果，锈蚀过程中产生的电流叫做锈蚀电流，它的大小是锈蚀速度的函数，根据欧姆定律，可以计算出锈蚀电流强度：

$$I = (E_C - E_A)/R \tag{6-1}$$

式中，I——锈蚀电流强度；

E_A——阳极电极电位;

E_C——阴极电极电位;

R——锈蚀电池的总电阻(包括内阻与外阻)。

知道锈蚀电流强度以后,根据法拉第定律,可以计算出锈蚀量:

$$W = I \cdot t \cdot A/(F \cdot n) \tag{6-2}$$

式中,W——锈蚀量(g);

I——电流强度(A);

t——锈蚀时间(s);

F——法拉第常数;

n——金属在锈蚀电池中具有的阶数;

A——金属的原子量。

锈蚀速度即每小时每平方米的锈蚀量,即

$$W/(S \cdot T) = 3600 \cdot I \cdot A/(S \cdot F \cdot n) \tag{6-3}$$

式中,T——时间(h);

S——阳极区的表面积(m^2)。

计算出的锈蚀速度同实际锈蚀速度相比较要大几十倍到几千倍。由实验证明,这是由于锈蚀过程的总电阻虽然没有改变,但阴极和阳极电位差减小而造成的结果。因为,当锈蚀开始时,阳极电位向正的方向移动,阴极电位向负的方向移动,因而电位差减小了。电极电位的改变大多是在锈蚀开始的短时间内完成的,这种电极电位的改变叫做极化作用。极化作用可以降低金属的锈蚀速度。研究极化作用及其产生的原因对防止金属制品锈蚀具有一定的实际意义。

(1) 阴极极化。阴极电位向负的方向转移的现象叫阴极极化。阴极极化的原因是由于在锈蚀电池的阳极反应过程中,金属离子溶入电解液,而在阳极区留下了多余的电子,互相连接的阳极区和阴极区之间又有电位差存在,于是多余的电子便从阳极区流入阴极区。如果在阴极周围,吸收电子的阴极反应速度小于电子进入阴极区的速度,电子就要在阴极表面上积累起来,结果使阴极电位逐渐变负。并且通往阴极的电流越大,阴极电位也就变得越负。同时使阴阳两极的电位差逐渐变小,以致近于零,这时金属的锈蚀就停止了。

(2) 阳极极化。阳极电位变正的现象叫阳极极化。阳极极化的原因是由于在某些金属中主要是由于金属表面形成钝化膜,阻碍了阳极过程引起阳极电位向正的方向移动。另外,如果阳极金属溶入溶液的金属离子不能很快扩散,而积累在阳极表面附近,使阳极附近金属离子的浓度逐渐增加,使阳极电位变正,从而阻滞了阳极过程的进行,这叫浓度极化。

3. 金属表面的钝化与活化

如果金属在某些条件下,化学稳定性非常高,而它在相近条件下却很活泼。我们把化学稳定性非常高的状态称之为钝化状态。如金属锈蚀生成的锈蚀产物,具有致密的结构,紧密地覆盖在金属表面上,阻止金属进一步腐蚀,则金属表面钝化了,这个覆盖层叫做钝化膜。差不多所有的金属在适当的条件下都能转变为钝化状态,其中铁族金属(铁、铝、镍)以及铬、钽、铌、钼等金属的钝化情况最具有代表性。

钝化的金属在干燥状态下,能在真空干燥的空气或干燥的氧气中长期保持钝化状态。但是在潮湿的空气中,特别是空气中没有清除二氧化碳、二氧化氮、二氧化硫等杂质时,能很快使钝化的表面活化。钝化状态的稳定性取决于钝化的条件、金属表面的结构及状态、钝化剂作用的时间。金属钝化后,电极电位增高,即电位向正方向移动,电化学腐蚀速度大大下降几乎到零。当外部条件变更时,钝化金属重新转变成活化状态,称为去钝化或活化。

二、化学锈蚀原理

化学锈蚀是指金属在外界介质中发生直接化学作用而引起的锈蚀。其特点是在锈蚀过程中没有电流产生,并且锈蚀产物沉积在金属表面上。这种锈蚀产物薄膜即氧化膜盖住金属的表面之后,即能在一定程度上降低金属与介质的反应速度,如果形成的膜很紧密、很完整,就能使金属和介质隔离开,阻碍它们互相接触,从而保护金属不遭受进一步的锈蚀。例如,铝同氧化合生成的 Al_2O_3 薄膜比铁同氧化合生成的 Fe_3O_4 薄膜厚度薄得多,但由于紧密完整,因此保护性能好。像这样由一层锈蚀产物组成的,能把金属表面遮盖起来,从而降低金属锈蚀速度的薄膜,我们称之为表面保护膜。金属在高温下氧化或在常温干燥环境中受气体(如氧、二氧化碳、硫化氢、氯、氯化氢、二氧化碳、氢等)的作用以及金属与酸、碱、盐的作用,都属于化学锈蚀。在常温下,化学锈蚀不是主要的,但在高温时,化学锈蚀就比较显著。

化学锈蚀生成的膜可以分为以下五种情况。

(1) 化学锈蚀后不形成保护膜,而是形成挥发性产物。这种情况锈蚀速度只决定化学反应的速度,即氧化物的升华速度。锈蚀量与时间成直线关系。属于这类情况的金属有钼、锇、钌、铱等。

(2) 在金属表面上形成不完整的膜,如膜中有许多裂缝或较大的气孔,这种膜不具有保护作用。锈蚀量与时间也是直线关系。属于这类情况的金属有钾、钠、钙、镁等。

(3) 在金属表面形成完整的膜,锈蚀速度决定扩散速度和化学反应速度,如图6-2所示。图中曲线基本为抛物线,开始 A 表示锈蚀速度由化学反应速度决定,呈直线关系,因开始时间很短,故直线形状并不明显,接着表示锈蚀速度由扩散速度决定,曲线成抛物线，最终 B 表示锈蚀速度由化学反应速度与扩散速度二者决定的。属于这类情况的金属有钨、铁、钴、铜、镍、锰、铍、钴、钛等。

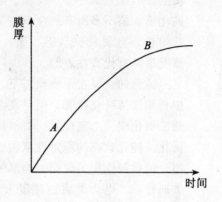

图 6-2　膜厚（锈蚀量）与时间的关系

（4）有一些金属锈蚀形成的膜对扩散的阻力更大，锈蚀速度与时间成对数关系，属于这类情况的金属有锌、硅、铝、铬等。铁在较低温度下的氧化，也服从对数曲线关系。

（5）很多金属与空气中的氧作用，都会在金属表面形成一层氧化膜的保护薄膜，这一层膜的厚度取决于金属的性质、表面状态、氧化温度和介质的组成。金属在常温状况下，干燥空气中形成的膜非常薄。有些金属（如银、铜及铜合金等）在含硫化物的干燥空气中形成的氧化膜表面变暗，通常称这种现象为失泽。

经实验证明，金属表面在空气中氧化成膜，或在溶液中钝化成膜，其保护的生长过程如果为直线规律，则表面保护膜不具有保护性能，它将不断受到破坏而剥落；如果表面保护膜的生长遵从对数规律，则此种保护膜有良好的保护性能。因此，研究表面膜的形成过程，对进一步研究金属的耐蚀性能是极有益的。

第二节　影响金属制品锈蚀的因素

影响金属制品锈蚀的因素有许多，既有金属制品本身的特征因素，也有金属制品的储存环境因素。现将主要方面分述如下。

一、金属制品本身的特征因素对锈蚀的影响

1. 与金属制品种类有关

一般来说，电极电位负值越大的金属在大气中越容易锈蚀。例如，铁与铜的标准电极电位分别是 $-0.44V$ 和 $+0.33V$，显然，铁的电极电位比铜低，因此在大气中铁比铜容易锈蚀。

2. 与金属制品的杂质和所加其他金属成分有关

一般常用的金属材料及其制品都不是纯金属,而是多种成分的合金,在成分、组织、物理状态、表面状态等方面都存在着各种各样的不均匀性,这就更增加了被锈蚀的可能性。同时,工业用金属材料中都含有一定量的杂质,如工业锌中含有铁等。金属中杂质对锈蚀的影响情况也不完全相同,纯金属在大气中或电解液中都是比较稳定的,只要有少量的杂质存在,便可使锈蚀速度增加几百倍甚至几千倍。不同杂质对同一种金属制品影响情况也不同。

若在某一金属中加入一定量的其他金属元素,就可以改变基体金属的电极电位。例如,在铁中加铬达到重量比为 11.7% 时,其合金的电极电位将提高到 +0.2V,这时就可以有效地抵抗空气、水蒸气和其他酸碱盐的锈蚀。总之,当金属制品中有电位高于金属本身的成分或杂质时,就容易加速商品的锈蚀;金属中如果加入容易钝化的元素(如钢中加入铝、铬、硅等),则可提高金属的耐锈蚀性。

3. 与金属制品表面的镀层有关

有些钢铁制品为防止锈蚀,在其表面上常镀有具有保护作用的金属镀层。金属镀层基本有两种类型:一种是阳极镀层,即镀层金属的电极电位较铁为负(如镀锌);另一种是阴极镀层,即镀层金属的电极电位较铁为正(如镀镍、铜等)。这两种镀层的保护作用也不完全一样。阳极镀层的锌层上如果有孔隙或局部破坏现象,则在大气中对钢铁仍有保护作用,因为当发生锈蚀时,锌是阳极而铁是阴极,结果被锈蚀的是锌,而铁受到保护。阴极镀层金属的电极电位较铁高,当镀层有孔隙或局部破坏时,发生锈蚀的结果是基体金属钢铁受到锈蚀。严格说来,阴极镀层只有在没有孔隙和镀层不受破坏保持完整的情况下才能防止钢铁锈蚀。所以,对有镀层的金属制品在储存过程中也不能忽视对它的防锈蚀工作。

4. 与金属制品的状态有关

金属制品物理状态的不均匀性也是影响电化学锈蚀的因素。金属在机械加工过程中常常造成金属各部分形变不均匀性及内应力的不均匀性。一般情况下,变形极大的部位是阴极。例如,在铁板弯曲处及铆钉头的锈蚀,就是由于这个原因引起的。另外,由经验证明,受应力的部位也常为阳极,最容易受锈蚀。

金属表面状态也会对电化学锈蚀产生影响。金属表面膜不完整,有孔隙,则孔隙下的金属表面电位就较低,成为微电池的阳极。在大多数情况下,表面粗加工零件比表面精加工零件的锈蚀速度要大些。表面粗糙度对锈蚀的影响,在大气中比在电解液中明显得多,这主要是由于粗糙的表面有较大的吸附力,容易吸附水分与灰尘,并且容易形成氧的浓差电池。

有些金属如铝、铅、铜、锡、锑等在大气中能在表面上生成一层组织致密、性能稳定的保护膜，而使金属不继续锈蚀。钢铁在大气中表面上生成的锈蚀产物，组织疏松，具有多孔结构，没有保护作用，同时还具有毛细管吸附作用，因此钢铁在大气中很容易锈蚀。有些金属的锈蚀产物具有吸湿性，如在含有二氧化硫的大气中，铜表面可能生成硫酸铜，铁表面可能生成硫酸亚铁；在含氯离子的大气中，金属表面会有金属氯化物生成，这些产物的吸湿点较低，因而更易锈蚀。

二、金属制品的储存环境因素对锈蚀的影响

储存环境因素是商品在储存中能否发生锈蚀的决定因素，因而也是防止储存中的金属制品锈蚀的主要控制因素。所谓环境因素，是指储存环境的空气温度、湿度以及空气中的有害气体和杂质，如二氧化碳、二氧化硫、氯化物等，还有与金属制品相接触的酸、碱、盐等物质都属于环境因素。

1. 空气的湿度

金属制品在储存中主要是潮湿大气锈蚀。潮湿大气锈蚀是在金属制品表面形成的水膜发生的电化学过程。这种过程的速度与水膜厚度有一定的关系，如图6-3所示。

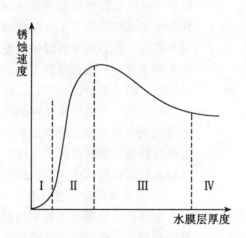

图6-3 大气锈蚀与金属表面上水膜层厚度的关系示意图

图中区域Ⅰ（水膜厚度 =1~10nm）相当于吸附水分的起始阶段，金属表面仅有极薄的吸附膜（仅几个到几十个分子层），这时属于干燥的大气锈蚀，锈蚀速度最小。区域Ⅱ（水膜厚度 = 19~100nm）相当于金属表面存在不可见的水膜的锈蚀（10~100个分子层），从化学历程过渡到电化历程，锈蚀速度迅速增大。在区域Ⅲ（水膜厚度 =100~1 000nm），金属表面有明显可见的水膜，但随水膜厚度的不断增加，氧穿过水膜向金属表面扩散逐渐困难（阴极控制成了主要因素），因而锈蚀速度开始下降。当水膜厚度

增至区域Ⅳ（水膜厚度＞1mm）时，便相当于金属全浸在水中的锈蚀情况。

金属制品在空气中，表面水膜的厚度与空气相对湿度有直接关系。只有空气相对湿度超过临界湿度时，在金属表面所形成的水膜才能满足锈蚀电化学过程的需要，从而使锈蚀速度明显加快，并且湿度越高，锈蚀速度越快。

一般金属锈蚀的临界湿度在70%左右。金属制品表面粗糙、结构复杂，表面吸附有盐类、尘埃及有害气体等，都能降低锈蚀的临界湿度。如图6-4所示，是铜在含二氧化硫空气中锈蚀速度与空气相对湿度的关系曲线。

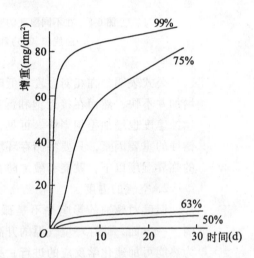

图6-4 铜在含10%的SO_2空气中的锈蚀速度与空气相对湿度的关系

在超过临界湿度的条件下，金属锈蚀的电化学过程随空气湿度的升高而加快，与锈蚀电池的极化作用有关。在相对湿度较低时，阳极极化程度较高，随着相对湿度的升高，阳极极化程度愈来愈小，因而锈蚀速度愈来愈大。如图6-5所示，1和5相对湿度为100%；2和4相对湿度为75%；3相对湿度为50%。当空气相对湿度从50%增加到100%时，锌的阳极极化率会降低为原来的1/1 000。阳极极化程度在可见水膜下随水膜的减薄而降低；在不可见水膜下，则随水膜的增厚而降低。也就是说，空气湿度增高，阴极极化程度会减小，于是锈蚀速度会加快。

钢铁锈蚀速度与空气湿度的关系是一种对数关系，可表示如下：
$$V_K = V_0 \cdot e^{-(h_0 - h)} \tag{6-4}$$

式中，V_K——在该湿度下的锈蚀速度；

V_0——在饱和湿度下的锈蚀速度；

h——在该温度下的实际湿度；

h_0——在该温度时的饱和湿度。

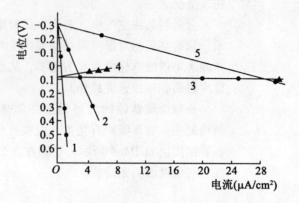

图 6-5 在不同湿度的空气中,锌的阳极极化
曲线(1,2,3)和铜的阴极极化曲线

公式表明,在相对湿度较低时,随相对湿度的增加,锈蚀速度增加并不快,然而在接近饱和湿度时,即使相对湿度增加得不多,锈蚀速度也增加得相当快。可见,相对湿度是影响储存的金属制品锈蚀的重要因素,只要将储存环境的相对湿度控制在金属制品锈蚀的临界湿度以下,就能有效地防止锈蚀的发生。

2. 空气的温度

温度对锈蚀的影响并不是孤立的,同时也受到相对湿度的影响。一方面,储存环境气温的升高会加速金属制品的锈蚀速度,因为热能可加速化学反应的进行;另一方面,温度升高能减轻阴极的极化作用,但是这种作用只有在温度很高时并且这种温度的升高并不至使金属制品表面水膜干涸的情况下才能表现出来。在大气锈蚀中,气温的作用可以从大气锈蚀的速度公式看出:

$$V = [(H-65)/10] \times (1.054)^t \tag{6-5}$$

式中,V——大气锈蚀速度;

H——空气相对湿度(%);

t——空气温度。

当相对湿度超过 65% 时,空气温度升高对锈蚀速度才表现出促进作用。但当空气温度升至 80℃ 时,由于氧在水膜中溶解度的明显下降,锈蚀反而受到抑制。

另外,气温的骤变对金属制品锈蚀的影响也比较大。当气温骤然降低时,在绝对湿度较大的情况下,就可能在金属制品的表面发生结露现象。将温度较低的金属制品移入气温较高的环境中时,如冬季运输的金属制品,其本身的温度常与库内的温度相差较大,入库后就很容易出现结露现象。结露后会严重加速金属制品的锈蚀,因此必须引起注意。

如图 6-6 所示是在一定气温下,相对湿度不同时可能结露的温差。从图中可以看出,空气温度在 5~50℃ 的范围内相对湿度达到 65%~75%,当气温骤然下降 6℃ 时,就可能产生结露现象。气温变化的温度越大,可能发生结露的相对湿度也就越低。我国各地区的昼夜温差都超过 6℃,有的地区昼夜温差可达 15℃ 以上。在这种情况下,即使空气相对湿度较低,也可能出现结露现象。因此,应使储存金属制品的库内温度保持相对稳定,避免出现结露现象对防锈是有实际意义的。

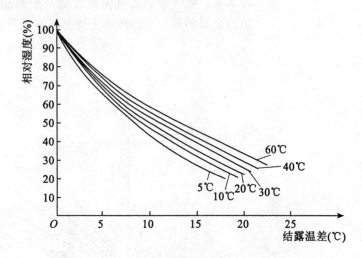

图 6-6　在一定温度下结露温差与大气湿度的关系

3. 空气中氧的作用

氧气和水一样,是金属在大气中锈蚀的必要因素。一方面,氧气能溶解并渗透金属表面的水膜,以铁为例,在金属表面将发生下面的锈蚀反应:

$$\frac{1}{2}O_2 + H_2O + 2e \rightarrow 2OH^-$$

$$Fe^{2+} + 2OH^- \rightarrow Fe(OH)_2$$

$$2Fe(OH)_2 + \frac{1}{2}O_2 + H_2O \rightarrow 2Fe(OH)_3$$

另一方面,在大气锈蚀过程中,阴极去极化作用主要是氧的去极化作用。也就是说,氧是主要的去极化剂。阴极去极化剂不断地从阴极取走电子,而使阴极可以不断接受由阳极给出的电子,使阴极过程继续进行,金属不断被溶解。所以,在大气锈蚀过程中,氧和水一样是促进锈蚀的重要因素。

4. 空气中的有害气体与杂质

在空气中,通常还含有各种工业有害气体及锈蚀性杂质尘埃等,它们对金属制品的锈蚀的影响很大。

(1) 二氧化硫。是空气污染物中对金属制品锈蚀影响最大的有害气体。

在空气的暴露试验中，钢铁、铜和锌等金属的锈蚀速度与空气中二氧化硫含量近似地成正比关系。如图 6-7 所示为二氧化硫含量对钢铁锈蚀速度的影响，空气中的二氧化硫含量对铝的影响比较特殊，干燥空气中影响很小，而在湿度较高时（如相对湿度在 98% 以上），空气中只要含有微量二氧化硫（0.01%），锈蚀速度就会剧烈上升，如果二氧化硫浓度增加到 0.1%，铝的锈蚀速度可增大 4~10 倍；当二氧化硫浓度再增大到 1% 时，锈蚀速度的增大又缓慢下来。空气中的二氧化硫含量一般都超过 0.15%，许多比较耐蚀的金属制品在这种环境下储存都有被严重锈蚀的可能。

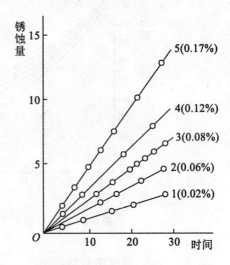

图 6-7　钢铁锈蚀速度与 SO_2 含量的关系（相对湿度 100%）

二氧化硫对金属制品锈蚀的影响作用主要是二氧化硫溶解在金属表面水膜中生成亚硫酸，加强了锈蚀的电化学作用。酸能溶解多种金属表面具有保护作用的氧化膜，使电化学锈蚀的阴极过程变得容易；同时，酸的氢离子又能使阴极过程加速。虽然二氧化硫在空气中的含量远远小于氧的含量，但是由于二氧化硫在电解液中的溶解度要比氧大 1 000 倍以上，因此当空气中二氧化硫含量为 0.015% 时，电解液中二氧化硫的浓度就等于氧的浓度。

（2）硫化氢。在干燥空气中，硫化氢只能引起部分金属表面变色（铜、黄铜、银和铁比较明显），但在潮湿大气中，由于使液膜酸化而对铜、镍，特别是对铁和镁锈蚀的促进作用较大，同时可能引起不锈钢的锈蚀。

（3）氯化物。工业大气中的氯化氢、氯这两种气体都对金属制品具有较强的锈蚀作用，因为它们溶解在水膜中都能形成盐酸。海洋大气中常含一定量的食盐微粒，能促进钢铁以及铜、铝等的锈蚀。食盐的作用主要是氯离子的作用，由于氯离子的体积很小，能穿透金属表面的保护膜，同时氯离子容易吸附在金属氧化膜上，取代金属氧化膜中的氧生成中溶性氯化物。氯化氢气体和空气中的含盐量对金属锈蚀的影响如图 6-8 和图 6-9 所示。

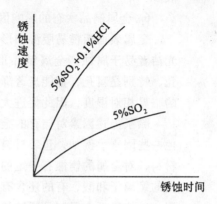

图 6-8 在含水蒸气和 SO_2 的空气中 HCl 对 Cu 的大气锈蚀的影响

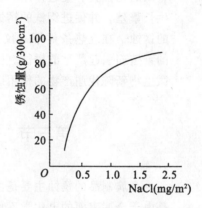

图 6-9 空气中食盐含量对钢铁锈蚀的影响

空气的成分与污染物性质与地区有关,因此,按照对金属锈蚀的影响,把空气分为工业大气、城市大气、海洋大气与农村大气。其中,工业大气中因含二氧化硫、氯化氢等有害气体较多,对金属锈蚀的影响最大;海洋大气中含有食盐微粒且湿度较大,对金属锈蚀的促进作用也很明显,海洋大气中食盐含量随着与海岸距离的增加而减少,所以金属锈蚀速度也常随储存场所与海岸距离的增加而减小。农村大气的影响最小。

5. 产品在加工过程中的影响因素

金属制品从原材料开始,经过各种加工成为产品。有时原材料已经严重锈蚀,在加工过程中锈蚀部分不能完全去除,甚至锈蚀有发展而在成品中表现出来。加工时接触的各种工艺材料,如切削液、润滑液等,如果不合质量要求而有腐蚀性,或者管理不善、早期变质或变质而不更换,都会侵蚀制品致锈蚀。有时,前一工序所用的一些工艺材料不及时洗净,也会造成金属锈蚀。如酸洗后中和清洗不彻底,会引起严重锈蚀。在金属制品检查、搬运、装配过程中，工作人员常裸手与之接触，手上汗液常使一些金属制品上出现指纹状锈蚀，这是由于人汗中含有盐分（氯化钠）及有机酸的缘故。

6. 金属制品状态的影响因素

金属表面粗糙易吸湿和形成水膜，又易积聚尘埃，所以较表面光洁者易于腐蚀。金属制品形状复杂、有凹处、缝隙、沟槽、小孔，特别是盲孔，都能显著降低水膜的蒸汽压，从而降低形成水膜的临界相对湿度，因此促进大气中电化学腐蚀。

除了上述因素对储存的金属制品的锈蚀具有影响之外，还有其他一些因素。例如，包装材料，特别是与金属制品直接接触的包装材料，对金属的锈蚀有一定的影响，有些包装纸的成分中含有相当量的氯离子和酸，有的还含有还原性硫。包装纸的毛细管的凝聚作用，还能降低金属制品锈蚀的临界相对湿度。此外，某些微生物对金属的锈蚀具有促进作用。在潮湿的条件下，铁细菌可以在钢铁上生长繁殖，并促进钢铁的锈蚀。少数霉菌，如思曲霉菌，能促进铝的锈蚀，在湿热条件下，仪器仪表也常因微生物（主要是霉菌）的繁殖而引起严重的锈蚀。微生物对金属商品的锈蚀，主要是由于微生物新陈代谢产物的作用以及沉积物的影响所致。

第三节 防锈蚀包装技术

金属制品的锈蚀主要是由电化学锈蚀造成的。电化学锈蚀主要是由于金属表面的电化学不均匀性，当它和介质接触时，形成锈蚀电池。据此，即可研究防止金属锈蚀的有效的包装技术和方法。为了防止金属制品锈蚀，最有效的防锈蚀包装技术与方法就是要设法消除产生锈蚀电池的各种条件。

防锈的方法很多，根据防锈时期的长短可分为"永久性"防锈和"暂时性"防锈。"永久性"防锈方法有：改变金属内部结构，金属表面合金化，金属表面覆层（电镀、喷镀、化学镀），金属表面施非金属涂层（搪瓷、橡胶、塑料、油漆等涂层），等等。这些方法都能较好地达到防锈的目的，但它们是"永久性"的，防锈层不能除去，因而这些方法在金属产品的防锈包装中不能普遍采用；而"暂时性"防锈并不意味防锈期短，而是指金属产品经运输、储存、销售等流通环节到消费者手中使用这个过程的"暂时性"，以及防锈层的"暂时性"。"暂时性"防锈材料的防锈期可达几个月、几年甚至十几年。"暂时性"防锈包装技术是本章的主要研究对象。"暂时性"防锈包装的工艺过程有三个方面的内容：防锈包装的预处理技术（包括清洗、除锈、干燥等），各种防锈材料的防锈处理技术以及防锈包装后处理技术。

一、金属制品包装的预处理技术

由于种种原因,生产的金属制品表面上常生成或附着各种物质,如油脂、锈蚀产物以及各种灰尘等。这些都是产生电化学锈蚀的因素,所以对金属制品进行防锈包装时,必须对它们进行清洗、除锈、干燥等预处理。

1. 金属制品的清洗

金属制品常用的清洗方法主要有碱液法、表面活性剂法和有机溶剂法等。

(1)碱液法。碱的水溶液可以洗去金属表面上的油污,这是常用的清洗方法之一。可以用于金属清洗的碱类有:氢氧化钠、碳酸钠、磷酸三钠、焦磷酸钠以及六偏磷酸钠、水玻璃等。

对不起皂化反应的矿物油(如用苛性碱)清洗效果不好,多采用硅酸钠、磷酸钠及碳酸钠等弱碱为主要成分配合以表面活性剂的碱洗净液。

碱液法清洗,对所用碱的种类,一般要根据金属材料和所附着的油脂种类进行选定。

碱液法清洗的主要优点是洗油效果好,即使油污较重的制品也能洗净,非油脂类污物也能同时洗掉,碱液还可反复使用,比较经济。缺点是如果控制不好可能引起金属制品的锈蚀或变色。

(2)表面活性剂法。表面活性剂是指在分子结构上具有亲水基与憎水基两个部分的一类有机物质,这种特殊结构,使它们在水溶液中具有特殊的分散性——较集中定向地吸着在溶液的表面或界面(如油与水的界面)上,并能降低表面张力与界面张力。

因此,它们具有润湿、渗透与乳化、洗净等作用。表面活性剂的品种很多,如肥皂等脂肪酸盐类、合成洗涤剂烷基磺酸钠等磺酸盐类、烷基三甲基氯化胺、6501清洗剂、平平加清洗剂、TX-10清洗剂、6503清洗剂、105(R-5)清洗剂、664清洗剂等。

表面活性剂法清洗的特点是操作安全,洗油效果好,同时也能洗净非油脂性污物,并且对金属无明显锈蚀作用,因而更适用于金属精密制品。

(3)有机溶剂法。是应用对油污有较强溶解能力的有机溶剂洗净金属制品表面的方法。常用的溶剂有石油系列溶剂,如汽油(主要是200#工业汽油或160#、120#汽油)、煤油等,其次是氯化烃类溶剂,如三氯乙烯、四氯乙烯等。

溶剂法清洗的优点是效果好,少量金属制品清洗时不需加热,用浸泡或擦洗即可洗净,并且对金属无锈蚀性。但清洗大批金属制品要有必要的设备(如清洗机等)。缺点是石油系列溶剂容易燃烧起火,同时,由于在金属表面挥发时吸收大量热量,可能使金属温度明显下降,在高湿环境中洗过的制品表面会出现结露现象,从而引起生锈。

(4) 其他清洗液。主要包括以下几种。①络合物清洗液。用上面三种方法都难以清除的污物可以采用络合物清洗液。常用氨羧络合剂：乙二胺四乙酸或乙二胺四乙酸二钠盐。它们都可以与污物生成可溶性螯合物，而使污物脱离金属表面。

②人汗清洗液。人汗玷污可用热甲醇或人汗置换型防锈剂清洗。

③超声波净化、蒸汽净化、电解净化等，这些都是比较先进的净化方法。

清洗是整个防锈包装的基础工序，清洗一定要彻底，必要时可以用两种或多种清洗液联合清洗。

2. 金属制品的除锈

在实际防锈包装中，常将除锈工序与清洗油污工作合并进行，即在清洗液中加入除锈剂。金属制品的除锈方法可分为物理机械除锈法和化学除锈法两类。

(1) 物理机械除锈法。包括人工和机械两种方式。

①人工除锈法。用钢刷、铁锉、铲（刮刀）、纱布、砂纸等除锈。此法简单，但不适于小型及大量产品除锈。

②机械除锈法。有喷射法和砂轮、布轮除锈法等。

喷射法是用强力将砂粒喷射在金属表面，借其冲击与摩擦的作用将锈除掉的方法。喷射法按喷射材料，可分为喷砂法（用海砂、河砂、石粒为喷射材料）、钢粒喷射法（用小钢弹或碎钢粒为喷射材料）、软粒子喷射法（以植物种子或塑料颗粒为喷射材料）。按喷射方式可分为动力喷射法（将干燥的喷射材料用高压空气喷射的方法）、湿式喷射法（将细砂粒与水混合成泥浆状用高压空气喷射的方法）以及真空喷射法等。

喷射法适用于大型制品或金属材料的除锈，需要喷射机械。用湿法时，还需在水中加入水溶性缓蚀剂。其优点是除锈效率高、成本低。

砂轮除锈法只能对非加工面使用。布轮除锈法主要是对表面镀层或表面光洁度要求较高的铜铁或有色金属等表面平整的制品使用。

(2) 化学除锈法。包括酸洗和碱洗除锈（碱液电解、碱还原、碱液煮沸等法）等。其中应用最广泛的是酸洗法。

酸洗法是将金属制品浸渍在各种酸的溶液中，酸与金属锈蚀产物发生化学作用，使不溶性锈蚀产物变为可溶性物质，脱离金属表面溶入水溶液中的方法。

酸洗所用的酸类主要有硫酸、盐酸、硝酸、磷酸、氢氟酸等。其中，盐酸溶液除锈蚀产物的能力最强；硫酸生成氢气的机械作用大，价格便宜，广泛用于钢铁的除锈；硝酸和氢氟酸可用于铝制品等有色金属的除锈；磷酸与盐酸、硫酸相比，除锈能力较差，但锈蚀性弱，能与铜铁表面反应生成磷酸铁盐的不溶性薄膜，洗后在空气中有暂时性防锈作用。

酸洗法与物理机械法比较，主要优点是不引起金属材料变形，处理的表面不粗糙，操作简便、效率高，金属制品各个角落的锈都可以除去，适用于大量小型制品的除锈，而且不需专用设备，成本较低，是常用的化学除锈法。但酸洗法对金属有锈蚀作用，容易发生"氢脆"并影响表面光洁度，于是近年来发展了碱洗除锈法。碱洗除锈法是在含有苛性碱、羟基乙酸、络合剂及起泡剂等溶液中进行的。碱洗法不锈蚀基体金属，不发生"氢脆"，金属表面光洁，适用于钢铁及铜、镁等有色金属。

3. 干燥

金属表面清洗后常附着水分或溶剂，应尽快除去，以免再生锈，然后才能涂防锈剂。

常用的干燥方法有加热法、油浴脱水法、压缩空气干燥法、用含表面活性剂的汽油排水法、红外线干燥等。不论用什么样的干燥方法，都要等金属表面冷却到一定温度时才涂防锈剂，否则会引起防锈剂分解。

金属表面处理工序是防锈包装的基础，只有金属表面处理得十分干净并完全干燥时，才能充分发挥防锈材料的作用，否则即使采用性能十分优良的防锈材料也不可能得到满意的防锈效果。

二、防锈处理技法

（一）防锈油的防锈处理技法

如果使金属表面与引起大气锈蚀的各种因素隔绝（即将金属表面保护起来），就可以达到防止金属大气锈蚀的目的，防锈油包装技术就是根据这一原理防止锈蚀的。

防锈油是以油脂或树脂类物质为主体，加入油溶性缓蚀剂和其他添加剂成分所组成的"暂时性"防锈涂料。防锈油中的油脂或树脂类物质作为成膜物质涂布于金属表面后，对锈蚀因素具有一定的隔离作用。但一般油脂类能溶解少量空气中的氧，并且还能溶解少量水分，单纯使用油脂不能获得满意的防锈效果，因此必须添加缓蚀剂，这类物质对防锈油的防锈效果具有很大影响。

1. 防锈油的作用原理

（1）在金属表面上的吸附作用。由于表面活性物质在分子结构上具有共同特点——具有亲水的极性基和亲油的非极性基两个组成部分，当防锈油涂布于金属表面时，油中分散的缓蚀剂分子就会在金属与油的界面上定向吸附（极性基与金属吸附，非极性基与油吸附），并且能够形成多分子层的界面膜。实验表明，如果只能形成 1~2 个分子层的膜，防锈能力很差，这种吸附层为 6 个分子层以上时，就有很好的防蚀能力。分子的吸附形式如图6-10所示。

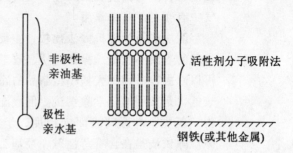

图6-10 缓蚀剂的分子结构及其在金属表面上的吸附

这种吸附作用，一是对锈蚀因素具有屏蔽作用，二是可以提高油膜与金属表面的附着力。由于吸附膜的表面是憎水性的，因而具有更好的防水性，同时可以增加金属表面的电阻。

许多研究证明，缓蚀剂在金属表面的化学吸附（形成配价键），降低了金属活性，这是防锈作用的主要原因之一。

（2）能降低落在油膜上的水滴与油层的界面张力。如果在油膜表面有水滴形成（如结露等），水滴与油界面张力的作用，使水滴成球形，借重力作用使其较易渗入油膜到达金属表面。缓蚀剂这类表面活性物质可使水的表面张力降低，使水滴不能呈球形状态存在于油膜上，而趋向于平摊开来。这样就降低了水滴对油膜的压强，使其不易穿透油膜到达金属的表面。水滴在油膜表面摊得越平，油的防锈效果也越好。因此，测定水滴在油膜上的接触角是鉴定防锈油防锈效果最常用的方法（见图6-11）。

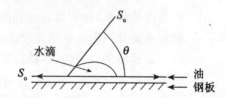

图6-11 钢板涂油面上水滴的接触角 θ

油面上水滴的接触角与界面张力的关系如下式：

$$S_o - S_{uo} = S_u \cdot \cos\theta \tag{6-6}$$

$$\cos\theta = (S_o - S_{uo})/S_u \tag{6-7}$$

式中，S_o——油的表面张力；

S_u——水的表面张力；

S_{uo}——油、水的界面张力。

（3）对水的置换作用。具有表面活性的缓蚀剂，借助其界面吸附作用，可将金属表面上吸附的水置换出来。此外，油中所含的水分，可被缓蚀剂的胶粒或界面膜稳定在油中，使其不能与金属直接接触。

上述几种作用都对金属表面上锈蚀电池的形成起了抑制作用，从而达到了防止金属制品锈蚀的目的。

2. 防锈油的种类

防锈油的种类很多，适用于包装金属制品的防锈油主要有：防锈脂、溶剂稀释型防锈油以及薄层油、仪表防锈油等。

（1）防锈脂。是以凡士林为基础的、在常温下为脂状的一类防锈油，它是由成膜物质（或基础油）和缓蚀剂组成。

①成膜物质（或基础油）。主要有凡士林和润滑油。凡士林一般采用的是工业凡士林，其化学组成是石蜡15%、石油脂45%、汽缸油25%、机械油15%。用凡士林防锈，要求无锈蚀性、不含水分，有一定程度的抗水性，滴点温度为45℃。防锈油中常用的润滑油有机械油、锭子油和汽缸油等。其化学组成主要是烷烃、环烷烃和芳香烃，以及少量氧化物与硫化物。

②缓蚀剂。防锈脂中常用的油溶性缓蚀剂主要有石油磺酸盐、硬脂酸铝、环烷酸锌、氧化石油脂、羊毛脂及其衍生物等，对有色金属防锈常加入苯骈三氮唑等。防锈脂中所用缓蚀剂的种类能够影响防锈脂的性能。例如，加入硬脂酸铝的防锈脂具有良好的抗盐水性能，但对金属的附着力较弱；添加石油磺酸钡的防锈脂抗盐水性更好，可用于海洋大气中的防锈；添加羊毛脂及其皂类的防锈脂对金属的附着力较强，并对水有一定的乳化能力，防锈力强；环烷酸锌防锈脂对金属附着力强，并有一定的抗盐水能力，但对铸铁的防锈能力差；加入氧化石油脂及其皂类的防锈脂后性能优于脂肪酸皂类，但其抗盐水性差；添加司本-80-类合成脂类的防锈脂热稳定性差，且对铜有锈蚀性，而苯骈三氮唑则对铜及其合金有优良的防锈作用。在实践中为了取得满意的效果，常采用几种缓蚀剂联合使用的配方。

防锈脂在常温下处于软膏状，所以膜层一般较厚（可达0.5mm），不易流失、不易挥发，进行密封包装后，一般防锈期较长，可达两年以上。

防锈脂的涂覆方法主要是热浸法，即在涂覆前将防锈脂加热熔化至流动状态，将经清洗、除锈、干燥的金属制品浸入片刻，取出后冷却，使油膜凝固。热浸涂时，同种油类因浸涂温度不同，金属表面所形成油膜厚度也不同。温度越低，油膜厚度越大，其防锈能力也越强。大型制件可采用热刷涂法，即将加热熔化的防锈脂用软毛刷刷涂在金属制品的表面，金属制品涂油后，要及时用石蜡纸或塑料袋封套，以防油层干涸失效和污染包装。

（2）溶剂稀释型防锈油。是在以矿物油脂或树脂为成膜剂的防锈油中加入溶剂所制成，此外，也还加一些其他添加剂，如防氧剂、稳定剂等。这类防锈油按溶剂的种类，可分为石油系列溶剂、有机溶剂和水稀释三种类型，其中有机溶剂具有毒性，所以应用较少。按油膜的性质，又可分为硬膜油和软膜油。

①硬膜油。用作硬膜油的树脂首先应在汽油、煤油中有较大的溶解度，其次是对各种金属不锈蚀。目前选用的树脂有叔丁基酚甲醛树脂（即2402）、长油度醇酸树脂、三聚氰胺甲醛树脂、萜烯树脂、石油树脂及烷基酸树脂等。其中，2402树脂及烷基酸树脂较好。常用的硬膜油有硬-1、硬-3、硬-2，74A-2。硬-1和硬-3都是以2402树脂为成膜物质，但硬-1中2402的用量较大，所以油膜韧性差，不宜用于边棱锐利的金属制品，同时在长期封存包装中可能粉化，而硬-3中2402含量较少，又增添了389-9醇酸树脂，使油膜的韧性提高了。但硬-3对有色金属（如铜合金）的适应性不如硬-1。为了便于识别，在硬-3中又加有少量3902油溶红颜料。74A-2是以烷基酸氨基树脂与氧化石油脂钡皂为成膜材料的硬烷油，它适用于多种金属（包括镁合金），稳定性好、附着力强。硬膜防锈油成膜保护性好，膜表面光滑不黏，夏季不流、冬季不裂，而且施工方便、价格便宜，但其硬膜不易除掉。成膜的自然干燥时间大约为1小时。

②软膜油。常用的软膜油有204-1、沪石-201、F-35、112-5、704、3号防锈油、33-612及软-1等。204-1油是以磺化羊毛脂钙皂为成膜剂，同时又是缓蚀剂。沪石-201、F-35以凡士林为成膜剂。112-5、704、3号防蚀油、33-612及软-1都是以氧化石油脂钡皂（T743钡皂）为成膜剂，同时又是缓蚀剂的防蚀油。溶剂型软膜油的主要特点是金属表面能成膜，因此流失少，但也不易除去，防锈期较短。

由于防锈油作为防锈封存涂层有许多不足，如施工时污染环境，影响金属制品外观，且在使用时要除膜等。所以，封存用防锈涂层已逐渐被薄膜和超薄膜取代。

薄膜防锈涂层能形成一种完整的薄膜，厚度在 $1\sim 2\mu m$ 以下，薄膜与金属表面具有较强的附着力，膜具有很好的防锈性，不影响润滑剂的性能，在装配和使用时，不用除锈。目前，薄膜和超薄膜防锈涂料主要有聚氟乙烯和聚氟氯乙烯型、其他合成树脂型、有机硅酮氨和有机硅树脂类型三大类。

溶剂稀释型防锈油中的软膜油，主要适用于金属制品的封存，可采用喷涂法或浸涂法（溶剂用量可少些），然后用塑料袋密封包装。硬膜油主要涂覆方法是用压缩空气喷涂，但这种喷涂方法会有局部喷涂不到的现象，局部没有防锈涂层的金属表面在空气中会继续锈蚀，甚至锈蚀得更快。

（3）薄层油。是以树脂等为成膜材料的防锈油，其特点是防锈期长、油膜薄而透明、用量省、外观好。薄层油分溶剂型和无溶剂型。薄层油通常采用浸涂或喷涂法。

（4）仪表防锈油。是一种低黏度的防锈油，主要是以润滑油等液体矿物油为基础，加入缓蚀剂等配合而成，常用于仪表及仪表零件的全浸式封存包装，即在密闭的包装容器中加防锈油，将仪表或精密零件全浸于油中进行封存的方法，或用浸涂加密封包装法。

防锈油脂多用于金属制品运输或储存时的暂时防锈。它具有效果好、使用方便、成本低廉、操作简单等优点。但这种方法也有许多不足之处，如在涂覆前要对金属表面进行除污、清洗、干燥等预处理，在处理过程中还要保护设备或零部件本身的精度，有时清洁方法选择不当反而会损伤被保护物；涂覆时，很难达到涂层均匀、无缺陷等要求；另外，有些产品在运到目的地后要重新去掉涂层，很不方便，而且随之带来了废液处理、环境保护等方面的问题。

（二）气相防锈包装技法

气相防锈包装技术就是利用气相缓蚀剂（挥发性缓释剂），在密封的包装容器内对金属制品进行防锈的技术。其原理是，具有相对较低气压的固体材料在常温下能挥发出一种特殊气体，该气体分子一般情况下是可溶解于水的，它们附着在金属表面形成一层阻水层防止锈蚀，同时也阻挡了一些加速锈蚀的物质侵蚀金属表面。气相缓蚀剂是一种能减慢或完全停止金属在侵蚀性介质中的破坏过程的物质，它在常温下即具有挥发性，它在密封包装容器中，在很短时间内挥发或升华出的缓蚀气体就能充满整个包装容器内的每个角落和缝隙，同时吸附在金属制品的表面上，从而起到了抑制大气对金属的锈蚀作用。由于气相防锈包装技术不需在金属制品的表面上涂层，所以这种防锈包装方法不影响金属制品的外观，使用制品时也省略了对制品的剥离手续，同时也不污染包装，它的防锈期长，有效防锈期可达 3~5 年，有的可达 10 年以上。但它对手汗锈的抑制能力差，许多气相缓蚀剂不能用于多种金属的组合件，并且刺激性气味较大。

1. 气相防锈机理

（1）气相缓蚀剂的共同特性有以下几点。

①化合物分子结构中，与水作用时能分离出具有缓蚀作用的基团。这类基团如 NO_2^-，CrO_4^{2-}、OH^-、PO_4^{3-}、$C_6H_5COO^-$，以及带 $-NO_2$、$-COOH$、$-NH_2$ 的有机化合物，能电离有机阳离子的化合物等。

②在常温下具有一定的挥发性，所谓气相缓蚀剂就是它的防锈作用只有在较短时间内就能充满包装内部空间时才能表现出来。仅具有缓蚀性基团而在常温下不能挥发的就不能起气相防锈作用。这就要求作为气相缓蚀剂的物质必须有一定的蒸气压，并要求其蒸气压大小适中，气相缓蚀剂的蒸气压过大，虽然能很快充满包装内部，但因包装容器的绝对密封在实践中很难做到，所以会消耗较

快，影响防锈有效期；反之，如果蒸气压过低，包装后缓蚀剂蒸汽在容器内部空间不能在较短时间内达到有效浓度，于是金属制品很可能因受不到保护而锈蚀，实践证明气相缓蚀剂的蒸气压在 0.0133~0.1333Pa 时比较适宜（见表6-1）。

表6-1　部分气相缓蚀剂在21℃时的蒸气压

缓蚀剂	蒸气压(Pa)	缓蚀剂	蒸气压(Pa)
碳酸环己胺	53.3288	亚硝酸二苄胺	0.1159
苯骈三氮唑(30℃)	5.3328	辛酸二环己胺	0.0733
碳酸二环己胺	51.9955	铬酸丁脂	0.0239
碳酸吗弗啉	1.0265	苯甲酸己醇胺	0.0159
亚硝酸二异丙胺	0.8665	亚硝酸二环己胺	0.0159
亚硝酸环己胺	0.3653	邻硝基酚(35℃)	0.0039
亚硝酸苯乙胺	0.2533	硝基酚二环己胺(35℃)	0.0026

化合物蒸气压的大小主要取决于它的分子结构，一般，在分子量大小近似的化合物间，极性越强，蒸气压越低；在极性强弱相同的分子间，分子量越大，蒸气压强越小。对于蒸气压过高或过低的气相缓蚀剂应用混合使用的方法加以调节。

此外，还要求气相缓蚀剂在水中具有一定的溶解度（一般应>1%），以便于实际应用。同时，还应具有较好的化学稳定性，在一般光、热等因素作用下不分解失效，不生成有害物质。

（2）气相缓蚀剂的作用机理。目前对气相缓蚀剂作用机理的基本认识有以下几方面。

①在金属表面起阳极钝化作用，以阻滞阴极的电化学过程，具有钝化作用的基团有 NO_2^-、OH^- 等。

②带较大非极性基的有机阳离子定向吸附在金属表面上形成憎水性膜，既屏蔽了锈蚀介质的作用，同时也降低了金属的电化学反应能力，这类基团有亚硝酸二环己胺的阳离子 $[(C_6H_{11})_2NH^{2+}]$ 等。

③与金属表面以配位键结合形成稳定的络合物膜，增加金属的表面电阻，从而保护了金属，如苯骈三氮唑对铜的防护等。

上述几点是气相缓蚀剂的几种主要作用，实际上防锈作用往往是多种因素综合作用的结果。

气相缓蚀剂的防锈作用是在其到达金属表面后才发生作用的。防锈基团到达金属表面主要有两种形式：一种是气相缓蚀剂在潮湿空气作用下发生水解或离解，生成挥发性的保护性基团，这种基团借自己的挥发作用到达金属表面；另一种是缓蚀剂的分子整体挥发到达金属表面后，在潮湿空气的影响下，金属表面上水解或电离出保护基团。

许多实验证明，气相缓蚀对金属的保护作用与其在金属表面上的吸附特性有很大关系，金属表面对气相缓蚀剂的吸附力越强，气相缓蚀剂的浓度越大，金属在气相缓蚀剂中存放的时间越长，金属表面吸附缓蚀剂的量也就越多。同时，金属表面气相缓蚀剂的化学吸附层，也往往就是可靠的保护膜，它会因外界因素的影响而发生解吸附现象（金属表面气相缓蚀剂的化学吸附层，因外界因素的影响而使电位重新向负的方向变化，叫做解吸附现象），故只有在保持一定浓度的缓蚀剂中金属才能保持钝化状态。

2. 气相缓蚀剂种类

具有气相缓蚀作用的化合物很多。到目前为止，已经发现的有二三百种之多。这些物质主要是无机酸或有机酸的胺盐、酯类、硝基化合物及其胺盐和杂环化合物等，在使用中要根据不同的保护对象正确地选用气相缓蚀剂。下面介绍几种常用的气相缓蚀剂。

（1）黑色金属气相缓蚀剂。其共同特点是借氨或有机胺的阳离子起防锈作用。

①亚硝酸二环己胺（VPI-260）。常温下为白色至淡黄色结晶状物质，熔点为175℃，在熔点温度即发生分解。能溶于水及一些有机溶剂。在水中的溶解度随温度的升高而增大。其水溶液的pH值约等于7。

亚硝酸二环己胺的蒸气压较低，25℃时为0.0266644Pa，它的挥发速度在同一温度下受风速和包装条件的影响。

亚硝酸二环己胺是应用最广的气相缓蚀剂，它具有较好的防锈性。实验证明，在包装$1m^3$货物中加入它的粉末35g，防锈期可达10~15年。包装在浸涂亚硝酸二环己胺的防锈纸中（含量为$0.2g/dm^2$）的金属制品放在百叶箱中，经4~5年也不生锈。

亚硝酸二环己胺对钢、铸铁以及表面经发蓝或磷化处理钢铁制品都具有优良的防锈性。在通常的储存温度条件下，对铬、镍、铝、锡、银等都有一定的保护作用。对铜及其合金能引起"发暗"现象。对镁、锌、铝及其合金则具有锈蚀作用。

亚硝酸二环己胺对大多数非金属材料无明显影响（如多数塑料、天然橡胶、各种包装用木料以及油漆涂层、黏结剂、干燥剂、纸张与各种纺织品、皮革等），只对丁腈橡胶等少数物质有一定影响。

②碳酸环己胺（CHC）。为白色粉末，溶点为110.5~111.5℃，有氨味，无毒。对皮肤有轻微的刺激性，易溶于水和一般有机溶剂中，其水溶液呈碱性。它的蒸气压较大（在同温度下较亚硝酸二环己胺大数百倍）且随温度的升高迅速增大，因此单独作用时能迅速充满包装空间，但只有在密封较好的条件下才能获得长期防锈的效果，若与亚硝酸二环己胺混合使用可克服这一缺点。

碳酸环己胺有较大的有效作用半径（46cm），并且具有较好的抗二氧化硫锈蚀的作用，甚至对已生锈的金属制品也能起到很好的保护作用。它对黑色金属及铝、铬、锡、锌等都具有保护作用，但是能加速铜、镁的锈蚀。

碳酸环己胺的有效用量在密封包装中一般为 $5\sim10g/m^2$，纸上涂布量为 $20\sim40\ g/m^2$。

③亚硝酸二异丙胺（VPI-220）。为无色结晶状物质，熔点为 $136℃$，极易溶解于有机溶剂，其水溶液呈微碱性。它的蒸气压 $25℃$时为 $6.6661Pa$，介于亚硝酸二环己胺与碳酸环己胺之间，挥发速度适中，单独使用即可取得良好的防锈效果。许多实验证明，亚硝酸二异丙胺的防锈性能是很好的，对钢铁有较强的保护能力，对铬、锡、镍也具有一定防护作用，但对铜、镁、锌、铝、铅等有锈蚀性。

④碳酸苄胺。为无色磷片状结晶物质，熔点为 $95.7\sim96.7℃$，具有特殊的氨味，易溶于水，$20℃$ 时在水中的溶解度为 $13g/100ml$。其水溶液呈微碱性。可溶于甲醇、乙醇、苯等有机溶剂。它的化学稳定性较差，在光和热的作用下易分解变成黄色或棕色，并易受酸、碱的影响，因而必须注意防光、热及酸碱的作用。

碳酸苄胺是钢铁的优良防锈剂，对二氧化硫有较强的抵抗能力，同时能阻止已锈钢铁的继续锈蚀，对锡、铬、银也具有防护作用，而对铝、锌、镁、铜、镉等具有不同程度的锈蚀作用。它在和非金属及包装材料直接接触时，对沥青夹层纸、牛皮蜡纸及聚乙烯、聚氯乙烯无明显影响；对纱布、木材、油漆深层却能引起变质现象，但与蒸汽接触无明显影响。

（2）有色金属气相缓蚀剂，主要分下列几类。

①有机胺的铬酸盐类。如铬酸二环己胺、铬酸环己胺等，这类物质对钢、黄铜、锌、镍等具有保护作用，多做成防锈包装纸使用。

②有机胺的磷酸盐类。如磷酸二环己胺、磷酸环己胺等，主要用于黄铜的保护。

③有机酸酯类。如乙二酸二丁酯对黑色金属及铜、黄铜、铝都有保护作用，制作气相防锈包装纸的用量为 $79g/m^2$，还可将其溶于油内制成气相防锈油，用量小于 10%。

④有机酚及其衍生物。如邻硝基酚二乙稀三胺、邻硝基酚十八胺等多与苯骈三氮唑混合使用，对钢、铜、铝制品均有防护效果。

⑤杂环化合物。这类化合物中最重要的是苯骈三氮唑，它是铜及其合金的优良缓蚀剂。

（3）混合型气相缓蚀剂。几种物质混合在一起并发生化学反应生成氨，借以达到对黑色金属防锈的目的，常用的混合型气相缓蚀剂主要有以下几种。

①亚硝酸钠和尿素。它适用于黑色金属的防锈，国产 $1^{\#}$、$2^{\#}$和

11#防锈包装纸就是使用这种缓蚀剂。

②亚硝酸钠和乌咯托品。它们1:1的混合物是很有实用价值的黑色金属气相缓蚀剂。用这种混合型缓蚀剂防锈对镍、铬镀层与油漆等非金属材料均无明显影响,多用于制造防锈包装纸,国产651#防锈包装纸就是用这种混合气相缓蚀剂加入苯甲酸钠所制成。

③亚硝酸钠与苯甲酸铵。它们的防锈作用是生成亚硝酸铵。可以粉末法或防锈包装纸法使用。粉末法的配方是苯甲酸铵66%、亚硝酸钠34%,用量为50~100g/m³。国产652#防锈包装纸即为此类型。

④亚硝酸钠和磷酸氢二铵及碳酸氢钠。它们可用于钢、铸铁、矽钢片以及镀镍、铬、锌、锡制件的保护。用粉末的配方是:亚硝酸钠:磷酸氢二胺:碳酸氢铵 = 54:35:11,用量为300~400g/m³,作用半径为30cm。如用其15%的水溶液制成的包装纸封存钢铁制件,防锈期可达3年。

⑤苯甲酸钠和碳酸三乙醇胺。是黑色金属的有效防锈剂,国产15#防锈包装纸即为此类型,但这种纸易吸潮,因而包装易破损,同时对有油漆涂层的商品能引起漆膜发黏。纸上用量应为60~80g/m²。

3. 气相防锈包装技术

(1) 气相缓蚀剂的使用方法,目前主要有以下几种。

①粉末法。将气相防锈剂粉末直接散布在金属的表面上密封包装;将气相防锈剂粉末盛于具有透气性的纸袋或布袋中;将其粉末压成片剂,放在包装容器内金属制品的周围等。缓蚀剂距离金属制品不得超过其作用有效半径(一般不超过30cm)。其用量主要根据缓蚀剂的种类、性质(如蒸气压大小)和包装条件及封存期的长短来确定。

使用时为了使缓蚀剂能迅速发挥作用,以防金属制品锈蚀,单独使用蒸气压较低的缓蚀剂时,包装金属制品后应在40~60℃的条件下保持几个小时,或者将几种不同蒸气压的缓蚀剂混合使用。

②气相防锈纸法。将气相防锈剂溶解于水或有机溶剂中,然后浸涂在纸上晾干后就得"气相防锈包装纸"。用这种气相防锈包装纸包装金属制品可长期封存。但用于制造气相防锈包装纸的原纸应是中性,Cl^- 或 SO_4^{2-} 的含量不得超过0.05%(按NaCl或Na_2SO_4计算)。

气相缓蚀剂在纸上的涂布量一般为 5~30 g/m²。在防锈纸的制造中一般还可加入黏合剂(如骨胶)、扩散剂(如六偏磷酸钠)及防霉剂等。

气相防锈纸涂布时,一般是将缓蚀剂涂于厚纸的反面,正面涂以石蜡。使用时,涂缓蚀剂的面向内包装金属制品,外层再用包装材料(如石蜡纸、塑料袋、金属箔或复合包装材料等)密封包装。

如果包装空间较大，气相防锈纸与金属制品局部距离超过 30cm 时，必须在包装内增加适量防锈纸片或粉末。

气相防锈纸的防锈期与所用厚纸有一定关系，在常用厚纸中，沥青与石蜡纸的封存期大于普通牛皮纸。

③溶液法。将气相缓蚀剂溶于水或有机溶剂中组成一定浓度的溶液，将此溶液喷淋在金属制品的表面上，然后用蜡纸或塑料袋密封包装，或用溶液浸涂包装箱内衬板和减震材料，再密封包装。

④气相薄膜法。把含有气相防锈剂的黏合剂涂布于聚丙烯等合成树脂的薄膜上，使用这种气相薄膜封贴的金属材料可以长期防锈，需要时可随时剥除，不影响加工性能。以塑料为基本成分，加入增塑剂、稳定剂、润滑剂、缓蚀剂及溶剂等配制而成的防锈材料，各组分及作用如表 6-2 所示。也可将此薄膜制成包装袋，盛装金属制品密封包装。在封存期间，由于树脂膜有较高的透明度，可用肉眼直接观察到金属表面的情况。该膜层可隔绝外部介质对产品的影响，且能从膜层中渗出防锈油液，具有良好的防止大气锈蚀的作用。

表 6-2　　　　　　　　气相薄膜的组分及作用

组　分	作　用
塑料	形成固体硬化膜
增塑剂	降低膜层的脆性、提高弹性
稳定剂	防止和减缓塑料的分解和老化
润滑剂	降低膜层与金属表面的黏合力
缓蚀剂	在金属表面起防锈作用
溶剂	溶解树脂、调节黏度

（2）气相缓蚀剂的防锈期与包装材料的关系，如表 6-3 所示。气相薄膜法具有隔绝锈蚀因素和气相防锈的双重作用，具有优良的耐候性、耐湿性、耐盐水性、耐锈蚀性、耐溶剂性、耐热性和耐寒性。其黏合剂和树脂薄膜的结合力强，因而在剥离时金属表面不残留黏合剂，同时也有较好的耐老化性。气相薄膜的加载主要采用浸渍和涂刷的方法。现在所常用的树脂为聚丙烯、聚氯乙烯、聚乙烯等。拆封方便、膜层材料可回收再利用。现有的一些可剥性涂料在成膜性、可剥性等方面都存在明显的问题，主要表现在涂层脆性大、不耐水、可剥性和防锈效果差等方面，其实用性受到了限制。

（3）气相防锈包装的注意事项如下。

①使用气相防锈剂时，必须首先掌握缓蚀剂的特性及其对金属的适应性。如不了解，应先进行防锈试验，以免不能取得满意的效果，甚至可能使金属制品受到锈蚀。

表 6-3　　气相防蚀包装的防蚀期与包装材料的关系

包装状况		防锈期（月）	
浸气相缓蚀剂的基纸	外包装材料	库内储存（风速 1.6km/h）	库外货棚
牛皮纸	无	10～14	—
浸蜡牛皮纸	无	24～48	12～18
沥青纸	无	24～60	12～30
纸板	无	12～18	8～12
上蜡纸板	无	24～60	15～24
30 磅牛皮纸	牛皮纸	15～24	3～15
30 磅牛皮纸	纸板	15～30	9～21
30 磅牛皮纸	浸蜡牛皮纸	75～120 以上	24～54
30 磅牛皮纸	沥青纸	75～120 以上	36～60
30 磅牛皮纸	上蜡纸板	75～120 以上	24～54
30 磅牛皮纸	薄膜类如聚乙烯薄膜等	60～120 以上	—
	金属铂或铝塑料薄膜	90～120 以上	90～120 以上

②包装内的相对湿度不应过高，一般不应超过 85%，与水分长期接触，防锈膜有被溶解失效的可能。如果由于环境湿度较大等原因包装内湿度不易降低时，可在包装容器内加入干燥剂（如硅胶）。

③在气相缓蚀剂的使用或保存中，都应防止受光、热的作用。因为光、热会引起缓蚀剂的分解失效。一般不得使其高于 60℃ 或受日光的直接照射。

④要防止酸碱与气相缓蚀剂接触，微量的酸碱也可能引起缓蚀剂的分解，要控制使用条件的 pH 值。

⑤气相缓蚀剂对手汗无置换作用，同时不能除去金属制品上原有的锈迹。因此，在进行气相防锈包装前，必须对金属制品进行清洁处理。包装操作时应注意卫生、工人应戴手套和口罩等。

各类防锈包装方法中，还有些共同问题需要注意。

①防锈包装作业，包括前处理（清洁、干燥等），最好能连续进行，万一中断，要做暂时防锈处理。前处理及防锈包装作业环境，湿度愈低愈好。

②包装于密封状态的制品，要注意密封中的微气候现象。热的制品要冷却后才能包装，以免冷却后相对湿度增大。密封内部的一切物品，如盒子、衬垫材料等都要洁净、干燥，以保持在密封中的

低湿度。

③制品为组合体且允许解体时，要以最小限度的解体为原则，特别是有精加工面时更应注意。复杂组合件的各构成部分在组合前要清洁处理好，清洁处理后注意不再污染。制品的研磨加工部分，要尽量少用裸手接触。

④包装材料或容器的重量、体积、包装物本身的体积都要设计得尽可能小，包装内所包含的空气体积也要尽量小。

⑤若所用防锈材料遇热会分解或流失时，应待制品冷却后再施用防锈材料。

三、金属制品的包装后处理技术

金属制品的包装后处理主要是指对金属及其制品进行必要的防锈处理后，为了进一步加强防锈效果、保护产品，而在金属制品的内包装和外包装过程中所采用的一些特殊的材料和技法。用防锈材料进行包封，主要是用蜡纸、防锈纸、塑料膜、塑料袋等将已做了防锈处理的金属制品包好，必要时可加入干燥剂并进行密封包装。对于容易损坏的金属制品还可以在内外包装之间用一定性能的防震材料进行缓冲包装。

除了以上防锈包装技术外，还可采用真空包装、充气包装、收缩包装等包装技术方法防止内包装的金属制品锈蚀。

思考题

1. 金属锈蚀分哪两种？各有什么特点？
2. 了解电化学锈蚀的原理，电化学锈蚀产生在阴极还是阳极？
3. 掌握阳极极化、阴极极化的概念，产生的原因及其对金属锈蚀的影响。
4. 什么是锈蚀速度？金属锈蚀量与锈蚀速度如何计算？
5. 影响金属锈蚀的因素有哪些？分别简要说明。
6. 清洗、防锈分别有哪几种方法？分别简要说明。
7. 金属锈蚀速度与空气温度和空气湿度的关系表达式是怎样的？说明公式表达的意义。
8. 简述防锈油的作用原理。
9. 简述气相缓蚀剂的定义及其应用。
10. 简述气相防锈包装的特点。

第七章 无菌包装技术

第一节 无菌包装概述

由于在物品的生产、包装、运输、储存过程中不断受到各种微生物的污染,而使得物品带有种类繁多的大量微生物。可利用前面所提到的化学药剂、气调、高温、低温等灭菌技术进行杀菌。然而,仅仅进行杀菌是不够的,因为许多物品不可能一直保存在杀菌环境中,一旦离开杀菌环境,又会感染微生物,同样会腐烂变质。因此,在杀菌之后,还须在无菌环境中对物品进行必要的后处理,即用密封、抽真空、充气或泡罩等包装方法将已杀菌的物品与外界环境隔离开。这些过程是一系列连续的过程。

一、无菌包装技术的定义

所谓无菌包装技术,是指在被包装物、包装容器或材料、包装辅助器材无菌的情况下,在无菌的环境中进行充填和封合的一种包装技术。无菌包装技术的主要研究对象是食品、饮料的包装,其次是对热敏感的某些产品(如医药等)的包装。处于无菌状态下的被包装食品可在常温下储存而不会变质,色香味和营养素的损失小,而且无论包装大小,产品的质量都能保持一致。

二、食品无菌包装分类

(1) 按食品在容器内外灭菌分为最后灭菌和无菌加工。最后灭菌是指被包装物品充填到容器中之后,进行严密封口,再进行灭菌处理。如罐头食品、啤酒等的灭菌都属于此类。无菌加工通常包括四种不同的操作:包装设备预先灭菌、物品在填充之前灭菌,包装材料(或容器)灭菌和包装环境灭菌,即经过灭菌后的物品在无菌的环境(含设备)下充填到无菌的包装材料(容器)中,并进行严格密封。这样包装的食品叫无菌包装食品。

(2) 按杀菌方法分为加热杀菌、辐射杀菌和化学药物杀菌三大类。加热杀菌装置主要有杀菌通道和杀菌釜。干热杀菌通道分为辐射通道和层流式通道。如英国 JohnBurge 公司的 Cozzoli 系列杀菌通道为辐射干热式通道，该装置分为干燥和加热段，用高强度并且均匀的红外线辐射杀菌，再经过三段冷却区，冷却到38℃。而Strunck公司的灭菌通道属干热层流式，用350℃的经过杀菌处理和过滤的热空气全面处理欲灭菌的容器和被包装物品，并保持通道内热空气循环。杀菌釜是用过热饱和蒸汽，在115~138℃的温度范围内对微生物进行灭菌处理，因为多数微生物耐湿热能力比耐干热能力差，因而可取得较好的杀菌效果。辐射杀菌主要是利用紫外线、远红外线、放射线（γ射线、β射线）、微波等电磁波辐射杀菌，这是一种新型的物理杀菌方式。化学药剂对食品进行杀菌最早用于饮料水，但化学药剂直接关系到食品的安全性，因此各国有关部门对于食品的药剂杀菌都予以严格控制，多数规定所有的杀菌剂都不能直接加入食品中，只允许用于水质及环境的杀菌。

现在应用的杀菌剂有氯气、次氯酸盐、碘制剂、季铵盐、两性表面活性剂、洗泌汰类及乙醇等，见表7-1。

表7-1　　　　　　　食品工厂所用的杀菌剂

卤素类	氯系：次亚氯双盐、漂白粉、高度漂白粉、氯气 碘系：碘仿、磺＋阳离子表面活性剂
过氧化物类	过氧化氢水
乙醇系	乙醇、异丙醇
双胍系	洗泌汰、聚乙烯双胍
醛系	福尔马林、戊二醛、乙二醛
酚系	碳酸、甲酚、六氯酚

第二节　被包装物品的灭菌技术

目前常用的被包装物品的灭菌技术有四种，第一种是超高温瞬时灭菌技术，它主要是用于处理奶制品，如鲜奶、复合奶、浓缩奶、加味奶饮料、奶油等食品的灭菌。第二种是高温短时灭菌技术，主要用于果汁等饮料的杀菌。第三种是巴氏灭菌技术，它广泛用于各种酸性食品，如果汁、酸奶、水果饮料等产品的灭菌。最后一种是超高压灭菌技术，它是一种常温灭菌技术，能够在灭菌的同时，很好地保证产品自身的品质，可用于果蔬、酸奶、果酱、乳制品、水产品、蛋制品的灭菌。此外，本节还将介绍其他几种被包装物品的灭菌技术。

一、超高温瞬时灭菌技术

超高温瞬时灭菌技术（UHT, ultra heat temperature treated），是将食品在瞬时间加热到高温（130℃左右）而达到杀菌目的，在高温下杀菌几秒（2~8秒），并很快冷却至室温，然后自灭菌区内灌装和封盖。目前，超高温瞬时灭菌的加热方法有两种，直接加热法和间接加热法。

（1）直接加热法。用高压蒸汽直接向食品喷射，使食品以最快速度升温，几秒钟达到130~160℃，维持数秒，再在真空室内除去水分，然后用无菌冷却机冷却到室温。

（2）间接加热法。根据食品黏度和颗粒的大小，选用换热器进行加热，如板式换热器、管式换热器和刮板式换热器。

目前，常用超高温瞬时灭菌的包装材料一般是纸铝塑复合包装材料，市场上常见纸铝塑复合包装材料品牌有利乐、康美和百利，其中利乐砖和利乐枕最为普遍。纸铝塑包装基本结构为：外层聚乙烯（PE）/纸板/中间层聚乙烯/铝材/内层PE等多层复合材料。

食品的种类繁多，各种食品的性能互不相同，造成食品变质的原因也不一致，但是食品变质的主要因素是微生物在食品中的生长繁殖。在所有微生物中，最耐热的是细菌孢子，当它处在100℃以上的环境温度时，温度越高，孢子死亡越快，即所需灭菌的时间越短，表7-2是肉毒杆菌孢子在中性磷酸缓冲溶液中死亡时间与温度的关系。

表7-2　　肉毒杆菌孢子的死亡时间与温度的关系

温度（℃）	100	105	110	115	120	125	130	135
死亡时间（min）	330	100	32	10	4	4/3	1/2	1/6

食品通常有香味、色素，并含有各种维生素，当食品经过一定的温度和时间的加热，它们会发生不同程度的变化。但是这种变化对温度的依存关系比杀灭细菌孢子相对地小一些，但对时间的依存性极大，加热时间越短，化学变化就越小；加热时间越长，化学变化则越大。由表7-2可看出，加热温度在130℃以上，杀灭细菌的时间显著地缩短。因此，采用超高温短时间灭菌包装技术在杀灭细菌的同时可以更好地保持内装食品的鲜味、营养价值及其色素等。

二、高温短时灭菌技术

高温短时灭菌技术（HTST, high temperature short time），主要用于果汁饮料的杀菌。可采用换热器在短时间把果汁加热到接近100℃，然后迅速冷却至室温，可完全杀灭果汁中的酵母菌和细菌，并能保全果汁中的丰富维生素等营养成分。

UHT 和 HTST 两种灭菌包装技术也称为加热—冷却—充填（HCF，heat-cool-fill）包装技术，常用于牛奶、果汁、果酱等流体食品的无菌包装。

三、巴氏灭菌技术

巴氏灭菌技术是将食品充填并密封于包装容器后，在一定时间（约 15 秒）下保持 100℃ 以下的温度，杀灭包装容器内的细菌。巴氏杀菌可以杀灭多数致病菌，但对于非致病的腐败菌及其芽孢的杀灭能力就很不够，如果巴氏杀菌与其他储藏手段相结合，如冷藏、冷冻、脱氧、包装配合，可达到一定的保存期的要求。

巴氏灭菌技术主要用于柑橘、果汁饮料等食品的灭菌，因为果汁食品的 pH 值在 4.5 以下，没有微生物生长，灭菌的对象是酵母、霉菌和乳酸杆菌等。此外，，巴氏杀菌还用于果酱、糖水水果罐头、啤酒、酸渍蔬菜类罐头、酱菜等食品的杀菌。巴氏杀菌对于密封的酸性食品具有可靠的耐酸性，对于那些不耐高湿处理的低酸性食品，只要不影响消费习惯，常利用加酸或借助于微生物发酵产酸的手段，使 pH 值降至酸性食品的范围，可以利用低温杀菌达到保存食品品质和耐藏的目的。

四、超高压灭菌技术

超高压灭菌技术也称超高压冷杀菌技术，基本原理是施加压力致使微生物死亡，通过破坏其细胞壁，使蛋白质凝固，抑制酶的活性和 DNA 等遗传物质的复制等来实现杀菌。超高压杀菌一般是将食品物料以某种方式包装以后，放入液体介质中，在 100～1 000MPa 压力下作用一段时间后，使之达到灭菌要求。一般而言，压力越高，杀菌效果越好。但在相同压力下延长受压时间并不一定能提高灭菌效果。在 400～600MPa 的压力下，可以杀死细菌、酵母菌、霉菌，避免了一般高温杀菌带来的不良变化。

超高压冷杀菌技术的先进性是高压、常温灭菌，采用该项技术对食品进行处理后，不但具备高效杀菌性，而且能完好保留食品中的营养成分，食品口感佳、色泽天然、安全性高、保质期长，这是传统高温热力杀菌方法所不具有的优点。目前，超高压灭菌已在国外果蔬、酸奶、果酱、乳制品、水产品、蛋制品、高黏食品等的生产中得到应用，国内有些食品的包装也陆续采用这一灭菌方法。

五、其他几种被包装物品的灭菌技术

1. 脉冲强磁场灭菌技术

该技术采用强脉冲磁场的生物效应进行杀菌，在输液管外面，套装有螺旋型线圈，磁脉冲发生器在线圈内产生 2～10T 的磁场强

度。当液体物料通过该段输液管时,其中的细菌即被杀死。该技术具有以下特点:杀菌时间短且效率高,杀菌效果好且温升小,能做到既能杀菌,又能保持食品原有的风味、滋味、色香、品质和组分(维生素、氨基酸等)不变,不污染产品,无噪音,适用范围广泛。

2. 高压脉冲电场灭菌技术

高压脉冲电场(PEF, pulsed electric field)灭菌是利用在高压脉冲电场下,负向脉冲波峰的出现对细胞膜形成快速变化的压力,使其结构松散,与正向脉冲峰协同作用能迅速破坏细胞膜的通透性,对食品微生物产生抑制作用。此种方法有两个特点:①灭菌时间短,处理过程中的能耗远小于热处理法;②在常温、常压下进行,处理后的食品与新鲜食品相比,物理化学性质、营养成分和口味改变很小,灭菌效果明显,达到商业无菌的要求。这种灭菌技术能有效地杀灭与食品腐败有关的几十种细菌,特别是果汁饮料中的黑曲霉、酵母菌、大肠杆菌等。

3. 脉冲强光灭菌技术

脉冲强光灭菌是采用脉冲的强烈白光闪照方法进行灭菌。通过惰性气体发出与太阳光谱相同但强度更强的紫外线至红外线区进行杀菌。使用高强度白光的极短脉冲,杀死食品表面的微生物。该高强度的白光类似阳光,但仅以几分之一秒钟的时间发射出来,比阳光更强,能迅速杀死细菌。脉冲强光下使微生物致死作用明显,可进行彻底杀菌。在操作时对不同的食品、不同的菌种,需控制不同的光照强度与时间,该技术可用于延长以透明物料包装的食品的保鲜期。

4. 辐射灭菌技术

辐射灭菌是利用电磁波中的电子射线、X射线、γ射线和放射性同位素60Co和37Cs射线杀死微生物的方法。其基本作用是破坏菌体的DNA。X射线、γ射线的穿透力很强,适于完整食品及各种包装食品的内部灭菌处理,可在不拆包装和不解冻的情况下对食品进行灭菌,这样可以避免食品的二次污染;电子射线的穿透力较弱,一般用于小包装食品或冷冻食品的灭菌。与加热灭菌相比,辐射灭菌的优点是灭菌过程中食品温度几乎维持不变,可保证食品原有的色香味和感官特性,且射线处理食品不会留下任何残留物,灭菌效率高,应用范围广,节省时间、能源和成本。

5. 静电灭菌技术

静电灭菌是水经高压静电场处理后,电导率、溶解氧、pH值等物理化学参数发生显著变化,灭菌机理为超氧阴离子自由基、过氧化氢、臭氧破坏细胞的生存条件,进行灭菌。食品不直接处在电场中,而是利用电场放电形成的粒子空气和臭氧来处理,可以取得良好的杀菌效果,该技术可用于瓶装食品、罐装食品、粮谷类、果蔬类食品的杀菌与保鲜。高压静电场操作过程中，对微弱的放电所产生的臭氧进行观测发现，随着电场强度的增加，臭氧产生量增加，灭菌效率增加。

6. 膜分离灭菌技术

膜分离是一种分子级分离，是一种冷杀菌技术，节省能耗。膜分离技术主要用于浓缩果汁，方法是将水果原汁超滤，得澄清果汁与果酱两大部分，前者成分为水、维生素 C、芳香成分等低分子物，后者成分为悬浮固形物、细菌、真菌等，将澄清汁反渗除去一部分水，将果酱杀菌后与脱去水的浓缩澄清汁调配即得浓缩果汁。膜分离技术浓缩果汁产品浓度高，风味与营养成分损失很少，是果汁加工有效的浓缩和杀菌方法。另外，膜分离灭菌技术还可以用于矿泉水、新鲜生啤的过滤灭菌。例如，通过膜过滤技术，在常温条件下进行除菌而生产出的啤酒，可以保证啤酒优异的品质和口感。

7. 非热等离子体灭菌技术

等离子体是由部分电子被剥夺后的原子，以及原子被电离后产生的正负电子组成的离子化气体状物质（主要有电子、正负离子、基态原子、激发态原子、活性自由基、射线等）组成，其中，正负电荷总数相等，呈电中性，因而称为等离子体。它是除去固态、液态、气态外，物质存在的第四态。等离子体具有能量密度高、化学活性成分丰富的特点，是独特的灭菌剂。按粒子温度分，等离子体可分为热平衡等离子体和非热等离子体。非热等离子灭菌过程是一个物理化学过程。灭菌过程中，等离子体引发生成的各种化学活性物质，特别是氧类活性物质，是微生物失活的主要因素。非热等离子体灭菌技术常用于饮用水、果汁的杀菌中，主要有两种灭菌方式：以外生气体等离子体接触液体物料表面灭菌；通过在液体物料内部放电产生 NIP 免疫灭菌。非热等离子体灭菌的突出优点是灭菌时间短、操作温度低、灭菌能力强，能广泛应用于多种材料和物品，切断电源后产生的各种活性离子能在数毫秒内消失，无须通风，不会对操作人员构成伤害，安全可靠，并且应用果汁等灭菌时，能够很好地保证其品质，特别是对维生素 C 无任何破坏。

第三节　包装容器（或材料）的灭菌技术

如果仅仅是杀灭被包装物品的细菌，而对与其接触的容器、材料和环境不进行灭菌，依然无法保证被包装物品不被微生物侵扰。所以，无菌包装的包装容器（或材料）还必须不附着微生物，同时具有对气体及水蒸气的阻隔性。在对被包装物品的无菌充填以前，必须对包装容器（或包装材料）进行灭菌处理，包装容器（或包装材料）的灭菌通常有药物灭菌、紫外线灭菌、微波灭菌等。此外，值得关注的是灭菌型活性包装材料，在本节中也有较为详细的介绍。

一、药物灭菌技术

药物灭菌，也称化学灭菌，所用的杀菌剂必须杀菌力强，对设备无腐蚀，杀菌过程中不会生成有害物质，同时在包装材料中残留少量的药物。

目前，最通常用的杀虫剂是过氧化氢，俗称双氧水，又名臭氧水。过氧化氢的杀菌力是与它的浓度和温度有关，浓度越高，温度越高，杀菌效力就越好。常用于杀菌的过氧化氢的浓度是 25%～30%，温度是 60～65℃。用过氧化氢杀菌应结合加热处理，因过氧化氢从材料表面蒸发时，其杀菌效力更大。用过氧化氢对包装容器（或材料）进行杀菌，是将包装容器（或材料）在过氧化氢中浸渍，或将过氧化氢喷射在包装容器（或材料）上进行杀菌，然后再对它们进行热辐射，使存留在包装容器（或材料）上的过氧化氢和热空气一起完全蒸发，分解成无害的水蒸气和氧。

二、紫外线灭菌技术

紫外线是一种低能量的电磁辐射，紫外线照射使微生物诱变，致死的主要原因是胸腺嘧啶的光化学转变。其灭菌效果与紫外线的波长、照射度以及照射时间有关，波长在 265～266nm 为最强。

微生物经过紫外线照射后的存活菌率，可用下列公式表示：

$$S = P/P_0 = e^{-Et}/Q \tag{7-1}$$

式中，S——细菌的存活菌率；

P——紫外线照射后细菌的存活数；

P_0——紫外线照射前的细菌数；

E——有效放射照度；

t——照射时间；

Q——把 S 假设为 $1/e = 36.8\%$ 时，所必须的照射线量（有效放射照度×照射时间）。

由上所述，微生物的杀菌情况是随着有效放射照度和照射时间累积的照射线量决定的。紫外线的杀菌机理主要是由于紫外线照射后微生物体内的核酸产生化学变化，引起新陈代谢障碍，因而失去生殖能力。使用紫外线杀菌还需注意以下事项。

1. 防止异物结构

由于紫外线能量小、穿透能力差，所以只限于表面杀菌。包装容器（或材料）表面灰尘和异物阴影部的细菌就无法杀灭。因此，作为紫外线杀菌对象的食品容器，包装材料在制造和处理时，必须特别注意避免异物黏附，尤其是塑料制品，避免因静电引起的尘土和异物的黏附。

2. 初菌数的管理

如图7-1所示，枯草菌芽孢在 10^4 个/$100cm^2$ 初菌数以下时，芽孢的存活数随紫外线照射时间的延长而直线下降。当枯草菌芽孢的初菌数在 10^4 个/$100cm^2$ 以上时，紫外线照射时间增加3秒、5秒、10秒，芽孢存活数也不会有多大减少，这种现象称为拖尾现象。造成这种现象的重要因素是细菌群相互间的阴影效果。因此，对包装容器（或材料）进行紫外线灭菌时，灭菌前的预处理是很重要的。初菌数多少直接影响灭菌效果。如管理严格，包装容器（或材料）初菌数少，灭菌的安全率就高，并能缓和灭菌条件。

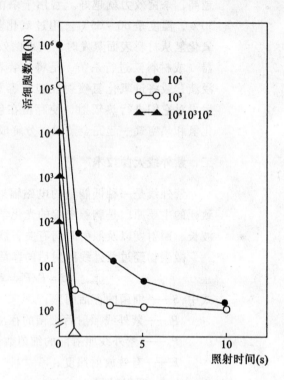

图 7-1 用紫外线照射对细菌孢子的杀伤

3. 有效放射照度的管理

紫外线杀菌的效果，除了受照射距离、照射时间的影响，还与物体表面所受的有效照射度的大小有关。高性能紫外线杀菌装置的照度受紫外线灯管的老化、灯泡及反射面的油垢、手垢、烟、灰尘等污染的影响而降低。

此外，根据包装容器（或材料）的特性，还可以选用高温、微波、远红外、电离辐射等多种灭菌方式，对包装容器和材料进行灭菌。

三、微波灭菌技术

微波灭菌技术是采用频率为 300～300 000MHz 的微波照射包装

材料或容器，产生的热能杀灭微生物和芽孢的方法。微波杀菌比常规加热消毒所需温度低，其杀菌机理除热效应外，还有某些非热效应，如光化学效应、电磁共振效应和均致力效应等，可以方便地用于食品包装的灭菌中。

微波灭菌技术在包装中应用的特点如下。

1. 时间短、速度快

常规热力杀菌是通过热传导、对流或辐射等方式将热量从食品表面传至内部，要达到杀菌温度，往往需要较长时间。微波杀菌是微波能与包装材料表面和内部细菌等微生物直接相互作用，热效应与非热效应共同作用，达到快速升温杀菌目的，处理时间大大缩短，约为 2~3 分钟。

2. 低温杀菌

微波杀菌是通过特殊热和非热的效应杀菌，与常规热力杀菌比较，能在比较低的温度和较短的时间获得所需的消毒杀菌效果。一般杀菌温度为 75~80℃，适用的杀菌包装材料广泛。

3. 节约能源

常规热力杀菌往往在环境及设备上存在热损失，而微波是直接对食品进行作用，因而没有额外的热能耗损。相比而言，一般可节电 30%~50%。

4. 均匀彻底

常规热力杀菌从物料表面开始，通过热传导至内部，为了保持食品风味，缩短处理时间，因此存在内外温差，往往食品内部没有达到足够温度而影响杀菌效果。由于微波具有穿透作用，对食品进行整体处理时，表面和内部同时受到作用，所以消毒杀菌均匀彻底。

5. 便于控制

微波杀菌处理，设备能即开即用，没有常规热力杀菌的热惯性，操作灵活方便，微波功率可调，传输速度从零开始连续可调，便于操作。

6. 设备简单、工艺先进

与常规方法相比，微波设备不需要锅炉、复杂的管道系统、煤场和运输车辆，只要具备水、电等基本条件即可。

四、抗菌包装材料

将抗菌剂、除氧剂、除湿剂等通过涂覆、复合、共混等方式同包装材料混合，制得具有抗菌、抑菌的包装材料。抗菌包装材料按材料的微观尺寸级别分为普通抗菌包装材料和纳米抗菌包装材料。

1. 普通抗菌包装材料

这种包装材料主要是将抗菌剂等同包装材料结合。例如，把活性灭菌物质与包装材料相结合的体系，如将山梨醇、山梨酸盐、苯甲酸钠、银沸石等物质加入到制造包装容器的材料中,然后制造加工成容器,使其缓慢释放出灭菌活性成分。新发明的灭菌型脱氧保鲜剂,在24小时内能将密封容器的氧气去掉99.9%,在极短的时间内产生脱氧效果,抑制细菌生长繁殖。

2. 纳米抗菌包装材料

这种包装材料是分散相为1~100nm的抗菌剂颗粒或晶体同其他包装材料复合或添加制成的具有纳米级结构单元的纳米复合材料。纳米抗菌材料是一类具备抑菌性能的新型材料,由于材料本身具有抗菌性,可以使微生物包括细菌、真菌、酵母菌、藻类以及病毒等的生长和繁殖保持较低的水平。用抗菌材料制成的各种制品,具有卫生自洁功能,可有效避免细菌的传播。纳米抗菌材料中的纳米抗菌剂分为无机抗菌剂和有机抗菌剂。

(1) 纳米无机抗菌剂。以银系抗菌剂为代表,银系抗菌剂是利用银、铜、锌等金属本身具有的抗菌性,通过物理吸附或离子交换等方法,将银、铜、锌等金属离子固定在沸石、硅胶等多孔材料的表面制成抗菌剂,然后将其加入到制品中获得具有抗菌性的材料。银系抗菌剂的抗菌机理主要是接触杀菌,当菌类的负电荷表面吸附一定浓度的金属离子时,金属离子就能吸附到细胞膜的蛋白质的—SH(硫醇)基结合,使微生物不能进行能量代谢,从而导致蛋白质变性,破坏其生理机能。以纳米金属粉体银为代表的银系抗菌剂的抗菌原理:一是微量的银离子进入细菌内部,破坏微生物的呼吸系统及传输系统,从而杀死细菌;二是由于银离子的催化作用,将氧化水中的溶解氧成为活性氧,从而起到抗菌作用。纳米无机抗菌剂还有纳米二氧化钛、纳米二氧化硅等。

(2) 有机抗菌剂,主要包括杀菌剂、防霉剂、防腐剂。杀菌剂主要有四价铵盐、双胍类化合物、乙醇等,其作用机理是破坏细胞膜,使—SH酸化,导致蛋白质变性,代谢受阻。防腐剂主要有甲醛、已噻唑、有机卤素化合物、有机金属等,其抗菌机理与杀菌剂相同。防霉剂主要有吡啶、咪唑、噻唑、卤代烷碘化物等,其机理是使细菌代谢受阻,阻碍DNA的合成。

此类抗菌剂是以天然原材料配制的,如壳聚糖、山梨酸等。其中,壳聚糖的研究和应用得到很多人的关注。壳聚糖是甲壳素的脱乙酰产物,具有良好的成膜性、通透性和抗菌性。其抗菌机理一般认为是由两步来完成的:首先,在酸性条件下,壳聚糖分子中的—NH_2与细菌细胞壁所含的硅酸、磷酸脂等解离出的阴离子结合,其结果是使细菌的自由活动受阻,从而阻碍细菌的大量繁殖。然后,壳聚糖进一步低分子化,通过细胞壁进入细菌的细胞内,使遗传因子从DNA到RNA的转变过程受阻,造成细菌无法繁殖。该天然抗菌剂来源丰富,也可单独用来涂膜包装,制成抗菌包装材料,应用前景广阔。

第四节 无菌包装系统

由于无菌包装技术是一系列的过程，单纯某个环节的灭菌，并不能达到彻底灭菌的目的，被包装物品还是避免不了要受到微生物的侵扰。无菌包装是一个连续灭菌的过程，从被包装物品的输入，包装容器（或材料）的输入（或直接成型），被包装物品的充填以及最后的封合、冲切都必须在无菌的环境中进行。因此，近几年来，在食品包装行业出现了越来越多的无菌包装系统。

无菌包装系统主要包括：包装容器输入部位、包装容器的灭菌部位、无菌充填部位、无菌封口部位、包装件的输出部位。但为了适用不同的包装容器（或材料），无菌包装系统的结构也不相同。下面略举几例加以说明。

一、无菌罐装包装系统

如图7-2所示为无菌罐装包装系统，在此系统中，产品与包装罐分别进行消毒灭菌。包装罐由传送带送入机器，然后通过消毒灭菌部位，在此部位包装罐被过热蒸汽消毒灭菌，蒸汽的温度约为200℃，但此蒸汽不是饱和蒸汽，因此这种蒸汽的杀菌效果与热空气相类似。包装罐经过消毒灭菌后，到冷却部位，在此部位用过压无菌空气降低包装罐的温度。当包装罐通过充填部位时，预先消毒灭菌的产品在充满过压无菌空气的无菌环境下，充填入罐。然后加上已经过消毒灭菌的罐盖，接口处用特殊设备焊合起来。最后将已封入产品的包装罐由输送带输出。

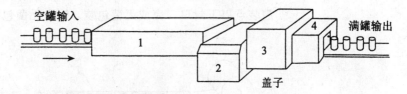

1—包装罐灭菌部位；2—充填部位；3—包装罐盖灭菌部位；4—封罐部位
图7-2 无菌罐装包装系统

二、塑料瓶无菌包装系统

如图7-3所示为塑料瓶无菌罐装系统，这个系统采用过氧化氢对包装材料进行化学灭菌。两个塑料材料卷筒（一个作容器体，一个作容器盖）分别送入系统。卷筒1提供底部材料，卷筒13提供上盖材料。材料经过过氧化氢液洗涤，然后通过3、4两段，在那里过氧化氢或其中一部分因负压而分解，而后由4、11两个干燥器作用而使残留的过氧化氢分解。干燥部分也被应用于软化塑料。成型器6使容器成型，成型后的容器通过充填区域8。充填部位保持在过压无菌空气下充填，充填后容器离开充填部位进入封口部位12。同时，上盖的材料通过过氧化氢槽9，再经加热元件10除去过氧化合物，然后封口。密封后的包装件输出。

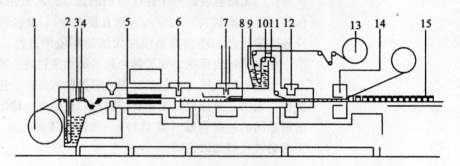

1—材料卷筒；2，9—过氧化氢槽；3—吸气吸液工位；4，11—干燥器；5—加热元件；6—热塑材料成型（用无菌空气）；7—无菌充填部位；8—充填区域（无菌通道）；10—负压干燥；12—真空封口；13—铝箔材料卷筒（上盖）；14—冲剪模；15—输出

图7-3 塑料瓶无菌包装系统

三、塑料袋无菌包装系统

如图7-4所示为塑料袋无菌包装系统。在这个系统中，两个卷筒塑料薄膜上下合在一起，然后封成各自独立的小袋子。根据塑料材料的种类，可对这些包装袋采用不同的方式灭菌。已经过灭菌的产品由无菌针将产品灌进这些预先杀菌的包装袋内，满袋装后，在灌装点以下封口，完成无菌包装，输出无菌包装件。

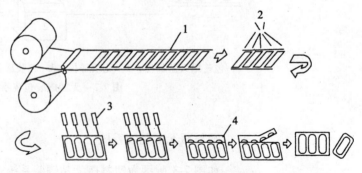

1—制袋；2—灭菌；3—无菌充填；4—封口

图7-4 塑料袋无菌包装系统

思考题

1. 什么是无菌包装技术?
2. 食品的无菌包装的分类是怎样的?
3. 食品的无菌包装与普通的蒸煮杀菌有哪些不同?
4. 无菌包装必须满足哪几个条件?
5. 被包装物品和包装容器(或材料)的灭菌技术分别有哪几类?各有什么特点?
6. 紫外线杀菌通常要注意哪些问题?
7. 微波灭菌技术的特点有哪些?
8. 无菌包装系统主要包括哪几个部分?
9. 药物灭菌有哪些要求?用 H_2O_2 杀菌有哪些优越性?

第八章 防震包装技术

防震包装又称缓冲包装，是指为了减轻内装物受到的冲击和振动、保护其免受损坏所采取的一定的防护措施的包装。它在各种包装方法中占有重要地位，是包装的重要内容之一。防震包装所研究的主要内容有以下几个方面。

（1）产品在流通过程中的受力情况，即流通过程中产品破坏的外因。

（2）产品本身对外力的承受能力，即产品破损的内因。

（3）防震包装材料、性能及选择依据。

（4）缓冲包装的总体设计。

第一节 防震包装的受力分析

产品从生产出来到开始使用要经过一系列的保管、堆积、运输和装卸过程，置于一定的环境之中。在任何环境中，都会有力作用于产品之上，并使产品发生机械性损坏。

一、产品所处的环境

产品被包装后形成包装件。从包装工厂到顾客拆除包装，主要经过了堆积、运输和装卸三大过程。堆积过程主要受静压力作用，运输过程主要受振动力的作用，装卸过程主要受冲击力作用。

克服静压力对产品的影响主要靠包装容器、包装材料的强度，克服振动和冲击的影响主要靠防震措施。

1. 振动环境

运输中所形成的振动环境最为典型。运输振动环境十分复杂且具有随机的特性。外界振动通过包装传到内装物中，当振动中的主频率等于产品中某一部分的固有频率时，这一部分就发生共振，这时产品最易发生损坏。

2. 冲击环境

不管采用什么运输方式，在发货、到货中常遇到的最严重的冲击来自装卸操作，这是由于包装件掉落在地板上、码头上或平台上引起的。

二、产品受冲击时的受力分析

在分析受力环境时我们知道,货物遇到的最严重的冲击来自装卸操作,其中以包装件平地落在无弹性的水平面上时所传输的冲击最为严重,故以包装件下落运动来分析产品的受力。

包装件从某个高度下落时,由于重力加速度的作用,速度不断增加。当与地面碰撞时,在极短的瞬间速度就由最大变为零。这其中有两个过程:势能→动能→做功。

包装件在未掉落之前所具有的能仅有势能,即

$$E = W(h + x) \tag{8-1}$$

在触地的瞬间,势能全部转变为动能,即

$$E' = (1/2) \cdot mv^2 \tag{8-2}$$

当速度降为零时,能量又转变为对包装件做功,即

$$E'' = \int_0^x P dx \tag{8-3}$$

在上面三个公式中:

$W = mg$——包装件的重量。m 是包装件的质量,g 是重力加速度;

h——包装件掉落的高度;

x——当研究包装件与地面碰撞时,为外包装变形量;当研究产品与缓冲材料的作用时,x 为缓冲材料的压缩变形量;

P——作用力,地面对包装件的作用力或包装的内装件对缓冲材料的压缩力。

根据能量守恒定律,有

$$\int_0^x P dx = W(h + x) \tag{8-4}$$

设 P 为不变常量,则有

$$P = W(h/x + 1) \tag{8-5}$$

包装件触地的瞬间有很大力的作用,才使得速度迅速降低,进而达到停止。有力就有冲击加速度(a)的产生,且有

$$P = ma \tag{8-6}$$

由于瞬时加速度的值很大,通常比重力加速度要大很多倍。这个倍数是由物体下落时间 t 和瞬时停止的时间 t' 的比值决定的,停止得越快,即 t' 越小,则冲击加速度 a 值越大;物体下落的时间越长,即 t 越大,则冲击加速度 a 值越大。

a 值是用来表现冲击力大小的,为了比较 a 值和重力加速度的大小,引入加速度系数 G,即

$$G = a/g \tag{8-7}$$

把 $P = ma$,$W = mg$ 代入式(8-5)则有

$$G = h/(x + 1) \tag{8-8}$$

由式(8-5)和(8-8)可知冲击力和包装件(或被包装物品)

的重量与落下高度、变形量有关。如果把缓冲材料的量减少或者用硬质缓冲材料,就是使缓冲材料的位移减少,则 P 值加大,即包装物品产生的加速度增大而易于损坏。为了减少包装内物品产生的加速度,可以将柔软的缓冲材料的厚度增加,但这样又容易造成浪费。

所以,缓冲包装设计的基本问题,就是要考虑包装内物品的重量、其允许加速度最大值和可能落下的高度,由此来决定使用最经济的缓冲材料和尺寸。

三、各种运输方式的加速度系数

包装件在运输、储存等过程中,情况相当复杂,振动和冲击通常交替或同时产生,对产品的危害可归结为所产生加速度最大值的大小。

1. 铁路运输

装载货物的火车不是匀速由起点到终点的,如火车的启动、停车和急刹车;道轨的不合格,车辆编组作业;通过道叉;甩车等。产生的加速方向有前后、上下、左右,各种情况下加速度系数 G 的可能值分别如下:

车辆编组和紧急刹车时,为 3~4;正常行驶,列车上下振动频率为 3~5Hz 进行摇动、车体弹性振动频率为 6~10Hz 时,为 0.1~0.6,最大达 1;列车左右振动频率为 1~2Hz 进行摇动、车体弹性振动频率为 4~6Hz 正常行驶时,一般为 0.1~0.2;最大可达 1.2。列车在各种情况下的振动、冲击加速度如表 8-1 所示。

表 8-1　　　　　　　　列车的振动、冲击加速度

运行情况		加速度系数 G 值		
		上下方向	左右方向	前后方向
行走时的振动 (30~60km/h)	钢轨上	0.1~0.4	0.1~0.2	0.1~0.2
	钢轨接头处	0.2~0.6	0.1~0.2	0.1~0.2
启动、停车时 的冲击	一般情况	—	—	0.1~0.5
	急刹车	0.6~0.9	0.1~0.8	1.5~1.6
紧急刹车时的冲击		2	1	3~4
车辆编组时的冲击		0.1~0.2	0.1~0.2	0.2~0.7
减速时的振动		0.6~1.7	0.2~1.0	0.2~0.5
货车撞碰时的冲击		0.5~0.8	0.1~0.3	1.0~2.6

2. 汽车运输

汽车运输情况比铁路运输更为复杂,因为车型、载重量、行车

速度、公路路面状况等都对振动和冲击产生很大影响，特别是路面的好坏影响最大。包装货物在车厢上固定情况不同，所产生的影响也不同，如没有固定牢，受到颠簸后会产生跳起式振动，G 值可达 1，相当于从 5~30cm 高度自由落下时的冲击。特别不平的道路，会发生 G 值为 3~5 的冲击。若路又不平，货又未捆好，甚至能发生 G 值为 5~20 的冲击。

如表 8-2 所示为用 6 吨卡车在混凝土铺筑的良好道路与不良的碎石道路上行驶和 8 吨载重车在混凝土铺装的路面上行驶时的振动加速度值。

表 8-2　　　　　　　　　　汽车的振动加速度

行车情况		加速度系数 G 值		
		上下方向	左右方向	前后方向
一般公路 （20~40km/h）	道路良好	0.4~0.7	0.1~0.2	0.1~0.2
	道路不良	1.3~2.4	0.4~1.0	0.5~1.5
车速为 35 km/h	刹车	0.2~0.7	—	0.6~0.7
铺装公路 （10~50km/h）	满载	0.6~1.0	0.2~0.5	0.1~0.4
	空载	1.0~1.6	0.6~1.4	0.3~0.9
	越过2cm的障碍	1.6~2.5	1.0~2.4	1.1~2.2
车速为 50~60 km/h 时刹车		0.2	0.3	0.1~0.8

3. 船舶运输

船舶振动主要是水的波浪引起的。船舶的振动主要有纵摇和横摇两种方式，前者为上下，后者为左右。船载包装货物的振动除了受船本身振动大小影响外，还受船舱的位置、船的大小、动力装置的位置的影响。一般，船头上下振动最大，G 值在 0.3 以下，在外海最大可达 2。1 000 吨级海洋货船，上下振动 G 值可达 0.2~0.8，左右振动 G 值可达 0.2，前后振动 G 值在 0.1 以下。

4. 飞机运输

飞机在飞行中一般只产生振动，振动大小主要受机种、空中气流的影响。一般，飞行振动的 G 值在 0.05~0.6 范围内，恶劣气流条件时，可达 1~2。振动频率范围很宽，为 5~120Hz。

四、包装件的落下高度

包装件在装卸作业过程中，最易遭受外力，产生冲击损失，但机械装卸作业和人工装卸作业所产生的冲击是很不相同的。

机械装卸作业时，用叉式升降机进行粗暴作业的话，能产生 G 值为 1 的冲击加速度；传送带上移动物品时，G 值一般小于 1，运

送的终点和中继点 G 值可能达到几十以上。起重机、吊车进行装卸时,包装件垂直下落和横移与其他物品撞碰时,会产生 G 值大于几十甚至上百的冲击力。

人工装卸时,对于包装件的不同重量、体积、形状和操作环境,所产生的冲击是不同的。对不同的产品如何施以包装呢?一般以最易落下高度为准。即防震包装后要保证在最易落下高度范围内跌落时,不损坏内装物。

包装件的最易落下高度是通过经验得到的,包装件最易落下高度 h(cm)与包装件重量 W 有如下关系:

$$h = 300 \times W^{-1/2} \tag{8-9}$$

例如,包装件重量为 60kg,在装卸作业中最易落下的高度为:

$$h = 300 \times 60^{-1/2} \approx 39(\text{cm})$$

一般包装件的最易落下高度可参照表 8-3。

表 8-3　　　　　　　一般包装件的最易落下高度

重量（kg）	装卸方式	落下高度（m）
0~9.1	投掷	1.08
9.2~22.8	一般搬运	0.84
22.9~114	二人搬运	0.70
115~228	一般机械装卸	0.56
229~454	一般机械装卸	0.42
>454	大型机械装卸	0.37

从表 8-3 可知,包装件越重,最易落下高度越低,越稳定。但是,不能因为产品轻而忽视防震包装。对于防震包装件进行落下冲击试验的落下高度各国都有规定。表 8-4 是我国电子工业部的规定标准。表 8-5 是日本的规定标准。

表 8-4　　　　　　　我国电子工业部的规定标准

带包装的受试设备重量（kg）	落下高度（cm）
<10	80
10~25	60
26~50	45
51~75	35
76~100	30

表 8-5　　　　　　　　　日本的规定标准

包装件总重量 (kg)	包装最大尺寸 (cm)	落下高度（cm）		
		条件 1	条件 2	条件 3
<25	90	90	70	40
25～50	90～120	60	50	30
50～75	120～150	50	40	20
75～100	150	40	30	10

两表中，落下高度是指包装件试件最低点与地面的最短距离。表 8-5 中条件 1 是指包装件多次运输堆放，粗暴装卸；条件 2 是指包装件一两次运输堆放，比条件 1 缓和些；条件 3 是指机械装卸、小车运送和采用容器运送。

五、允许加速度系数

产品的允许加速度是指产品遭受机械性损坏时所能承受的最大加速度值 a_m。此值大小可以表示所能承受的冲击力大小。

允许加速度同样以重力加速度的倍数表示，记为 G_m，$G_m = a_m/g$，称其为允许加速度系数，又称产品脆值或产品的易损度。产品脆值的含义是产品经受振动和冲击时用以表示其强度的定量指标。用产品所能承受的最大加速度 a_m 与重力加速度 g 的比值 G_m 来表示。

对于同一产品来说，当遭受最大加速度作用时，破坏程度也一样，所以，一般把一批产品的 95% 所能承受的最大加速度值视为允许加速度。

以下几种破坏都是由于加速度所造成的。

1. 匀质产品的变形和破裂

由均一材料构成的产品，下部受到加速度的作用，在任意瞬间所受的作用力是物品的重量 W 与瞬间加速度系数 G 的乘积，即

$$P = W \cdot G \tag{8-10}$$

当 $G \geq G_m$ 时，下部就要遭到破坏，主要形式是变形或脆性破裂。

2. 外壳破坏

包装件中的容器和产品的外壳受到超过允许加速度的加速度作用时，会产生变形和破裂。

3. 应力集中

由于产品的结构不合理，当受到超过允许加速度作用时，作用力就集中于某一局部，如超过材料强度时，就会产生变形和破裂。

4. 部件的移动

有的产品，其部件是用黏合剂黏合的或是能滑动的，当受加速度作用时，作用力超过黏合力或滑动摩擦力后，部件就产生移动，造成部件的脱落或损坏。

5. 振动破坏

若外力以某个频率作用于产品，当这频率和产品的本身固有频率相同时，就发生共振现象，造成物品的损坏。

为了要防止上述原因造成产品损坏，就要采用防震包装。防震包装按产品允许加速度的大小分为三级：

第一级：脆弱产品，$G_m \leqslant 40$；

第二级：较弱产品，$G_m = 41 \sim 90$；

第三级：一般物品，$G_m > 91$。

如表 8-6 所示为产品的允许加速度的实例。

表 8-6　　　　　　产品的允许加速度实例表

产品名称	G_m
大型电子计算机、导弹的制导装置、高级电子仪器	<10
石英晶体振荡器、精密测量仪器、航空仪表	15~25
大型电子管、频率变换装置、精密指示仪器、电子仪器、大型工业机器	25~40
小型电子计算机、寄存品、大型发射机、录音机、彩色电视机、一般仪表、飞机备件	40~60
电视机、发报机、照相机、真空管、光学仪器、流动无线电装置、鸡蛋、暖水瓶	60~90
一般无线电装置、冷藏车、收音机、小型钟表	90~120
机械类、小型真空管、陶瓷器	>120

第二节　常用防震包装的材料及其性能要求

防震包装的作用主要是克服冲击和振动对被包装物品的影响，克服冲击所采用的方法通常叫缓冲，所用材料叫缓冲材料；克服振动而采用的方法通常叫防振、隔振，所用材料叫防振材料、隔振材料。缓冲材料与防振材料、隔振防材料统称为防震材料。防震包装是综合考虑了冲击和振动的影响而采用的方法，所用防震材料起非常重要的作用，是防震包装的关键之一。

一、防震材料的分类

防震材料广泛应用于精密仪器、电子产品、武器、玻璃仪器、工艺品、古代文物、各种异形易碎物品、某些化工产品及机械产品等保护性包装中。防震材料的种类很多，有天然的、合成的、定形的、无定形的等。

1. 按外形分类

可大致分成两大类，即无定形防震材料和定形防震材料。

（1）无定形缓冲材料。主要有屑状、丝状、颗粒状、小块或小条等形状，将它们填充在产品周围。与定形缓冲材料相比，在运输包装中无定形缓冲材料的用量有下降的趋势。

（2）定形缓冲材料。主要是各种材料组成的垫角、隔板、衬垫等，用它们将产品隔开、固定或包围。如成型纸浆、瓦楞纸板衬垫、纸棉材料、棕垫、弹簧、合成材料等。

2. 按材质分类

（1）纤维素类。如纸屑、纸浆、稻草、麦秆、合成纤维等。

（2）动物纤维类。如猪鬃、羊毛、毛毡等。

（3）矿物纤维素类。如玻璃纤维、石棉、矿物棉等。

（4）气泡结构类。如天然橡胶、合成橡胶、泡沫塑料、气泡塑料薄膜、气泡片材、发泡板材和就地发泡材料等。

（5）纸类。如瓦楞纸板、蜂窝纸板、开槽隔板、玻璃纸衬料、旧报纸和皱纹纸等。

（6）防震装置类。如弹簧、悬挂装置等。

3. 按力学性质分类

（1）线弹性材料。这类缓冲材料的力-形变曲线呈直线关系，即遵循胡克定律，如金属弹簧。

（2）正切型弹性材料。这类缓冲材料的力-形变曲线呈正切函数型，如泡沫橡胶、棉花、碎纸、乳胶海绵、涂胶纤维等。

（3）双曲正切型弹性材料。这类缓冲材料的力-形变曲线呈双曲正切型，如瓦楞纸板、蜂窝纸板、聚苯乙烯泡沫塑料等塑性较大的材料，在受到外力作用的初期所表现的力学性质即属于这种类型。

（4）三次函数型弹性材料。这类缓冲材料的力-形变曲线呈三次函数型，如吊装弹簧结构、木屑、塑料丝、涂胶纤维等。

（5）不规则型弹性材料。这类缓冲材料不符合以上四种函数特性，其力-形变曲线很难用一个数学公式来表达，大部分高分子发泡材料，如聚氨酯泡沫塑料、聚氯乙烯泡沫塑料等属于这种类型。

二、防震材料的性能要求

如前所述，防震材料的作用是用来缓和包装件中内装物在运输、装卸过程中所受的冲击和振动外力的，故防震材料必须具有其特定的性能。

1. 能吸收冲击能量

防震材料对冲击能量的吸收性，就是当包装产品在运输、装卸过程中受到冲击时，能把外来的冲击力衰减到不使产品受到破坏的程度的性质。当产品把防震材料压缩到一定程度时，由于防震材料的弹性和"黏性"，减少了产品落下时的能量，也就是吸收了冲击能量。对于同一材料来说，材料的变形量越大，吸收的冲击能量也越大。一般希望用吸收能量大的材料作防震包装材料，但并非冲击吸收力大的材料在所有的情况下都是适宜的。在外来冲击力较小的情况下，对应产生的加速度较小，则以能产生较大形变的软材料为宜；而在外来冲击力较大的情况下，则以较硬的材料为宜。因此，能量吸收性合适的材料，并不是指对能量的吸收力大，而是指对同一大小的冲击来说，吸收能量的能力大的材料。

2. 能吸收振动外力，使其衰减

在运输过程中，当卡车或其他运输工具的振动频率与被包装物的固有频率接近时，就会产生共振。共振将使产品受到破坏，所以缓冲包装材料必须具有能将共振衰减的黏性，不会因为共振而把振动的振幅增大。

3. 具有较好的复原性

防震材料应有高的回弹能力（即复原性）和低的弹性模量，当受到外力作用时，产生变形；当外力取消时，能恢复其原形，并且在再受外力作用时还有变形的能力，这种能恢复原来形状的能力叫复原性。复原性又分静复原性（受静压荷重时）和动复原性（受冲击和振动）两种。防震材料有好的复原性还要保证它与被包装物之间的充分紧密接触，即使阻力效果好的材料，如果复原性不好也不适合作防震材料。

碎块状或屑状的无定形缓冲材料，由于碎块之间有较大的空隙，所以复原性很小，当受到冲击后会产生永久变形，不适于用在要求较高的防震包装中，但可用于一次落下的防震包装中，如空投等。

4. 具有温度、湿度的安定性

一般材料都要受温度、湿度的影响，作为防震材料，应在一定的温度、湿度范围内保持防震特性，在材料的温度、湿度范围内，对冲击和振动的吸收性、复原性等缓冲性能随环境温度、湿度的变化越小越好。换句话说，在尽可能大的温度、湿度范围内，材料缓冲性能的变化要尽可能小。对于热塑性防震材料来说，温度、湿度稳定性尤为重要。在温度低时，热塑性防震材料将会变硬、缓冲能力下降，在受到振动或冲击时，内包装物将会产生较大的加速度。几种热塑性材料的最低使用温度可参考表8-7。

表 8-7　　几种缓冲材料的最低使用温度

缓冲材料	最低使用温度（℃）
聚氨酯泡沫塑料（聚酯型）	-25
聚氨酯泡沫塑料（聚醚型）	-30
海绵橡胶	-20
涂胶纤维	-40
聚苯乙烯泡沫塑料	-50
聚乙烯泡沫塑料	-20

5. 吸湿性小

吸湿性大的材料有两个危害，一是降低防震性能；二是引起所包装的金属制品生锈和非金属制品的变形变质。纸吸湿性强，不宜用来包装金属制品。连续发泡的泡沫塑料也易吸水，也不宜用于金属制品的包装。非连续发泡的泡沫塑料不易吸水，适用于金属制品包装。

6. 酸碱性要适中

防震材料的水溶出物的 pH 值应在 6~8 之间，与被包装物品直接接触时，pH 值最好是 7，否则在潮湿条件下易使被包装物腐蚀。此外，防震包装材料还必须有较好的挠性和抗张力性，以及必要的耐破损性、化学稳定性和作业适性。

若使一种防震材料同时具备上述所有性能，是难以做到的。可以根据产品的具体情况选择具备其中某些特性的材料，使之满足缓冲包装要求，还可以灵活利用各种材料的特点，搭配使用。表 8-8 定性比较了常用防震材料的部分特性。

表 8-8　　常用防震材料的特性比较

防震材料 \ 特性项目	复原性	冲击性	比重	锈蚀性	吸水性	含水性	耐菌性	耐候性	柔软性	成型性	粘胶性	温度范围	燃烧性
聚乙烯泡沫塑料	好	优	低	无	无	无	良	良	优	良	良	大	易
聚苯乙烯泡沫塑料	差	优	低	无	无	无	良	良	差	优	良	小	易
聚氨酯软泡沫塑料	好	良	低	无	大	有	良	良	优	良	良	大	易
丝状泡沫塑料	因材而异	良	低	无	因材而异	—	良	良	优	—	—	因材而异	易
聚氯乙烯软泡沫塑料	差	良	低	小	无	无	良	差	优	不可	良	小	自熄
动物纤维防震成型材料	好	优	低	小	好	有	不良	差	优	不良	良	大	易

续表

特性项目 防震材料	复原性	冲击性	比重	锈蚀性	吸水性	含水性	耐菌性	耐候性	柔软性	成型性	粘胶性	温度范围	燃烧性
成型硬橡胶垫	无	优	高	小	大	小	不良	不良	优	良	良	小	易
木丝	差	不良	一般	小	大	小	不良	不良	良	—	—	大	易
瓦楞纸	差	不良	一般	无	大	小	不良	良	不良	不可	良	大	易
醋酸纤维	差	良	高	无	无	无	良	良	优	优	—	小	易
金属弹簧	好	不良	高	无	无	无	良	良	差	不可	不可	大	燃

三、几种主要的防震材料

1. 泡沫塑料

泡沫塑料可定义为具有细孔海绵状结构的发泡树脂材料。通常是将气体导入并分散在液体树脂中，随后将发泡的材料固化。

泡沫塑料有多种，如聚乙烯泡沫塑料、聚氯乙烯泡沫塑料、聚苯乙烯泡沫塑料、聚氨酯泡沫塑料、聚丙烯泡沫塑料等热塑性树脂泡沫塑料，又如各种热固性酚醛树脂、尿醛树脂、环氧树脂制成的泡沫塑料。

泡沫塑料的性能取决于本身材质、发泡程度及泡沫性质。泡沫性质取决于气泡结构，气泡结构分为两种，其一是独立气泡，一个个气泡各成薄壁独立状；其二是连通气泡，各气泡相互连通成一体。

一般塑料发泡体的气泡直径平均为 $50\sim500\mu m$，气泡膜厚度为 $1\sim10\mu m$，在 $1cm^3$ 的泡沫塑料中有 $800\sim80\,000$ 万个气泡。热塑性塑料发泡，往往使用各种发泡剂，发泡剂不同、用量不同、会得到不同发泡倍率和不同气泡结构。表 8-9 所示为几种主要泡沫塑料的性质比较。

表 8-9　　　　几种主要泡沫塑料性质比较

性质 \ 塑料名	聚乙烯	软聚氨酯	聚苯乙烯	软质聚氯乙烯
密度(g/cm^3)	0.4~0.03	0.06~0.02	0.03~0.016	0.10~0.05
气泡	独立	连续	独立	独立
机械强度	强	弱	脆	较强
吸水性	极少	吸水	较少	较少
最高使用温度(℃)	85	120	80	60
耐药品性	极好	好	差	差

续表

性质 \ 塑料名	聚乙烯	软聚氨酯	聚苯乙烯	软质聚氯乙烯
耐燃性	可燃	可燃(有毒气)	可燃(有毒气)	自熄(有毒气)
柔软性	较硬	软	硬	较软
耐候性	好	差	差	差
冲击特性	好	不好	不好	较好

泡沫塑料的发泡方法主要有两种，即化学发泡法和物理发泡法。化学发泡方法是采用化学发泡剂发泡的方法。化学发泡剂在热的作用下会分解产生一种或几种气体，聚合物借此气体发泡。大部分热塑性泡沫塑料都可使用化学发泡剂，它是最重要的泡沫塑料发泡剂，如偶氮化合物、亚硝基化合物、肼类和酰肼类等有机物化学发泡剂以及碳酸氢钠、碳酸胺等无机化学发泡剂。物理发泡法则包括惰性气体发泡法（如 N_2、CO_2 等）、低沸点液体发泡法、机械搅拌法三种。强烈搅拌聚合物的溶液、乳液或悬浮液，使之产生泡沫，然后经胶凝和固化便得到泡沫塑料。

2. 气垫薄膜和充气纸垫

气垫薄膜是另一种类型的合成缓冲材料。在两层塑料薄膜之间采用特殊的方法封入空气，使薄膜之间连续均匀地形成气泡。气泡有圆形、半圆形、钟罩形等形状。两层薄膜中，制成凸起气泡的一层较薄，另一片基层较厚，呈平板状结构。一般地，基层比成泡层厚一倍左右。根据缓冲要求不同，也可制成三层的气垫薄膜，它的缓冲效果比两层更佳。

这种气垫薄膜，由于封入了大量的空气，比重极小，一般为 $0.008 \sim 0.03 g/cm^3$，这种膜也可以着色及印刷。

制造气垫薄膜，最好采用挤出复合法，也可以采用吹塑复合法。

挤出复合是用挤出机生产气垫薄膜的方法。在一个挤出机内同时挤出两片膜，这两片膜可以各自调整其厚度。其中一片膜在真空辊筒上成泡，例如，在长 550mm 的辊筒上打 3 000 多个直径 10mm 的小孔，在辊筒内抽真空，在此片上就形成了凸起的泡，此片膜称为泡膜，泡膜与另一片在出模口呈熔融状态的基膜趁热复合，经牵引、卷曲即制成气垫膜成品。如果再复合一层，即得到三层气垫膜产品。

吹膜复合法是先吹出薄膜，由于用了压缩空气，所以薄膜温度下降，因此必须再加热才能成型并复合。采用吹塑成型法时，由于温度冷热变化较大，必须严格控制温度及其他工艺条件，否则会使泡与泡之间易串通或不易成型。

在气垫薄膜中封入大量的空气，使得它能有效地吸收冲击能量,并且有良好的弹性和隔热性,气垫薄膜不吸潮、耐腐蚀,并且不腐蚀被包装物,加工性好,能热封,可以制成袋套、垫、筒等各种形状的缓冲材料容器,广泛用于仪表、仪器、工艺品等产品的包装。气垫薄膜是目前唯一的透明的缓冲包装材料,因此常用于销售包装。

气垫薄膜不适合于包装重量较大、负荷集中及形状尖锐的产品,否则压破或刺破气泡,会使其失去缓冲作用。

充气纸垫同气垫薄膜相似,但它是利用纸塑复合纸袋充气而成的,它具有良好的缓冲性能,且无环境污染,密度小,成本低(为泡沫塑料的70%),干净卫生,使用灵活方便,具有广阔的应用市场。充气纸垫缓冲性能优越,能满足各种电子产品、精密仪器的缓冲包装要求。

3. 兽毛填充橡胶防震材料

把猪鬃、马毛、合成纤维等用天然橡胶作为弹性黏合剂将其黏合,制成防震胶垫,即兽毛填充橡胶防震材料。由于组成的纤维和黏合剂都具有弹性,制造时又使其具有很大的空隙率,所以吸收冲击能量能力很强。这种防震材料根据其密度不同,可以制成从超软质到超硬质范围内的各种品种,并有纵横方向的区别,比重为 $0.043 \sim 0.1 \text{ g/cm}^3$。这种防震材料适合于包装仪器仪表和精密机械时采用,也可作为军用包装的防震材料。根据内装物的重量、脆硬程度和接触面积等条件选择不同品种的防震胶垫。

4. 瓦楞纸板和蜂窝纸板

瓦楞纸板具有极高的挺度、耐压性、抗冲击性、抗震性能以及较好的弹性和延伸性,它是由箱板纸和瓦楞芯纸黏合而成,如图8-1所示。

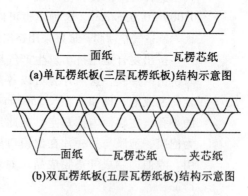

图 8-1 瓦楞纸板结构示意图

瓦楞芯纸是一种有规则的永久性的波纹型纸,楞形分为 U 型、V 型和 UV 型。根据瓦楞的层数,瓦楞纸板可分为单瓦楞纸板、双瓦楞纸板和多瓦楞纸板;根据纸板的层数,瓦楞纸板又可分为双层瓦楞纸板，三层瓦楞纸板、五层瓦楞纸板和七层瓦楞纸板等。

纸蜂窝与蜂窝纸板具有优良的性能，其强度、刚度高，质量轻，且具有隔震、保温和隔音等众多特点。蜂窝纸板由面纸和纸芯组成，其结构图如图 8-2 所示。

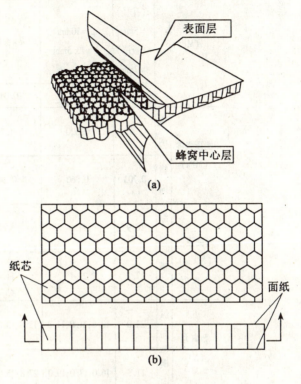

图 8-2 蜂窝纸板结构

瓦楞纸板和蜂窝纸板均可用于包装纸箱（特别是运输包装纸箱）、缓冲衬垫和运输托盘等。其性能比较见表 8-10。

从表中可分析得出以下结论。

（1）蜂窝纸板的平压强度远高于瓦楞纸板，而且在耗材量一定的情况下，蜂窝纸板的平压强度随着孔径的增大而减少。

（2）蜂窝纸板的侧压强度随着孔径的增大而减少；瓦楞纸板的侧压强度远高于蜂窝纸板，而横向的侧压强度则低于蜂窝纸板。

（3）蜂窝纸板的弯曲强度高于瓦楞纸板，其弯曲强度随着孔径的增大而增大。

（4）瓦楞纸板的剥离强度高于蜂窝纸板；蜂窝纸板的剥离强度随着孔径的减少而有所增加。

（5）蜂窝纸板和瓦楞纸板两者的戳穿强度基本没有很大的差距。

此外，蜂窝纸板的制造工艺比瓦楞纸板复杂，并且有较多的生产废料。将蜂窝纸板和瓦楞纸板制成的复合纸板性能也十分优越，特别是在大型缓冲包装和运输托盘中能够体现更好的缓冲性能。

表 8-10　　瓦楞纸板和蜂窝纸板性能比较

		单瓦楞板	单蜂窝板	双瓦楞板	单瓦单蜂复合板	双蜂窝板
平压强度 (MPa)		d(孔径)=5mm h(板厚)=7mm	d=10mm h=13.5mm	h=4.6mm	h=7.2mm	d=10mm h=12mm
		0.300	0.247	0.0822	0.185	0.202
测压强度 (MPa)	纵向	0.722	0.320	1.76	1.20	0.698
	横向	0.703	0.260	0.245	0.527	0.605
弯曲强度 (N·m)	纵向	10.9	11.6	5.47	13.1	17.1
	横向	17.1	21.1	11.4	10.0	16.0
剥离力 (N)	纵向	23.0	12.6;21.0;11.8	13.8;13.6;13.7	37.0;9.0;8.7	15.6;10.4;23.4
	横向	11.3	16.0;17.0;19.0	27.8;25.0;16.0	无法剥离	无法剥离
戳穿强度 (N)		10.7	13.4	11.7	14.7	15.9

5. 纸浆模塑

纸浆模塑以废旧报纸、纸箱纸等植物纤维为主要原料，其制作工艺如下：制浆—模压成型—干燥—热压整形。

制浆模塑的原料来源丰富，生产与使用过程无公害，产品重量轻、抗压强度大、缓冲性能好，并具有良好的可回收性，是很好的绿色包装材料。其应用广泛，如蛋类、水果的托盘，在电子、机械零部件、工业仪器、电工工具、小型家电、玻璃中的防震包装应用也很多。但因其强度所限，目前只能制作小型包装衬垫或托盘，未能用于较重产品的防震包装。

值得注意的是，纸浆模塑制品是通过自身的特殊结构在受载时变性来延长相应时间、吸收外界能量，从而减少被包装物受到冲击和振动的。它不同于泡沫塑料包装制品的缓冲机理，因为泡沫材料的制品，由于材料内部分布着大量可压缩的泡孔，不论制品为何形状,它都具有较好的缓冲性能,假如用纸浆塑膜材料和泡沫塑料分别制成一个大平面,显然前者是能缓冲的,而后者是不能缓冲的,所以对于纸浆塑膜制品来说,良好的结构设计是其完成保护内装物、在运输和搬运过程中提高减震能力的基本保证。设计出的结构性能将直接影响包装件的强度、刚度、稳定性和实用性,即纸浆模塑制品的结构直接影响其包装功能的实现。

6. 植物纤维发泡包装制品

植物纤维缓冲包装材料是一种新型绿色环保产品,以植物纤维（废旧报纸、纸箱纸和其他植物纤维材料）以及淀粉添加助剂材料制作而成。植物纤维发泡制品的发泡工艺主要有两种：使用化学发泡剂和不用化学发泡剂。不用发泡剂植物纤维发泡制品是采用旧书废报纸或其他纤维和淀粉作原料。该发泡制品不需要化学发泡剂,而是通过水蒸气的作用发泡。使用发泡剂的植物纤维发泡制品的制作工艺与不用发泡剂植物纤维制品的制作工艺基本相同,只是生产发泡的媒介不是利用水蒸气,而是采用各种发泡剂的作用发泡。

发泡纤维制品生产和使用都具有对环境有益的特性,可以和普通垃圾一样处理,用过的纤维制品还可以回收,重新加工。从经济效益来看,生产同样数量的包装材料,纤维产品比泡沫塑料便宜,纤维制品具有很大的应用前景。这种缓冲材料丢弃以后,能很快被微生物和真菌分解,其性能优于 EPS 泡沫塑料,价格便宜,不污染环境,制作工艺简单、成本低廉、原料丰富,因此,其发展前景广阔。

第三节 防震包装技法

防震包装的主要方法有四种：全面防震包装、部分防震包装、悬浮式防震包装、联合方式的防震包装。

一、全面防震包装方法

所谓全面防震包装法,是指内装物与外包装之间全部用防震材料填满来进行防震的包装方法,根据所用防震材料不同又可分为以下几种。

1. 压缩包装法

用弹性材料把易碎物品填塞起来或进行加固,这样可以吸收振动或冲击的能量,并将其引导到内装物强度最高的部分。所用弹性材料一般为丝状、薄片状和粒状,以便于对形状复杂的产品也能很好地填塞,防震时能有效地吸收能量,分散外力,有效保护内装物。

2. 浮动包装法

和压缩包装法基本相同,所不同之处在于所用弹性材料为小块衬垫，这些材料可以位移和流动，这样可以有效地充满直接受力的部分的间隙，分散内装物所受的冲击力。

3. 裹包包装法

采用各种类型的片材把单件内装物裹包起来放入外包装箱盒内。这种方法多用于小件物品的防震包装。

4. 模盒包装法

利用模型将聚苯乙烯树脂等材料做成和制品形状一样的模盒，用以包装制品达到防震作用。这种方法多用于小型、轻质制品的包装。

5. 就地发泡包装法

也称现场发泡法，是以内装物和外包装箱为准，在其间充填发泡材料的一种防震包装技术。这种方法很简单，主要设备包括盛有异氰酸酯和盛有多元醇树脂的容器及喷枪。使用时首先需把盛有两种材料的容器内的温度和压力按规定调好，然后将两种材料混合，用单管道通向喷枪，由喷头喷出。喷出的化合物在 10 秒后即开始发泡膨胀，不到 40 秒的时间即可发泡膨胀到本身原体积的 100～140 倍，形成的泡沫体为聚氨酯，经过 1 分钟，变成硬性和半硬性的泡沫体。这些泡沫体将任何形状的物品都能包住。发泡的具体程序为：

① 用喷枪将化合物喷入外包装箱底部，待其发泡膨胀成面包状；
② 在继续发泡的泡沫体上迅速覆盖一层 $2\mu m$ 聚乙烯薄膜；
③ 将待包装物品放进泡沫体上成巢形；
④ 在物品上再迅速覆盖一层 $2\mu m$ 聚乙烯薄膜；
⑤ 再继续喷入聚氨酯化合物进行发泡；
⑥ 外包装装盖封口。

如图 8-3 所示为就地发泡包装过程简图。

(a) 用混合枪将少量液体喷注在箱底

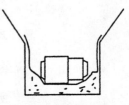

(b) 当液体开始发泡时，放入一层塑料薄膜，把产品置于其上

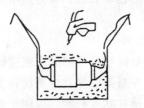

(c) 产品上面再放一层塑料薄膜，然后继续注入液体

(d) 最后很快将箱子封好

图 8-3 就地发泡包装法

二、部分防震包装方法

对于整体性好的产品和有内包装容器的产品,仅在产品或内包装的拐角或局部地方使用防震材料进行衬垫即可,这种方法叫部分防震包装法,也称局部缓冲包装法。所用防震材料主要有泡沫塑料的防震垫、充气塑料薄膜防震垫和橡胶弹簧等。

如图 8-4 所示为部分防震包装原理图。

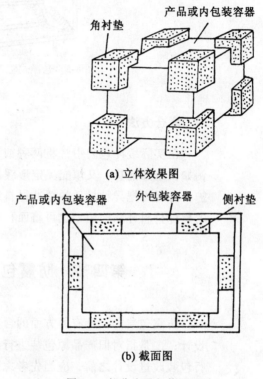

图 8-4 部分防震包装原理图

这种方法主要是根据内装物特点,使用较少的防震材料,在最适合的部位进行衬垫,力求取得好的防震效果,并降低包装成本。本法适用于大批量物品的包装,目前广泛应用于电视机、收录机、洗衣机、仪器仪表等的包装上,是目前应用最广的一种包装方法。

三、悬浮式防震包装方法

对于某些贵重易损的物品,为了有效地保证在流通过程中不受损害,往往采用坚固的外包装容器,把物品用带子、绳子、吊环、弹簧等物吊在外包装中,不与四壁接触。这种方法特别适用于精密、脆弱产品,如大型电子管、大型电子计算机、制导装置等。针对包装产品的特点,根据弹簧的各项性能参数进行设计。这些支撑件起着弹性阻尼器的作用。如图 8-5 所示为悬浮式防震包装原理图。

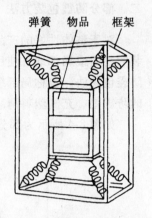

图 8-5 悬浮式防震包装原理图

四、联合方法

在实际缓冲包装中常将两种或两种以上的防震方法联合作用。例如，既加铺垫，又填充无定形缓冲材料，使产品得到更充分地保护。有时可把异种材质的缓冲材料组合起来使用，如可将厚度相等的异种材料并联使用，也可将面积相等的异种材料串联结合使用。

第四节 防震包装的设计方法

防震包装的设计有两方面的含义，一是指对新产品防震包装的设计；二是指对旧产品原包装进行改进设计。对于旧产品原包装进行包装改进设计之前，应当先考虑能否永久性改进产品，使其更加坚固，这样做比采用更保险的防震包装要经济。

一、防震包装的设计程序

这里叙述的设计程序是针对用防震缓冲垫（又称缓冲垫或防震垫）对整体产品进行防震包装的情况，设计程序分为六步（又称缓冲包装设计六步法）。

（1）确定环境；
（2）确定产品的易损性；
（3）选择合适的防震缓冲垫；
（4）设计和制造原型包装；
（5）对原型包装进行试验和修正。
（6）产品重新设计。

设计时，一般只考虑冲击和振动因素，影响设计的因素还有压缩、湿度等，这些因素为修正因素，在包装初步定型后再进行一次修正。

二、确定环境

产品所处的环境主要是冲击和振动。对于冲击来说，在整个运输过程中会多次遇到，而且大小程度不同，因此，就要选择用户所希望防护的最苛刻的跌落高度作为基准。

产品所受到的振动是非常复杂的，比较典型的有两种：一种是冲击后随之而来的减衰振动，这种振动的影响不会超过冲击影响，故一般不再单独考虑；另一种是持续不断的振动，这种振动的频率若和产品或产品中某些零部件的固有频率相同或相近就发生共振，将给产品带来损害。后一种振动影响的大小一般要从环境数据资料或所测加速度-频率曲线中考虑。不同运输方式，所形成的振动环境是不一样的，在普通运输环境中，所出现的振动频率一般为 1~200Hz。振动环境确定后，要画出这种环境的加速度-频率曲线，作为设计时用。

三、确定产品的易损性

1. 确定产品的冲击损坏边界

冲击破坏的原因是因惯性力引起过大内应力。惯性力与加速度成正比，故冲击易损性可用可承受的最大加速度值来表示，即该产品能承受多少个重力加速度 g。这里的"多少个"，即第一节所定义的允许加速度系数 G_m。

当跌落的包装件冲击地面时，容器表面上的加速度最高可达几百个 g。防震缓冲垫可以改变传到内装物的冲击脉冲，从而使最大加速度大大减小、冲击脉冲持续时间延长。设计的目标就是保证以防震缓冲垫传到内装物上的加速度值小于允许加速度值，即 $G < G_m$。

表征产品抗冲击性能的方法源于冲击谱和损坏边界原理。用这些原理可描画如图 8-6 所示的损坏边界曲线。

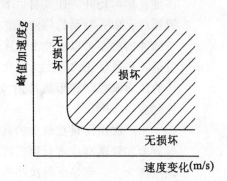

图 8-6　典型的损坏边界曲线

边界水平线所对应的纵坐标代表最小损坏冲击脉冲的峰值加速度，边界的垂直线所对应的横坐标代表导致损坏所需的最小速度。对任何产品都可确定一条损坏边界曲线。图中阴影区域的冲击脉冲都将使产品损坏，阴影之外区域的冲击脉冲都不会使产品损坏。该曲线图垂直线左边区域称低速度部分，这部分内即使有极高的加速度也不发生损坏。该区域内，速度变化很小，产品本身就起到了减振作用。曲线图中水平线下面区域内，即使速度变化很大，也不产生破坏，这是因为产生的力在产品强度极限范围之内。

图 8-7 表示了速度变化边界（垂直边界线）与脉冲的波形无关。但是，对半正弦脉冲与锯齿脉冲，损坏边界曲线的加速度值与速度变化有关。应用这个损坏边界，需要精确预测跌落高度及外包装防震缓冲垫的恢复系数。然而，这种预测通常是不可能的，故一般应用梯形脉冲。用梯形脉冲产生的损坏边界包围着其他波形的损坏边界，故采用它是可靠的。

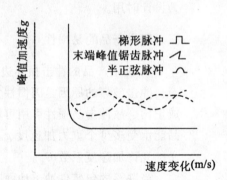

图 8-7　相同峰值加速度与相同变化脉冲的损坏边界

2. 进行易损性试验

进行易损性试验的目的是为了确定产品的损坏边界，一般在冲击试验机上进行。

将待试产品固定在冲击机的顶部，将冲击台提升到规定的跌落高度，然后松开，让其自由下落，冲击机器的底板。当产品从底板回弹后，由一制动机构使其立刻停止，这样，只产生一次冲击。冲击脉冲的类型可以由冲击程度装置来控制。控制梯形脉冲的程序装置是一种可使压力不发生变化的气压气缸，通过调节气缸中压缩气体的压力来控制梯形脉冲的 G 值，速度变化则由调节跌落高度来控制。

第一次跌落是在最低的高度上开始，落下后检查是否有损坏，然后增加跌落高度进行第二次跌落，再检查产品，依此重复直到出现损坏为止。记录下每次冲击时速度变化与峰值加速度，一旦发生损坏，就停止边界试验，因为产生损坏必需的最小速度及损坏边界曲线的速度变化部分已经确定了（见图 8-8（a））。损坏边界线位于无损坏的最后一次跌落与引起损坏的第一次跌落之间。

为了继续确定加速度边界线，重新把一个新的试验样品固定到冲击台上，将跌落高度调到临界值的1.6倍之上，将程序装置的压缩气体压力调低，让其产生一个较低的 g 值冲击。然后依次提高压力、依次检查产品是否损坏，这样就可能在相同的跌落高度而不同的 g 值下冲击，直到出现损坏为止。用这个 g 值就可确定损坏边界曲线水平线的高度。该线位于无损坏的最后一次跌落与引起损坏的第一次跌落之间。

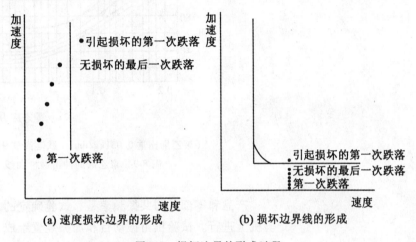

图 8-8　损坏边界的形成过程

把垂直线（速度边界线）与水平线（加速度边界线）连接起来就可以画出损坏边界曲线。两条直线相交的角实际上是圆角而不是直角。在大多数情况下用直角就行了，在特殊情况下要通过附加试验来确定角的形状。如图8-8（b）所示为用上述方法画出的典型的损坏边界曲线。从曲线图可看出以下两点。

（1）若产品经受的速度低于临界速度，则不需要缓冲防震。

（2）若产品将要经受的速度高于临界速度，则应设计防震缓冲垫，使其传输的加速度低于临界加速度值。

在产品可能以任意一边跌落的大多数情况下，应分别在3个坐标轴进行试验，确定出6个损坏边界。

3. 确定产品的临界共振频率

一般认为，稳态振动环境是属于幅度很低的加速度，由于是非共振惯性载荷，所以不会产生破坏作用。当一种产品的某些零部件具备可为环境激发的固有频率时，就具有了发生损坏的可能性。如果产生的共振充分、长久，零部件的加速度和位移就可能增强到破坏的程度。

产品或零部件对输入振动的响应，可用如图8-9所示的曲线来表示。

由图 8-9 可知，在频率极低时，响应加速度与输入加速度相同，当频率极高时，响应加速度比输入加速度小得多。在中间范围，响应加速度可能是输入值的许多倍，这是最可能发生损坏的频率范围。

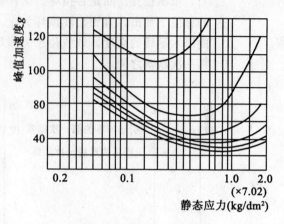

（聚乙烯比重 0.031kg/dm³，跌落高度 91.5cm）

图 8-9　聚乙烯的冲击缓冲曲线

产品和零部件的共振频率是靠试验确定的。共振试验在振动试验机上进行。试验机由振动台和加振装置组成，振动可以是上下方向或上下和水平两方向。振动波形一般采取正弦波，最大加速度可达 $1g$ 以上，频率可以连续变化，一般在 2～10Hz 的范围。将待试产品固定在振动台上，按照所选定的加速度-频率曲线使其经受上下方向振动。改变频率，观察产品是否发生共振。一般需在 3 个坐标轴上分别试验，记录下 3 组临界频率。

四、选择合适的防震缓冲垫

前几步是把冲击和振动过程分开考虑的，考虑实际情况，必须把两者兼顾，以设计出对冲击和振动都可以起到良好防护的防震缓冲垫。应用缓冲曲线时，要同时采用冲击缓冲曲线和振动传输数据。

1. 冲击缓冲曲线

是指最大的传输冲击加速度和静态应力的关系曲线。如图 8-9 所示为聚乙烯的冲击缓冲曲线，它表示在不同静态应力值的情况下由各种不同厚度的聚乙烯防震缓冲垫传输的加速度峰值。静态应力指单位缓冲垫面积上承受的包装产品重量。

为了选用最经济的防震缓冲垫，应当选用与在第一步确定环境中选择的跌落高度相同的跌落高度缓冲曲线，根据这些曲线选择防震缓冲垫的类型与厚度，以便将传输加速度峰值限制到等于或低于在第二步的易损性试验过程中确定的损坏 g 值。

此外，采用什么结构的抗震缓冲垫，要以既安全又经济为原则。主要结构有全面防震结构和部分防震结构。

主要的缓冲材料都有现成的曲线可查，对那些没有的，可以进行动态缓冲试验，得到一系列数据，绘制其缓冲曲线。

试验时应用垂直跌落试验机与冲击试验机，采用一个可调重物的滑块，调好跌落高度。在跌落重物上装上速度计，以便在冲击时记录加速度脉冲。

每次试验产生一个数据点，加速度峰值由示波器直接读出，或从波形分析仪读出。静态应力是由滑块重量除以缓冲面积得到的。对每一防震缓冲垫的厚度与跌落高度，记录下相对于不同静态应力载荷的传输加速度峰值的数据点，作为绘制缓冲曲线的依据。

2. 振动传输率数据

是指固有振动频率和静态应力的关系曲线，图 8-10 为在产品的临界频率时用抗振缓冲垫减小振动的实例。

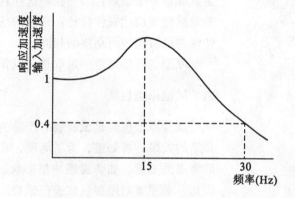

图 8-10　在产品临界频率时用缓冲垫减小振动的实例

图中的频率是指产品和抗震缓冲垫组合的固有频率。在选用最合理的抗震缓冲垫时，应努力求出一种类型、结构和厚度，它所产生的固有频率不会超过在第二步中所确定的最低临界共振频率的一半，这样就可以保证在临界频率时出现合理的振动衰减量。如果如图 8-10 所示那样，产品和抗震缓冲组合的响应曲线在 15Hz 时达峰值，当在临界频率时对产品的输入减小 60%，如果有更高的临界频率，则向产品的输入会更小。

然而，如图 8-10 所示的曲线通常是得不到的，在大多数情况下，必须自己动手进行试验以获得可靠的缓冲振动数据。把抗震缓冲材料安装在振动机上，以不同的静态应力值，监控工作台和重物的加速度，就可以在频率扫描过程中产生与图 8-10 类似的曲线，然后可以记录作为静态应力下产品的固有频率。

应当注意，抗震缓冲垫的设计必须同时满足冲击与振动的要求，在任何给定的抗震缓冲垫与静态应力值的情况下，都必须检查这两组数据，以保证传输的 g 值与固有频率都符合要求。

有时，因为易损性 g 值或临界频率太低（或全低），使得设计很困难。这时，必须将设计的防护水平牺牲到一定程度或者采用更加彻底的包装。在不少情况下，为了降低总成本，要对产品坚固性等加以改进。

五、设计和制造原型包装

设计和制造原型包装的依据有以下几项。
（1）获取并确定相关资料；
（2）包装材料的经济性；
（3）需要考虑的其他保护问题；
（4）特殊的装运要求；
（5）包装封闭结构及其他特殊问题。

原型包装应当非常接近预定的最后包装，材料、封闭、尺寸、重量等都要与最后包装一样。这样就可以确保试验的原型包装确实是最后包装的代表性样品。理想的情况是原型包装在试验时显示的特性与最后包装所期望的相同。

原型包装要制造一定数量，以备多次试验用。

六、试验原型包装

试验原型包装是试验装有产品的原型包装，以证明是否达到了预期的效果。要知道，为了简便，在前几步的设计中忽略了很多本应考虑的变量，如防震缓冲垫形状、侧垫的摩擦、底垫的密封等。因此，必须要对原型包装进行试验。

1. 冲击试验

就传输的加速度峰值而言，平直跌落是最严重的，因此，要用平直跌落来试验原型包装。

不加引导很难使包装重复地平直跌落，产生真正平直跌落的最准确而且也是可以重复的方法，是把包装件放在冲击试验机的冲击台上，当冲击台碰到程序装置时，冲击台连同包装件就跌落并发生极快的速度变化。这种速度变化试验叫做步进速度试验。

所采用的冲击机可以和易损性试验所用的相同，不同的是采用不同的冲击程序装置。该程序装置产生短时间（2ms 或更短）的冲击脉冲。包装件对这些短脉冲的响应，类似于容器自由平直跌落在坚硬地面上时受到的近乎瞬时的速度变化。

另外，在冲击台上应装有仪表以观察输入的速度变化是否正确，也应当在包装产品上设置加速度计，用以确定由防震缓冲垫传输的峰值 g 值是否仍在易损性极限内。

在包装件可能以其任何一边跌落时的大多数情况下，应当在3个坐标轴的每个轴的两个方向进行试验，总共进行 6 次。

进行步进速度试验时，先将冲击机上的跌落高度调定在希望的高度，然后使冲击台升起并跌落。它冲击回弹，又由回弹制动器使其停止；记录传到包装产品的加速度脉冲和冲击台的速度变化，检查产品，确定包装是否能起到保护作用。该试验可重复多次，以便获得多种结果。

2. 振动试验

先使包装件承受在预定的加速度值时的一系列频率扫描，然后观察共振频率时的停止试验。因为共振频率时最可能出现损坏，因此主要是在这些频率下进行试验。

将包装件固定在与第二步所用的振动频率曲线下操作，用以查证防震缓冲垫的固有频率。一般来说，这个工作也应当在包装件三个坐标轴的每一个轴上进行，然后将该种振动机调到在每个共振点（产品、防震缓冲垫组合的固有频率与全部的产品共振）"停止"规定的时间周期。

正弦振幅和停止时间的确定都带有任意性。

如果包装件性能在冲击和振动方面均满足设计要求，就可以再做一些其他试验，如压缩、温度、湿度等。否则，就必须修改并重新试验。

只要坚持以上步骤，就可能使商品在分发中避免损坏。

七、产品重新设计

对于有些产品本身设计不合理的情况，例如，家电的把手或门环设计不合理，致使无论用多厚的缓冲衬垫进行包装，都会导致零部件的脱落或损坏。针对这种情况，包装者应与产品设计者进行沟通，重新设计产品易脱落易碎的零部件位置和结构安排。

第五节 防震包装理论的研究进展

一、防震包装理论的研究进展

自1945年美国贝尔电话实验室的Mindlin建立的包装动力学的经典理论以来，缓冲包装设计理论的研究已经取得了很大进展，缓冲材料的力学特征、产品脆值评定、动力学模型和设计方法等方面的研究日趋实用与精确，缓冲包装的设计实践也日益合理。主要成果体现在以下几个方面。

（1）建立了产品缓冲与隔振的理论。

（2）测定了大量产品不发生物理损伤或功能失效所能承受的最大加速度值，即产品脆值。

（3）各主要工业国家都先后开展了流通环境的调查试验，并取得了很大成果，为产品的包装运输试验打下了坚实的基础。

（4）研制了很多先进的包装测试设备，并把计算机应用于包装测试数据处理和缓冲防振包装设计中。

（5）很多国家（包括我国）制定了各种有关缓冲防振的包装标准。

值得注意的是，Mindlin 的包装动力学经典理论所论述包装产品跌落冲击过程中运动规律，主要讨论单自由度包装产品的动力响应，也涉及无限自由度动力问题。由于按单自由度处理包装系统具有简便性和工程实用性，单自由度缓冲包装理论在实践中得到广泛应用。但是实际产品包装种类繁多，运输环境复杂，很多情况下必须按多自由度分析处理，才能得到较为合理的设计结果。如洗衣机、冰箱等家电产品包装，多层堆码包装箱中产品的振动特性，平板玻璃、瓦楞纸板、蜂窝纸板、发泡塑料等振动特性分析，都必须按多自由度或连续体处理。为此，美国学者 Schell 考虑了多自由度包装问题，认为质量比和刚度比会影响产品的响应。

大多数常见的防震包装系统都是非线性系统，这使得在进行防震包装设计时十分困难。因此，所以在进行防震包装设计时，包装系统一般将非线性防震包装系统简化成线性系统来分析计算。这也是防震包装系统早期研究工作的趋势，但是，由于防震包装的要求越来越高，研究工作逐渐向非线性拓宽。非线性和随机性是缓冲包装的两个重要特征，不过随机环境作用下非线性缓冲包装的分析设计工作至今还未完全展开，有待进一步深入探索和研究。

二、产品脆值和破损边界理论的研究进展

产品脆值反应了产品抗冲击的能力，是产品冲击强度的一种指标，兼有功能保持能力的描述，理论分析、经验估算和直接测量都难以准确确定产品脆值。为此，美国学者 Komhauser、Pendered 提出破损灵敏度概念。1968 年，美国 Newton 教授提出了破损边界理论，用产品所能经受的典型加速度脉冲冲击的幅值和速度变化量来间接描述产品的脆值，作出破损边界曲线，根据破损边界曲线进行防震包装设计，它奠定了现代防震包装设计的基础，美国国家标准于 1977 年采用了 Newton 的破损边界理论。Lansmont 公司和 MTS 公司根据这一理论相继开发出适合确定产品破损边界的冲击试验机。在测定产品破损边界曲线时，Schell 建议用加速度脉冲的平均值代替幅值较为合理，采用后峰锯齿加速度脉冲冲击，比 Newton 的矩形加速度脉冲更接近实际情况，美国学者 Goff 和 Pierce 也曾建议采用半正弦加速度脉冲来测定产品破损边界曲线。破损边界曲线可由产品冲击试验测取，也可由产品冲击谱推演而得。英国汤柏森和我国王萍等分别推出了后峰锯齿脉冲和有线上升阶跃脉冲激励下的破损边界曲线。

破损边界除与产品脆值有关外，还与缓冲材料的特性有关。上述破损边界的描述是针对线性缓冲材料情形的。但由于实际应用的缓冲包装材料均具有非线性特征，且大多数是非线性特征。产品破损边界曲线的概念是在不同加速度脉冲激励下评价产品脆值时发展起来的，但大多数包装产品在运输中的功能失效或损伤是由于跌落冲击造成的。因此，在这种情况下，要测取作用在产品或包装件上的冲击加速度、脉冲速度十分困难。

思考题

1. 简述防震包装的概念。
2. 简述防震包装材料的分类和性能要求。
3. 简述防震包装技法及其特点和应用领域。
4. 了解防震包装的设计思路。
5. 产品的易损性如何确定？

第九章 防氧包装技术

第一节 概　　述

氧气的化学性质非常活泼，可与各种物质发生化学作用，物质与氧所发生的化学反应称为氧化。物质发生氧化反应时，常放出大量热，如放出的热能立即散失于空气中，则物质温度升高不易被察觉，否则物质内部将出现发热的现象。无论氧化程度如何，最终都将带来许多有害的影响。

(1) 氧是生物生存最重要的条件之一，但氧化也会使生物产生过氧化物致使生物变性。靠空气中氧生活的生物细胞内部都含有过氧化氢酶、过氧化物酶与超氧化歧化酶，它们的作用就是以消除氧气和过氧化物所带来的危害。一旦这些酶失去作用，氧就会危及生物细胞的生存。

(2) 氧气有助于物质的燃烧，除在生活、生产中具有有益的作用外，也会给人类与自然资源、生活与生产资料带来危害。

(3) 除金、铂等少数几种金属外，绝大多数的金属都可与氧气发生反应，每年因氧化腐蚀掉的金属量也是惊人的。

(4) 在空气中，氧气、水蒸气、二氧化碳等共同作用下，绝大多数的非金属物会发生复杂的化学变化，从而出现了非金属材料的老化、褪色、腐蚀变性等现象。

(5) 氧气是昆虫、微生物得以生存繁殖的重要条件之一，而昆虫、微生物对高分子材料与食品、药品、化妆品等都有巨大危害，可以导致它们变性变质。

由此可知，商品在储运过程中若与氧气长期接触，必然会遭到不同程度的损害。为了防止因氧气作用而降低流通商品的品质，一般可采用防氧包装（或称隔氧包装或除氧包装）。也就是说，在减少或消除包装内部氧气的同时，并以适当的包装结构和材料将包装内部与外界空气隔离，从而达到保护商品的目的。对于高分子材料制品，防氧包装既是一种防霉包装，也是一种防老化包装；对于食品，防氧包装既是一种无菌化包装，又是一种防腐败包装。

第二节 氧对商品质量变化的影响

日常生活中所接触到的商品是千差万别的，商品的种类、组成、结构等不同，则氧对商品的影响也是不同的，通常将其简单地分为食品类和非食品类商品，以便讨论。

一、食品的组成及其变质机理

人类为了维持生命和正常发育繁殖，需要不断获得具有足够能量的食品。了解食品的组成及其化学变质的机理，不仅对设计食品包装具有指导意义，同时也是对食品进行防氧包装的设计基础。

1. 食品的化学成分

食品按其来源分为动物性食品和植物性食品。无论何种食品其化学成分都是十分复杂的，除水以及挥发性成分外，其固体物成分又可分为有机物和无机物两类。食品的主要化学成分有：蛋白质、酶、糖类、脂类、维生物、矿物质以及水等。

2. 食品的化学变质及其机理

食品变质的原因很多，除物理变化外，还可能为生物或非生物两方面的原因产生化学变质。食品在20℃左右条件下久放，由于油脂、色素、维生素等物质的氧化，或因酶与蛋白质参与而引起的褐变等，导致食品色、香、味和营养价值下降，甚至引起食品变质或产生有毒物质。

食品的化学变质主要表现在以下两方面。

(1) 食品的褐变。在加工或储藏时，食品或食品原料失去原有的颜色而变为褐色或深色的现象通称为褐变。褐变有两种相反的结果。如豆酱、酱油、红茶在熟化过程中可变为褐色；面包、咖啡在加热过程中逐渐变为深色，这类褐变可使食品的色、香、味俱佳。然而在这里要讲的食品褐变一般指食品腐败变质的褐变。影响食品质量的褐变主要有两种：酶促性和非酶促性褐变。动物性食品或植物性食品本身都含有酶，它可促使化学变化发生且不消耗它自身。食品成分若由酶促进氧化而引起的褐变，称为酶促性褐变。每一种酶只能催化小范围内的反应，如淀粉酶只能对淀粉有催化作用。同时，酶作用下的生化反应速度，随食品性质的不同而有很大差异。酶的活性主要与温度有关，酶促反应速度最大时的温度称为最适温度，酶一般在30℃时开始破坏，至80℃时几乎全被破坏，温度高于最适温度时，只要酶未被破坏则仍有催化作用，但酶促反应速度将降低，温度低时酶的活性很小。因此，肉类在-20℃条件下保存，鱼类在-30~-25℃下储藏，均可有效抑制酶的作用，防止食品褐变变质。非酶促性褐变是指非酶促氧化或脱水反应所引起的食品的褐变,分为加热褐变和氧化褐变。加热褐变是在基本上无氧的条件下加热食品所引起的褐变,加热合理时可赋予食品以令人满意的色、香、味;氧化褐变是在有氧的条件下加热食品而引起的褐变反应,它与加热褐变紧密相关,加热褐变时将产生中间产物,再经氧化反应即产生褐变,此时将使食品变成暗色并产生异臭。

(2) 食品的氧化。如前所述,褐变变质是在特定条件下的氧化。这里讲的氧化则是食品暴露在空气中的氧化,这也是造成食物化学变质的原因之一。食品的氧化一般表现在油脂氧化、色素的氧化、维生素C的氧化三个方面。很多食品都含有油脂,它可改善食品味道和提供更多的热量,但油脂氧化变质后会发出臭味或产生毒性,显然应当避免。油脂的氧化有自动氧化、热氧化和酶促氧化三种方式,它们都受到油脂本身的稳定性、氧的分压与接触面、光线照射、水和环境温度的影响;食品中含有的色素,不仅赋予食品以独特的色彩与形象,而且是判断其质量、营养价值的重要标志,食品的变色、褪色的原因主要是氧化和褐变,食品色素基本上分为植物系和动物系两种,如西红柿、西瓜中的胭脂红色素,胡萝卜、南瓜中的胡萝卜色素,玉米、橘子中的黄色素均属于植物系色素,又如鲜肉、火腿、香肠、鲜鱼片的肌红色素,虾、蟹中的黄色素则属于动物系色素。一般地讲,食品中的色素受热、氧、光的影响后,容易褪色、变色,尤其在光线照射或在高温条件下,氧化更为剧烈;维生素C很易被氧化成脱氢维生素C,若再继续分解将使维生素C失去原有作用,从而使食品失去应有的营养成分。

二、高分子材料的氧化

塑料、橡胶等高分子聚合物的老化,就是外界因素的长期作用下进行裂解与交联过程中导致其物理、力学性能变坏的表现,如发黏、脆裂、变色及各种力学性能指标降低等。高聚物的老化除与其本身的热稳定性有关外,氧的作用是最基本的,氧通常是在热、光、机械作用以及臭氧、离子辐射等物理作用下与高聚物发生氧化反应,且其化学反应是极其复杂的。

1. 橡胶的老化

橡胶是高弹性的高分子化合物,橡胶制品受到氧气、臭氧、热、光、霉菌、昆虫等外界因素影响,其力学性能将产生劣化,因为大多数橡胶分子结构是不饱和的,极易与活性氧原子起化学反应,从而使橡胶原来的结构遭到破坏。氧化作用是橡胶老化的基本原因,而热、光、离子辐射、机械作用等因素仅是促进了化学、物理、生化的反应而加速了橡胶的老化。

由于氧化反应使橡胶结构变化并导致性能劣化的现象,称为橡胶的氧化老化。橡胶的氧化老化有两种主要形式:一种是发生在天然橡胶与丁基橡胶等胶种中,其氧化反应使橡胶分子链断裂(即降解反应），使制品表面发黏，性能下降；另一种是发生在丁苯橡胶、丁脂橡胶、氯丁橡胶等胶种中，其氧化反应将使橡胶分子生成更多的交联，使制品硬脆、龟裂、性能下降。

为防止橡胶老化，可在橡胶配料中加入相应的防老化剂，如抗热氧防老化剂、防紫外线剂等。在使用防老化剂时要注意每一种防老化剂的防护作用的局限性、性能、特点及用量等。此外，橡胶在储运过程中要采用一定的防护性包装，以防氧、防光（特别是紫色光和紫外线）、防热、防湿、防止温度过高，即使这样，其储存期仍不超过两年。

2. 塑料的老化

塑料老化的机理、影响因素与橡胶基本相同，但塑料的氧化反应速度比橡胶要缓慢得多，因此，只有长期储存极薄的塑料膜时才考虑防老化。

第三节 防氧包装技术

防氧包装是选择气密性好、透湿度低、透氧率低的包装材料或包装容器对产品进行密封包装的方法。其主要特点是，在密封前抽真空或抽真空充惰性气体或放置适量的除氧剂与氧的指示剂，将包装内的氧气浓度降至 0.1% 以下，从而防止产品长霉、锈蚀或氧化老化。起初防氧包装主要应用于食品、贵重药材、橡胶制品的包装，近几年来，防氧包装又扩大应用到精加工零件、电子元器件、无线电通信整机、精密仪器、机械设备、农副产品等方面的包装。防氧包装的方法主要有三种，即真空包装、充气包装、脱氧剂的防氧包装。

一、真空与充气包装

真空包装是将产品装入气密性包装容器，在密封之前抽真空，使密封后的容器内达到预定真空度的一种包装方法；充气包装是在已充填内装物的气密性容器中充填惰性气体（如 N_2、CO_2 等）的一种包装方法。充气包装是在真空包装的基础上发展而成的。方法是先用真空泵抽出容器中的空气，然后导入惰性气体并立即密封。常用的惰性气体有 N_2、CO_2 或两者的混合气体。食品容器中经填充惰性气体以后，可以适当防止油脂氧化，对于金属容器而言，因罐内外压力相等，就不会发生瘪罐问题。用组合罐或塑料袋包装的油炸食品也可采用充气包装。

真空与充气包装是为了解决一个共同的问题而采取的两种不同的方法。它们同样使用高度防透氧材料，包装线的设备大多也是相同的，并且都是通过控制包装容器内的空气量来推迟产品的变质的。

真空与充气包装技术用于玻璃瓶和金属罐装罐头,已有百余年的历史,但由于制罐工艺和设备的复杂,包装材料重,在储运过程中占据空间较大,玻璃瓶易破损,金属罐易锈蚀,故其发展和应用一直受到限制。直到近年来,塑料以及一些复合材料的容器的出现,真空与充气包装才得以蓬勃发展。

(一) 真空包装与充气包装的特点

(1) 降低容器内的氧气。对食品来讲,可减轻或避免氧化,并可抑制霉菌、害虫生长与生存,保持食品原有的色香味,延长保存期;对金属来讲,可防止锈蚀;对膨松物品来讲,用真空包装可减小体积。

(2) 用真空包装,因包装容器内排除空气后可加强热传导,如再进行高温除菌,则可提高杀菌效力。但是经真空包装的包装件,内外压力不平衡,被包装物品受到一定的压力后,易结块的粉状食品容易黏结在一起或缩成一团;酥脆易碎的物品,如油炸土豆片、炸虾片等会被挤碎;形状不规则的物品,包装件表面会产生皱纹,影响美观;有尖角的物品会将包装袋刺破。因此这些物品都不能用真空包装。

(3) 充气包装是在包装件抽真空后,立即充入一定量的惰性气体,或者不抽真空,而是用惰性气体置换出空气,结果使包装件内部既除去了氧气,内外的压力也趋于平衡,可以克服真空包装的不足之处。

(二) 对包装材料的要求

1. 阻气性

阻气性不好的包装材料即使抽真空过程很成功,但暴露在空气中后,空气中的氧仍能很容易重新进入已抽成真空的包装袋内,这就失去了真空包装应有的作用。对于一些有香味的内容物,空气的进入和包装内香气的溢出都会降低顾客对产品的满意度。

2. 水蒸气阻隔性

对于一些干燥性能要求高的产品,水蒸气的进入会使它们由脆变软,有些怕冻的物品在真空环境中通过自身呼吸能形成一个相对理想的温度,如果外包装阻水蒸气性不好,就会因为外界冷气入侵而冻伤。

3. 保香性

能保持内包装产品本身的香味及防止外部的气味渗入。

4. 遮光性

光线和氧气一样会加速内容物的老化。对于要求有较长保质期的产品,可以采取一些措施来遮光。如在外包装上印刷图案,利用油墨来遮色,还能提高装潢效果;也可以在包装外专门涂上一层色料而不考虑装潢性;或涂上一层聚偏二氯乙烯,聚偏二氯乙烯还可以吸收紫外光，进一步起到杀菌的作用；也有的真空包装外镀一层金属或铝箔。以上几种方法都能很好地起到遮光的作用。

5. 机械性质

真空包装袋应具有较好的机械力学性能，易成型、易密封，而且要有较好的抗撕裂能力，封口要有抗破损的能力。

真空包装或真空充气包装常用双层复合薄膜或三层铝薄复合薄膜制成的三边封口包装袋，复合薄膜厚度一般为 $60 \sim 96 \mu m$。其中，内层为热封层，须有良好的热封性，厚度为 $50 \sim 80 \mu m$；外层为密封层，须有良好的气密性、可印刷性以及一定的强度，厚度在 $10 \sim 16 \mu m$ 之间。复合薄膜内层基材常用聚乙烯（PE），如高温蒸煮袋则用耐高温聚丙烯（CPP），外层基材常用拉伸聚丙烯（OPP）、涤纶（PET）、尼龙（PA）等。有些食品如茶叶、奶粉等及一些高油脂食品需要采用阻光包装，以防止食品受光的影响而改变色、香、味，其方法是在内外两层基材之间复合一层极薄的铝箔（Al），其气密性也得到了加强。

（三）真空与充气包装的机理

真空与充气包装的功能相同，工艺过程略有差异，其机理的实质可归结为三个方面：除氧、阻气、充气。

1. 除氧

食品霉腐变质的主要原因是微生物所致，其次是食品与空气中的氧气接触发生化学变化而变质。微生物有嗜氧的与厌氧的两类。霉菌和酵母菌属于嗜氧类，当包装件内的氧气浓度小于1%时，它们的生长和繁殖速度就急剧下降；当小于0.5%时，多数细菌将受以抑制而停止繁殖。当然，微生物的生长还受到温度、水分和营养物质的影响。

氧气与油脂或含油脂多的食品长时间接触，特别在阳光下，氧气与其中的不饱和脂肪酸作用使油脂或食品变味变质。

氧气与钢铁制品接触，特别在相对湿度大的情况下极易使金属锈蚀。

包装件内除氧的方法有两种：一是机械法，即用抽真空或用惰性气体置换；二是化学法，即用各种除氧剂。而真空与充气包装除氧，是采用机械法，有时也辅之以化学法。

2. 阻气

采用具有不同阻气性的包装材料，如塑料薄膜和塑料纸、箔等复合材料，阻挡包装件内外的气体互相渗透。

在真空与充气包装中使用多种塑料。气体对塑料膜的透过性各不相同。对同一种薄膜，几种常见气体的透过率比例如下：

$N_2 : O_2 : CO_2 = 1 : 33 : 15 \sim 30$

有的薄膜，CO_2 的透过率是 N_2 的30倍左右。为此，在充气包装的时候，包装件内的一部分气体会被食品所吸收，剩余的根据包装件内外气压的分压差而扩散流通,一直变化到内外气体构成平衡状态为止。

3. 充气

向包装件内充惰性气体,常用 N_2 和 CO_2,此外还有充 Ar 及其他特殊气体的。

CO_2 对阻止霉的生长繁殖极为有效,当包装件内 CO_2 浓度达 10%~40% 时,对微生物有抑制作用,如果浓度超过 40%,则有制菌灭菌的作用;CO_2 对具有呼吸性能的果蔬等食品可以起到有效的保鲜作用,如新鲜水果储藏环境的 CO_2 浓度达到 7%~10% 时,能阻止水果发霉,降低呼吸作用强度,延长其保存期;CO_2 对水的溶解度大,且两者化合生成弱酸性,因此含水量高的食品在充 CO_2 气体后将略有酸味;CO_2 对油脂、谷类等食品,有较强的吸附作用,可抑制粮食中脂肪、维生素和油脂的氧化与分解,粮食油脂即处于"冬眠"状态,从而延长保存期。

将包装内空气抽出,充入纯度为 99.5% 的 N_2,可防金属腐蚀、非金属材料老化;包装中充 N_2 后,可保全食品的色、香、味,并可防止油脂氧化、肉类变色。N_2 与食品等一般不发生化学作用,也不会被吸收,对塑料薄膜的透过性比 O_2 和 CO_2 都低,是充气包装的一种理想气体。

惰性气体本身具有抑制微生物生长、繁殖的效果,如茶叶常采用 Ar(氩)气包装。此外,还可以充入干燥空气,并保证包装内的相对湿度在产品的临界相对湿度以下,则可防止金属腐蚀。

(四)真空与充气包装的工艺过程

1. 机械挤压法

如图 9-1 所示,包装袋经充填之后,从包装袋的两边用海绵类物品将袋内的空气排除,然后进行密封。这种方法很简单,但脱气除氧效果差,只限于要求不高的场合,如袋装的生面条加热杀菌而进行的脱气除氧,用此法已足够了。对蒸煮食品来说,当食品温度在 60℃ 以上时,若采用这个方法,则袋内充满水蒸气,因此可以得到接近完全真空的真空包装。

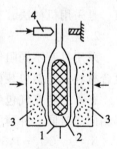

1—包装袋;2—被包装物;3—海绵垫;4—热封器
图 9-1 机械挤压法

此法不能进行充气包装。

2. 吸管插入法

如图9-2所示,从袋的开口插入吸管,开启阀门2,由真空泵进行抽气,然后用热封器封口。如果要进行充气,可在抽真空后关闭阀门2,开启阀门1,进行充气。还有一种类似的方法,称为呼吸式包装,其原理是将物品充填到带有特殊呼吸口的袋里,然后封袋,通过呼吸管除去包装袋内的空气,充进惰性气体,最后将呼吸管密封。

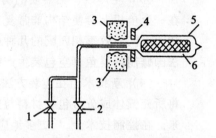

1—阀门;2—阀门;3—海绵垫;4—热封器;
5—包装袋;6—被包装物

图9-2 吸管插入法

3. 腔室法

如图9-3所示,有一个真空腔室,整个包装过程除充填外均在腔室内进行。开始将充填过的包装袋放入腔室内,然后关闭腔室,开始用真空泵抽气,抽气完毕用热封器封口。如果进行充气包装则在抽气后充以惰性气体再封口。为了便于开启腔室,需要向腔室内充空气,最后开启腔室取出包装件。腔室法生产率较低,为了提高生产率,可以采用双真空腔室轮流操作,或采用多工位多腔室的自动连续真空包装机。腔室法可以得到较高的真空度,适合包装高质量的产品。现代高效高速真空与充气包装机多数采用这种方法。

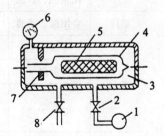

1—真空泵;2—阀门;3—真空腔室;4—包装袋;
5—被包装物;6—真空表;7—热封器;8—阀门

图9-3 腔室法

国际真空包装技术发展趋势主要体现在以下几方面。

(1) 数字化。在真空包装技术的操控方面,数字化趋势将越来越明显。数字化的应用不仅可以提高工作效率,还可以降低出错率、减少次品的产生、节约劳动力。也是我国真空包装业的必由之路。

(2) 多功能。在单机上实现多功能可方便地扩大使用范围。实现单机多功能必须采用模块化设计,通过功能模块的变换和组合,成为适用于不同包装材料、包装物品、包装要求的不同类型的真空包装机。

(3) 生产线。当需要的功能越来越多时,将所有的功能集中在一个单机上会使结构非常复杂,操作维修也不方便。这时,可把功能不同、效率相匹配的几种机器组合成功能较齐全的生产线。如法国研制的鲜鱼真空包装生产线。

(4) 新技术。在包装方法上大量采用充气包装取代真空包装,将所充气体成分、包装材料与充气包装机三方面的研究紧密结合起来。在控制技术上,更多地应用计算机技术和微电子技术。

(五)真空与空气包装的设计要点

(1) 首先要了解被包装物品的性能及主要的防护要求。根据产品的不同性能,选择适当的气体,以达到充气的目的,食品包装充气的品种参见表9-1。

表9-1　　　　　　　　各种食品充气品种和作用

食品类别	食品名称	充气种类	充气作用
大豆加工品	豆豉	N_2	可减缓成熟度
	豆制品	N_2	防止氧化
壳类物加工制品	年糕	CO_2	防止发霉
	面包	CO_2	防止发霉
	干果仁	N_2	防止氧化、吸潮、香味失散
	花生仁、杏仁	$CO_2 + N_2$	防止氧化、吸潮、香味失散
油脂	食用油、菜油	N_2	防止氧化
水产	鱼糕	CO_2	限制微生物、霉菌的发育
	鱼肉	$CO_2 + N_2$	限制微生物、霉菌的发育
	紫菜	N_2	防止变色、氧化、香味失散和昆虫发育
乳制品	干酪	$CO_2/CO_2 + N_2$	防止氧化
	奶粉	N_2	防止氧化
肉	火腿、香肠	CO_2/N_2	防止氧化、变色、抑制微生物繁殖
	烧鸡	$CO_2 + N_2$	

续表

食品类别	食品名称	充气种类	充气作用
点心	蛋糕、点心	CO_2/CO_2+N_2	抑制微生物繁殖
	炸豆片、油炸果	N_2	防止氧化
饮料	咖啡、可可	CO_2	防止氧化、香味失散、微生物破坏
烧麦	夹馅面包	CO_2	抑制微生物的繁殖
粉米果汁		N_2	防止氧化

（2）选择适当透气度或其他特殊要求的包装材料或容器。有的物品的包装要求材料或容器的透气性越低越好；有的物品（生物性物品）则要求包装内有适当比例的低氧，故选择材料应有适当的透氧性。有的物品要避光保存，则要求选择有色的材料和容器。有些油性的物品还要求材料或容器具有耐油性。此外，有些材料有毒，则不能用于食品的包装，等等。

（3）抽真空与充气的量要与容器的刚性相适应，否则包装件会出现皱折或胀破包装容器。

（4）要根据本厂的实际情况选择适当的能满足包装工艺要求的设备。如封口工艺是否能满足要求等。

（5）真空与充气包装方法的选择。哪些包装要用充气，哪些物品的包装要用真空包装，是由许多因素决定的，其中最重要的是产品的形式和密度，表9-2是根据产品和包装的形态应采取的不同方法。

表9-2　　　　　真空与充气的比较

形态\方法	包装形态				产品形态						加热杀菌处理
	枕式或四边封口袋	衬袋盒	软质成型容器	硬质成型容器	固态	颗粒状	粉状	黏稠状	液态	发泡体状	
真空	○	○	×	×	○	○	×	×△	×	×	○
充气	○	○	○	○	○	○	○	○	○	○	×

注：○适当，△一般，×不适应

二、脱氧剂的防氧包装

使用脱氧剂是继真空与充气包装之后出现的一种新的防氧包装

方法，与前二者相比有更多的优点和更广的应用范围，因此有人称使用脱氧剂是包装的一次革命。使用脱氧剂可以不用抽真空或充气设备，不仅可以比较彻底除掉产品微孔中的氧气，而且可以及时除掉包装作业完成后缓慢透进来的少量氧气。而真空包装和充气包装随时间的延长，缓慢透进来的少量氧气将会逐渐积累而损害产品。由于除氧的彻底性和使用方法的灵活性，使脱氧剂广泛用于食品、药品、纺织品、精密仪器、金属制品、文物等的包装。

（一）脱氧剂的类型及其作用原理

脱氧剂能在较短的时间内与氧气发生不可逆的化学反应，并形成稳定的化合物。脱氧剂与氧气之间不是简单的物理吸附，温度和催化剂等影响化学反应的诸因素对脱氧效果均有影响。

1. 铁系脱氧剂

铁系脱氧剂属游离氧去除剂，与食品一起密封于包装中，能很快除去包装内的游离氧和溶存氧，从而有效地防止食品由于氧的作用而变质、腐败等。铁系脱氧剂的主要成分是铁粉，常温下与氧反应必须有水参与。因水的来源不同，可把铁系脱氧剂分为自动反应型和依水型两种。自动反应型脱氧剂，本身含有一定量的水分，与包装内的氧接触后，能立即吸收氧气；依水型脱氧剂自身不含有水分，只有吸收一定量水分后，才能发生反应。

目前应用最广的是以铁或亚铁盐为主剂的脱氧剂。铁系脱氧剂的反应比较复杂，以铁粉为例，主要反应如下：

$$Fe + 2H_2O \longrightarrow Fe(OH)_2 + H_2 \tag{1}$$

$$3Fe + 4H_2O \longrightarrow Fe_3O_4 + 4H_2 \tag{2}$$

$$2Fe(OH)_2 + \frac{1}{2}O_2 + H_2O \longrightarrow 2Fe(OH)_3 \longrightarrow Fe_2O_3 \cdot 3H_2O \tag{3}$$

通过主反应（1）和（3）可以脱除包装空间的氧气，反应（2）是可能发生的副反应之一，在设计时除了要计算所需脱氧剂的理论值，还要考虑可能发生的副反应及从空气缓慢渗入的少量的氧气，因此，实际所需加入脱氧剂量要远远超过理论值。脱氧反应速度与温度有关，铁系脱氧剂的通常使用温度为 5～40℃，在 -5℃以下的低温范围脱氧能力将大大下降，即使再恢复正常温度，也不能恢复其脱氧活性，因此，铁系脱氧剂不宜在0℃以下保存和使用。铁系脱氧剂的脱氧速度还与包装空间的相对湿度有关，实验结果表明，当相对湿度为90%以上时，18小时后包装中残留氧气接近零，当相对湿度为60%时，95小时后残留氧接近零，有些被包装物在高湿度时品质受影响，此时湿度不易过高。

铁系脱氧剂的应用较为广泛，可应用到液态食品、固态食品以及某些呼吸性食品，其应用方法根据食品特性和包装形式而定。

2. 亚硫酸盐系脱氧剂

这是以亚硫酸盐为主剂的常用脱氧剂。以连二亚硫酸盐脱氧剂为例，主要反应如下：

$$Na_2S_2O_4 + O_2 \xrightarrow{活性碳, 水} Na_2SO_4 + SO_2 \qquad (4)$$

$$Ca(OH)_2 + SO_2 \longrightarrow CaSO_3 + H_2O \qquad (5)$$

反应（4）为除氧主反应，反应（5）是用 Ca(OH)$_2$ 除去反应（4）中生成的 SO$_2$，水是反应（4）的催化剂，因此，包装空间的相对湿度太低时，脱氧速度降低。

如果被包装物需要 CO$_2$，则可加入 NaHCO$_3$，制得既能脱氧又能产生 CO$_2$ 的复合脱氧剂：

$$Na_2S_2O_4 + O_2 \xrightarrow{活性碳, 水} Na_2SO_4 + SO_2 \qquad (6)$$

$$2NaHCO_3 + SO_2 \longrightarrow Na_2SO_3 + H_2O + 2CO_2 \uparrow \qquad (7)$$

标准状态下，1g 连二亚硫酸钠最多可与 0.148g（129ml）的氧气发生反应，即可除掉 645ml 空气中的氧，实际上加入量高于此理论值。如果在配方中加入 NaHCO$_3$，则由于产生 CO$_2$ 会使包装袋更丰满。CO$_2$ 本身虽无杀菌作用，但具有能抑制某些细菌发育的作用，一定比例的 CO$_2$ 对有呼吸的果蔬产品及鱼肉等的储存也是有利的。

3. 加氢催化剂型脱氧剂

这是最早使用的以铂、铑、钯等加氢催化剂为主剂的脱氧剂，其中以钯应用较多。活性状态的加氢催化剂的微孔可以吸附比自身体积大许多倍的活泼氢，并可以催化氧和氢生成水的反应，因此把用氢活化了的钯催化剂封入包装容器中，包装空间的氧可与氢反应达到除氧目的。包装内封入吸水纸，吸收反应生成的水。也有先将包装容器抽空，再充入含 8% 左右氢气的氮，使发生上述反应，这种脱氧剂成本高，使用不方便，现在只在特殊场合使用，或配合其他脱氧剂少量使用。

4. 葡萄糖氧化酶脱氧剂

这是由葡萄糖和葡萄糖氧化酶组成的脱氧剂。在一定的温湿度条件下，在葡萄糖氧化酶的催化作用下，葡萄糖与包装容器中的氧发生反应，生成葡萄糖酸，达到脱氧的目的。

$$2C_6H_{12}O_6 + O_2 \xrightarrow{酶催化剂} 2C_6H_{12}O_7 \qquad (8)$$

5. 抗坏血酸（维生素 C）脱氧剂

抗坏血酸与氧发生反应形成氧化型抗坏血酸。这种脱氧剂可用于所有的食品和药品包装，但成本较高。

此外，还有硫氢化物脱氧剂、碱性糖制剂以及非化学反应型光敏脱氧剂等。

在上述脱氧剂中，亚硫酸盐系脱氧速度最快，铁系脱氧速度最慢，有机脱氧剂脱氧速度居中，但它们的最终脱氧效果都很好。

（二）脱氧剂的用法及注意事项

（1）脱氧剂可以制成粉末状或小颗粒状，用透气性良好的无纺布、纸或有孔塑料包好，外面再用高阻气性袋封好备用。也可将脱氧剂制成片状或丸状再密封包装。还可以将脱氧剂制成流体或半流体，用其浸渍或涂抹高发泡的塑料小条，烘干后，将载有脱氧剂的泡末塑料块密封包装。必须在使用前临时开启脱氧剂外层的密封包装，然后将脱氧剂与产品放入包装容器，尽快密封。

（2）使用脱氧剂的包装容器应尽量减小预留空间。也可在封入脱氧剂之前，先将包装容器抽真空，或与充气包装配合使用。

（3）封入脱氧剂的包装容器必须采用阻气性良好的包装材料，如金属、玻璃或复合材料。现在应用最多的是复合材料袋，使用脱氧剂时要求复合材料的透氧率小于 $20\mathrm{ml}/(\mathrm{m}^2 \cdot 1\mathrm{atm} \cdot 24\mathrm{h} \cdot 25℃)$，$(1\mathrm{atm}=101.325\mathrm{kPa})$。

（4）对于长期封存的仪器、设备、武器装备、文物等，在使用脱氧剂时，可同时封入探氧剂。一般探氧剂制成药片形状，探氧剂的颜色随环境氧的浓度的改变而变化，使用探氧剂时应该用透明包装容器或开窗式容器，以便观察探氧剂的颜色变化。例如，有一种探氧剂，当发现它由红变蓝时，就应当更换脱氧剂或检查整个容器是否漏气。

（5）在食品和药品包装中，脱氧剂应特殊标明，使消费者便于识别。

（6）有些场合脱氧剂可与干燥剂配合使用，以提高保护功能。

（三）脱氧剂的应用

（1）脱氧剂可以防止脂肪氧化、天然色素氧化褪色，抑制需氧型微生物的生长和繁殖，用来保持食品的色、香、味，延长保存期。油炸食品、奶油类食品、糕点、香肠、干制肉制品、茶叶、紫菜等，都可通过使用脱氧剂来延长保质期。

（2）脱氧剂，特别是复合脱氧剂，可用于鲜肉和鲜鱼等的保鲜包装。

（3）脱氧剂可使粮食谷物呼吸减慢、抑制害虫和霉菌的繁殖，大大减缓粮食谷物的陈化速度。

（4）脱氧剂可防止害虫对中药材、木制品、古代文物、纺织品等的侵害，可防止纺织品和某些有色物品褪色。

（5）脱氧剂还可用于金属制品的防锈包装。脱氧剂与干燥剂配合使用，能有效地除去氧气和水分。

思考题

1. 什么是真空包装、充气包装？
2. 真空包装与充气包装的应用范围有哪些？
3. 真空包装与充气包装的实质有哪几个方面？试简要说明。

4. 在真空与充气包装中首先要除氧，除氧的方法有哪些？
5. 充气包装中，常用哪几种气体？分别说明该气体的好处。
6. 脱氧剂的种类有哪些？简要说明它们各自的工作原理。

第十章 充填技术

第一节 概 述

充填是包装过程的中间工序,在此之前是容器成型或容器准备工序(如成型、清洗、消毒杀菌、干燥、排列等),在此之后是密封、封口、贴标、打印等辅助工序。充填技术主要用于销售包装,在包装技术中占有重要地位。

所谓充填,是指将产品(待装物品)按要求的数量放到包装容器内。与充填不可分割的部分,就是精确计量被包装物品的多少(量容积或称量),任何一种充填方法都有其相适应的充填精度。充填精度是指对装入容器内物料标定体积或重量的误差范围。对贵重物料和对计量要求严格的物料,充填精度可达±0.1%;对重袋等包装,则可大于此值。充填精度是关系企业利益最重要因素之一。精度低时,容易产生充填不足或过量。前者将引起消费者不满,影响产品信誉;后者将损失大量物料,减少企业收入。另一方面,充填精度要求越高,所需设备的价格也就越高。所以要根据生产的实际情况确定最优充填精度。

由于要充填的物品种类繁多、形态各异,物理化学性质各不相同,有气体的、液态的、浆状的、粉末的、颗粒的和块状的等,有的是易燃易爆的,有的是含气有毒的,有的是易分解的。

包装容器又是用各种材料制成的,有玻璃的、金属的、塑料的、纸制的、木制的,还有复合材料等,形式也是多样的,如袋、盒、箱、杯、盘、瓶、罐、听、桶等。机器设备的多样性形成了充填技术的复杂性和应用的广泛性。

物料充填虽然有多种方法,但仍可归结为两大类:液体物料的充填和固体物料的充填。

第二节 液体物料的充填

液体物料的充填,国内习惯称为灌装。需要灌装的液体物料品种繁多，几乎可以包括与生活有关的一切液体，此外还有一些工农业用液体。液体物料的化学物理性质各不相同，故灌装方法也不同。液体物料中影响灌装的主要是黏度，其次是是否溶有气体，以及起泡性和微小固体物含量等。因此，在选用灌装方法和灌装设备时，首先要考虑液体物料的黏度。根据灌装的需要，一般将液体物料按黏度分为三类：流体、半流体和黏滞流体。

（1）流体。是指靠重力作用下可按一定速度在管道内自由流动，黏度范围为 0.001～0.1Pa·s 的液体，如牛奶、清凉饮料、酒、香水、眼药水、纯净水等。

（2）半流体。除靠重力外，还需加上外力才能在管道内流动，黏度范围为 0.1～10Pa·s 的液体，如炼乳、番茄酱、发乳等。

（3）黏滞流体。靠自身重力不能流动，必须借助挤压等外力才能流动，黏度为 10Pa·s 以上的物料，如洗发膏、牙膏、浆糊、花生酱、果酱等。

一、液体物料灌装的力学基础

液体物料灌装一般是将液体从储液缸取出，使之通过管道流入容器。液体物料在管道中流动的条件是，流入端与流出端之间必需有压力差，也称压头。流入端的压力必须高于流出端的压力。假设流过圆形截面管道的液体物料为层流，则流速可根据伯萧叶（Poiseuille）公式计算如下：

$$V = (\pi p r^4)/(8\eta L)$$

式中，V——每秒流过的液体物料体积；

p——压力差；

r——管道内径；

L——管道长度（指铅垂距离）；

η——液体黏滞系数。

从上式可以看出，流速 V 与压力差 p 成正比，与管径 r 的四次方成正比，与管道长度成反比。因此，可以得出以下结论。

（1）同一种液体物料，当管长与管径相同时，如果压力差成倍增加，流速也成倍增加。

（2）同一种液体物料，当管径相同时，如果管长与压力差均成倍增加，则流速不变。

上述两条结论，是设计最佳灌装系统的依据。

当灌装系统中，储液缸和容器均为大气压力时，液体物料靠重力产生流动。利用这种原理进行灌装的方法称为重力灌装；如果储液缸是封闭的，则缸内压力高于大气压力时，流速将增大，因为总压力差是重力压力差与储液缸内外加压力之和。利用这种原理进行灌装的方法称为压力灌装。如果，储液缸顶部是通向大气的，而管子与容器连接是密封的，容器中的压力低于大气压力，同样流速也会增大。利用这种原理进行灌装的方法称为真空灌装。

二、液体物料灌装的具体方法

按灌装原理，灌装方法可分为重力灌装、压力灌装和真空灌装三大类。按计量方式，灌装方法可分为定液位灌装法和容积灌装法。

常用的灌装方法有 12 种，分别介绍如下。

1. 纯重力灌装法（G）

纯重力灌装法，又称常压灌装法，这种方法像物理学中讲的虹吸现象一样，是最古老的灌装方法之一，而且现在仍然是最准确、最简单的灌装方法。大部分自由流动的液体物料都可以用此法灌装。纯重力灌装法属于定液位灌装法，灌入容器中液体物料的容积取决于容器本身的容积。圆形气密罐或塑料的壁厚比玻璃瓶均匀，因而，它们的容积比玻璃瓶准确。

如图 10-1 所示，储液槽 1 位于最上部，液体物料从储液槽流经带弹簧的灌装阀 4 进入容器。灌装时升降机构将容器向上托起（也可以将灌装管下降），首先是容器的口部和灌装阀下部的密封盖 5 接触并压紧，将容器密封，然后容器再上升，顶开弹簧，开启灌装阀，液体物料靠重力自由流下，灌入容器中。同时，容器内的空气经设在灌装管端部的空气出口 2 通到储液槽液面上部的排气管 3 排出。当液体上升至排气口上部时，即停止流动，液位达到规定高度并保持不变。灌装完成后，升降机构将容器下降，灌装阀失去压力，由弹簧自动关闭。

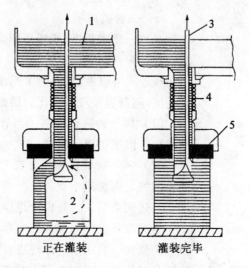

1—储液槽；2—空气出口；3—排气管；4—灌装阀；5—密封盖

图 10-1 纯重力灌装法

这种方法主要用于低黏度、非起泡性的液体物料，如牛奶、白酒、酱油、药水等。使用的设备构造简单、操作方便、易于保养，是很早就出现的灌装方法，至今仍被广泛使用。

2. 纯真空灌装法（V）

这种方法是在低于大气压力的条件下进行的灌装方法，是一种差压真空式灌装法，即让储液箱内部处于常压状态，只对包装容器内部抽气，使其形成一定的真空度，液体物料依靠两容器内的压力差，流入包装容器并完成灌装。这种方法属于定液位灌装法，是目前国内常用的真空法灌装的形式。通常限于灌装狭颈玻璃瓶。如图10-2所示，储液槽4与灌装阀10分开放置，供料管1由供料阀2控制，液位由浮子3保持。另设有真空泵7和真空室6以建立真空。溢流至真空室的液体物料由供液泵5送回储液槽。应用此法灌装时，瓶子上升或灌装阀下降，首先将瓶口密封，并在瓶内建立高真空（860~930Pa），然后克服灌装阀的弹簧压力，开启此阀。阀中套管内有一个真空管，与真空室相连。真空室用真空泵保持真空。当阀封住瓶口并开启后，真空口也同时开启，瓶内的真空度就与真空室中的一样。液体物料靠作用在储液槽液面的大气压力和瓶中的高真空之间形成的压力差，从储液槽流入瓶内。当液体物料上升到灌装阀中，真空管口时即停止流动，液位保持不变。如果瓶子不离开阀口，液体物料会继续缓缓地流出，因为抽真空时会将液体物料从瓶内吸出，形成溢流和回流。溢出的液体物料流到真空室，用供液泵送回至储液槽。

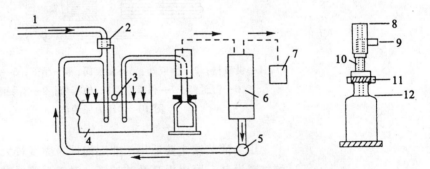

1—供料管；2—供料阀；3—浮子；4—储液槽；5—供液泵；6—真空室；7—真空泵；8—真空管；9—液体；10—灌装阀；11—密封盖；12—灌装液位

图10-2 纯真空灌装法

这种方法适用于灌装黏度低的液体物料（如油类、糖浆等）和含维生素的液体物料（如蔬菜汁、果子汁等）。此法不但能提高灌装速度，而且能减少液体物料与容器内残存空气的接触和作用，故有利于延长某些产品的保存期。此外，真空灌装可避免给有裂缝或有缺口的瓶子灌装，并可消除液体物料滴漏现象，但耗能较多，对灌装含有芳香性气体的酒类是不适宜的,因为会增加酒香的损失。

3. 压力灌装法(P)

这是一种定液位灌装法。如图10-3所示,灌装阀5与储液槽8分开放置。另外,装有供液泵7(将液体物料经此泵送入灌装阀,再进入容器),容器与阀连接处靠密封盖6密封。灌装阀内还装有一个溢流阀3。当容器密封后,灌装阀开启,进行灌装,同时容器内的空气由溢流管排至储液槽。当容器内液面达到溢流管口处时,液体物料开始经溢流阀流回储液槽。此时,容器内液面不再变动。溢流管口与容器顶部的相对位置决定了灌装后液面的高度,只要灌装阀下的容器是密封的,液体物料就会连续不断地通过溢流管流出。当容器不再密封时,灌装阀就会关闭灌装口和溢流口。储液槽内液面靠浮子4保持不变。供液槽1置于储液槽上方,经供液阀2与储液槽连接。供液阀由浮子控制。

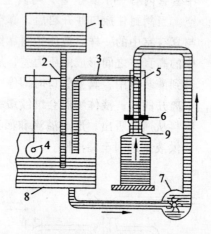

1—供液槽;2—供液阀;3—溢流阀;4—浮子;5—灌装阀;
6—密封盖;7—供液泵;8—储液槽;9—灌装液位

图10-3 压力灌装法

压力灌装法主要适用于非起泡性、黏度较大、流动性较差的黏稠物料灌装,可以提高灌装速度。对于一些低黏度的液料,虽然流动性很好,但由于物料本身的特性或包装容器材料及结构限制,不能采用其他灌装方法的,也可采用压力灌装,如酒精、饮料、热果汁、袋装医用葡萄糖等液体。压力灌装方法通常只限于狭颈容器。

4. 重力真空灌装法(GV)

这种方法属于定液位灌装,实际是在低真空(10~16Pa)下的重力灌装,与重力灌装法有相同之处。该方法要求在灌装时将容器密封,然后向容器内灌装液体物料,达到预定的液位。之所以取低真空,主要是消除纯真空灌装法所具有的溢流和回流现象,并可以避免给有裂纹的瓶或有缺口的瓶灌装。也可以防止液体物料的滴漏。

如图10-4所示,储液槽是封闭的,位于顶部,供液管1从槽顶伸入并浸没在液体物料下部,液面上部空间保持低真空,液面由浮子2控制,保持在规定的高度。灌装阀4装在储液槽下方,当容器输送到阀下方时,升降机构将它托起,与密封盖5吻合,将容器密封,继续上升将阀开启。由于容器经阀中的排气管3与储液槽上部连通,形成低真空,因而液体物料经阀中的套管靠重力灌入容器内。与重力灌装一样,当排气口被上升的液体物料封闭时,容器中的液面就不再上升。灌装完毕,容器下降,灌装阀由弹簧自动关闭。

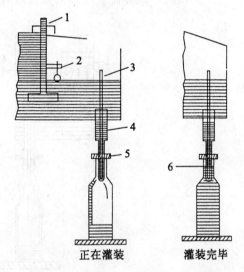

正在灌装　　灌装完毕

1—供液口;2—浮子;3—排气管;4—灌装阀;5—密封盖;6—灌装液位
图10-4　重力真空灌装法

这种灌装系统尤其适用于白酒和葡萄酒的灌装,因为灌装过程产生的紊流程度低,酒中的挥发气体逸散量最小,不会改变酒精浓度。灌装精制葡萄酒时,不失醇香。此外,这种灌装法还能够灌装有毒的液体物料,如农药等。

5. 压力重力灌装法(PG)

压力重力灌装法又称等压灌装、气体压力灌装,属于定液位灌装法,仅限于灌装含 CO_2 的饮料,如汽水、啤酒和香槟酒等。其原理是靠液体物料本身的重力流入容器。前面所说的重力真空法是在负压下靠重力灌装,而此法是在正压力作用下靠重力来灌装。加压的目的是使液体中的 CO_2 含量保持不变。压力可取 $1 \sim 9 kg/cm^2$。但此压力不用于将液体物料输入容器。如图10-5所示,储液槽是密封的,放在回转台上方,其液面由浮子1控制,液面以上空间充有压缩空气或 CO_2 以保持一定压力(灌装啤酒时要求用 CO_2,以避免啤酒与氧气接触,控制其含氧量,以保证质量)。液体物料经下部的供液口 2 进入。灌装阀 4 装在储液槽内，其中部设有排气管，排气管顶端伸出液面，并装有充气阀 6，下端为排气口 7 和泄压口 5。当容器上升至灌装阀口时，先由密封盖 3 将容器封闭，然后压缩弹簧，顶开灌装阀，开始灌装。同时，机械弹键打开排气管顶部的充气阀，使容器的压力与储液槽上部的压力相等，通常"等压"。当液体上升到排气管口时，液位不再变化。采用长泄底升式灌装时，在灌装过程中，可以改变排气速度，借以改变灌装速度，先慢后快。灌装时容器内的空气是通过排气管排至储液槽中的。当液体物料灌装到规定液位时，容器顶部的空气具有一定压力，为排除这种压力，在阀门中装一个机械泄压口，使容器顶部与大气压力相同，当容器下降，失去密封时，液体物料不至喷出。

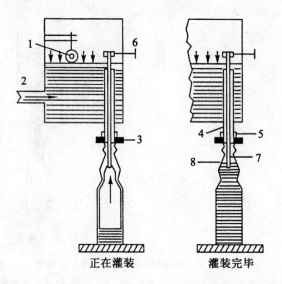

1—浮子；2—供液口；3—密封盖；4—灌装阀；5—泄压口；
6—充气阀；7—排气口；8—灌装液位

图 10-5　压力重力灌装法

6. 液位传感式灌装法（LS）

这种方法属于定液位灌装法，通常用于狭颈塑料瓶和玻璃瓶的灌装，其特点是灌装时容器上不需要密封，所以特别适用于耐压力小的塑料瓶。如图 10-6 所示，储液槽是密封的，液体物料自供液口 6 进入，液位由浮子 5 控制，液面上部保持一定压力（0～15Pa）。液体在压力作用下经进液管 2 和灌装阀 8 流入容器内。由于容器口不密封，液体物料灌入时容器中的空气从进液管周围排出。

液体物料的流动是用差压或低压流体装置构成的气动控制器来控制。该控制器主要是检测容器是否到位，并按照适当的信号启闭位于储液槽和进液管之间的灌装阀。容器到位后，控制器启动，开

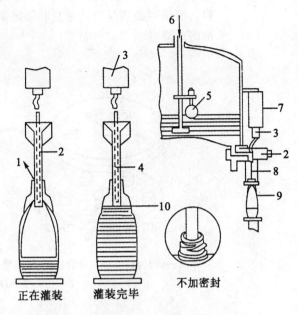

1—空气；2—进液管；3—界面阀；4—空气传感管；5—浮子；6—供液口；
7—控制器；8—装灌阀；9—容器；10—灌装液位

图10-6 液位传感式灌装法

始灌装。在进液管内装有一个空气传感管，在灌装过程中，低压（5～25Pa）气流通过空气传感管流入容器。当液位上升到传感管管口时，传感气流停止，传感管内空气压力增加，控制器通过灵敏界面阀的作用关闭灌装阀，灌装停止，液位保持一定。

进液管的设计应能准确地控制液体物料流入容器内的流量，并使之沿容器内壁流动，以保证非紊流状态，这样可使液体物料减少与空气的接触。在进液管内装上筛网后，可灌装高泡沫液体物料。这种方法的灌装速度比重力灌装和真空灌装要快得多，液位准确度很高，可以实现无容器时不灌装，是高速灌装塑料容器的良好工艺。

7. 定时灌装法（TF）

定时灌装法又称恒定容积流量定时灌装，属于定容灌装法，采用这种方法使液体物料定时灌入容器，在保持流量或流速一定的情况下，计量由时间控制。

如图10-7所示，液体物料由外部供液泵经供液管3送到开有进液槽的固定盘4。在固定盘下面设有计量盘1，其上开有数个灌装孔。进液管2装在计量盘下方，计量盘以一定角速度转动，就可以计量灌装容积，相当于定时向容器内灌装料液。计量盘的旋转速度决定灌装孔在灌装槽下停留的时间，从而决定了灌入容器内的容积。灌装容积也可通过调节流向计量槽的液体物料流速调节。同时使用几个计量槽，可以在同一个容器中一次灌装几种不同的液体物料。灌装时必须保持计量盘和固定盘之间的间隙不变，以保证连续准确地灌装。

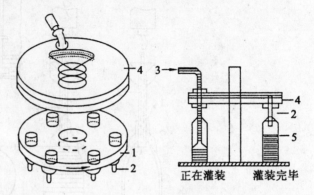

1—计量盘；2—进液管；3—供液管；4—固定盘；5—灌装液位

图 10-7　定时灌装法

这种方法可灌装的液体物料范围很广，甚至可以灌装一些如调味花生酱或气雾剂浓液等半流体物料。

8. 活塞定容灌装法（PV）

活塞定容灌装法也称机械压力灌装法，这种方法属于定容灌装法。如图 10-8 所示，进液缸装在储液槽 1 的侧面，内装活塞 2，下部有旋转灌装阀 3。灌装系统由吸入冲程和排出冲程组成。吸入时，活塞上升，吸出储液槽中的液体物料，通过旋转阀流入定量筒。定量筒充满后，由机械凸轮带动旋转阀，将吸入口关闭，输出口开启。活塞向下移动时即开始灌装，活塞将定量的液体物料灌入下方的容器内。如果容器未到灌装工位，旋转阀不开启，则液体物料被送回储液槽。灌装容量可在一定范围内通过改变活塞的有效冲程进行调节。

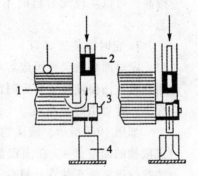

1—储液槽；2—活塞；3—旋转灌装阀；4—容器

图 10-8　活塞定容灌装法

这种方法计量准确，灌装容量容易调节，灌装流速可以从低速到高速，适用于灌装各种高黏度的液体物料或膏、浆类物品，灌装容量为 1~3500mm³，也适用于一些不适于其他方法灌装的低黏度液料，如安培包装的针剂注射液和输液用的无毒塑料软包装袋等。这种灌装方法适用的容器有瓶、罐、软罐等容器。

9. 隔膜定容式灌装法（DV）

这种方法属于定容灌装法，是 1975 年开发的灌装方法，具有定量准确、卫生、灌装快等优点。

如图 10-9 所示，进液阀 5 装在灌装回转台上方的储液槽 4 下面，与储液槽和定容室 3 相连接。对储液槽内的液面，加 98~980Pa 的压力，定容室排放液体物料后靠此压力重新输进液体物料。如果容器未进入灌装工位，定容室就不排放液体物料。进液阀由两个活门组成：一个控制储液槽中液体物料的排放，另一个控制液体物料灌入容器。进液阀由一个气动控制器控制。

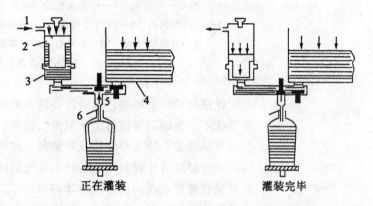

1—空气入口；2—隔膜；3—定容室；4—储液槽；5—进液阀；6—进液管

图 10-9　隔膜定容式灌装法

隔膜容积式灌装是靠隔膜来实现完全密封的，从而避免了活塞容积式灌装中活塞的密封圈与活塞筒之间的滑动摩擦，因为这种滑动摩擦可能产生细微的粉粒掺入液料中，影响液料质量，这对于静脉注射液尤为重要。而采用隔膜容积式灌装方法，可以保证液料的清洁卫生，且灌装精度高、液料损失少、灌装速度快，因此适用于灌装较贵的液料，特别适合各种静脉注射液和针剂的狭颈瓶的灌装。

10. 定时/压力灌装法（TP）

这是 1980 年开始出现的一种新式定容灌装方法，也称可控压差定时灌装法。定容不靠活塞或隔膜，而是依靠精确控制液流时间来实现。液体物料流速则由受控的排液口调节，均匀而稳定。压力和流速均由微电脑控制（也有用微电脑控制流速，用微动机构控制排液口大小的），其灌装的高精度就由灌装管口出压差的稳定性及液流时间控制的精度性来确定。

这种方法可以实现底升式灌装。如图10-10所示，加压储液罐1中部装有供液阀2，上部有供压阀4，消毒后的空气或氮气经压力控制器5进入供压阀。装有压力传感器6，以备随时检测液体物料的压力。液体物料受到压力的作用被输送至多路供液管7，然后经可控输液阀9送至灌装工位。排液口由微电脑8控制。

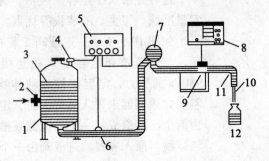

1—加压储液罐；2—供液阀；3—经受无菌空气或氮气压力下的液体；4—供压阀；
5—压力控制器；6—压力传感器；7—多路供液管；8—微电脑；
9—可控输液阀；10—装灌针；11—柔性管；12—容器

图10-10 定时/压力灌装法

此法计量极其准确，灌装设备没有活动零件接触液体物料，灌装系统不必拆卸即可进行清洗或蒸气消毒，易实现无菌灌装，并且很容易从灌装一种液料转换成灌装另一种液料。并且，这种方法可以灌装除黏滞液体物料外的各种不含气的液体物料，特别适用于灌装计量精度要求高的贵重液体物料和药品，或者有剧毒及强度腐蚀性的液体物料，但这种方法一般不适于高速灌装。

11. 虹吸灌装法（S）

这种方法属于定液位灌装，是利用虹吸原理（即连通器原理）使储液箱中的液料经吸管吸入容器内，直至两者液位相等为止。虹吸法灌装过程如图10-11所示。当虹吸管下降时，灌装头压紧容器，灌装阀门打开，储液箱内的液料被吸入包装容器内；当容器内液面高度与储液箱液面相同时，不再进液，灌装停止，液面保持规定的高度；然后，虹吸管上升，灌装头与容器脱离，切断虹吸通路，灌装阀自动关闭。虹吸管另一端设有储液杯，可以利用物料封闭管口，使管内充满液体，以保证下一次循环的正常进行。虹吸灌装法的溶液液面高度由储液箱液面控制，利用浮子来控制进液阀的流量，以保证储液箱液位的稳定，储液箱液位的稳定是确保虹吸灌装法精度的关键。

这种灌装系统结构简单，灌装速度较低，适用于灌装低黏度不含气的液体物料，如酒、醋等。

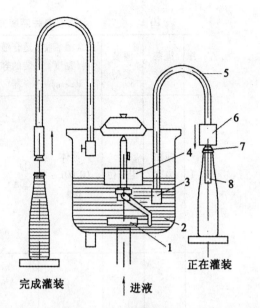

1—进液阀；2—储液箱；3—储液杯；4—浮子；5—虹吸管；
6—灌装阀；7—灌装头；8—包装容器

图10-11 虹吸灌装法

12. 称重灌装法（WF）

这种方法通过电子秤盘，使用电子计算机进行辅助操作，进行灌装。容器用常规方法放置在旋转工作台的各个工作位上，每个工作位都是一个有应变载荷原件的精密秤盘，当容器进入旋转工作台的工作位上，秤盘先扣除容器的毛重，然后精确控制液料流入容器；在灌装过程中，电子计算机一直监控着液料的流动速度和灌装量，使其均匀落入容器，并不断调节流速，使灌装精度达到最高，且实际误差接近于零。液料用压力泵和管道系统直接输送到气密型的灌装阀中，容器在整个工作过程中不与灌装阀接触，也不要求密封，其最大的优点是精度极高，可以对塑料、玻璃或金属容器进行低黏度或中等黏度液料的灌装。

从以上列举的12种具体灌装方法中可以看出，灌装方法与灌装液体物料的性质，灌装容器的形状和材料，灌装流速以及灌装设备的性能、价格和自动化程度等有着密切的联系。因此，选用灌装方法是比较复杂的，要根据技术、经济和生产管理等各种因素综合考虑。

现将各种灌装方法的特点和应用范围以及影响选用的因素等列于表10-1，以便比较选用。

表 10-1　　各种灌装方法比较表

序号	灌装方法	灌装类型	适合灌装物料(黏度)(Pa·s)	适合灌装的容器	灌装速度范围(瓶/min)	灌装时容器是否需要密封	优缺点和应用范围
1	纯重力式(G)	定液位	流体(0.001~0.1)	①②A	半自动 1~20 自动 20~1500	要	(1)液位最准确,无溢流回流。漏气量最小,使用的机器简单。(2)狭颈和广口容器均可灌装。(3)比纯真空式灌装速度低。
2	重力真空式(V)	定液位	流体(0.001~1)	①	自动 20~300	要	(1)可避免给有裂缝和有缺口的容器灌装,消除液体物料滴漏。(2)无溢流和回流现象。(3)最适合灌装带气白酒和带气葡萄酒。
3	压力式(P)	定液位	流体、半流体(0.001~1)	①	半自动、自动 1~300	要	(1)有溢流和回流现象。(2)通常只限于灌装狭颈容器。灌装速度通常限于400瓶/min。(3)采用特殊灌装阀,也可灌装含碳酸气量较低的液体物料。
4	纯真空式(GV)	定液位	流体(0.001~0.1)	①	半自动、自动 1~1500	要	(1)比重力式灌装速度快。(2)可避免给有裂缝和缺口的容器灌装,消除液体物料滴漏。(3)通常限于狭颈玻璃瓶,灌装速度不超过400瓶/min。

续表

序号	灌装方法	灌装类型	适合灌装物料(黏度)(Pa·s)	适合灌装的容器	灌装速度范围(瓶/min)	灌装时容器是否需要密封	优缺点和应用范围
5	压力重力式(PG)	定液位	流体(0.001~11)	①②	自动 200~2 000	要	(1)无回流和溢流现象。(2)普遍限于碳酸饮料(如汽水、啤酒、汽酒和香槟)的灌装。
6	液位传感式(LS)	定液位	流体半流体(0.001~10)	①②③	半自动 1~20 自动 20~1 500	否	(1)灌装速度比重力式和真空式要快得多。(2)在进料管内装上筛网后,可灌装高泡沫液体物料。(3)主要用于灌装狭颈塑料瓶。速度通常限于400瓶/min。
7	定时式(TF)	定容积	流体、半流体、黏稠体(0.001~10以上)	①②③A	自动 20~100	否	(1)可同时灌装几种不同料液。(2)可灌装的液体物料范围很广。(3)一般用于灌装广口容器包括气密罐。
8	活塞定容式(PV)	定容积	流体、半流体、黏稠体(0.001~10以上)	①	半自动、自动 1~1 500	否	(1)可用以不同速度灌装各种黏度的液体物料,应用广泛。(2)计量准确,灌装容积在大范围内可以调节,而且调节方法简单。

167

续表

序号	灌装方法	灌装类型	适合灌装物料(黏度)(Pa·s)	适合灌装的容器	灌装速度范围(瓶/min)	灌装时容器是否需要密封	优缺点和应用范围
9	隔板定容式(DV)	定容积	流体、半流体(0.001~10)	①②③	自动 20~1500	否	(1)定量准确、卫生、灌装速度快。(2)一般用于灌装狭颈瓶,速度可达400瓶/min。
10	定时/压力式(TP)	定容积	流体、半流体(0.001~10)	①②③	微电脑控制 20~30	否	(1)计量极准确,无活动零件接触液体物料,可在系统本身进行清洗或蒸汽灭菌。(2)适于灌装计量精度要求高的贵重液体物料、药品或有剧毒及强腐蚀性等液体物料。(3)可实现底升式灌装和无菌灌装。
11	虹吸灌装法(S)	定液位	流体、半流体(0.001~1)	①	自动 20~300	否	(1)液料稳定,灌装液料损失少。(2)设备结构简单。(3)灌装速度低。
12	称重灌装法(WF)	称重	流体、半流体(0.001~10)	①②③	微电脑控制 20~300	否	(1)容器自重对灌装量无影响。(2)电子计算机监控灌装量,精度极高。(3)灌装速度不高。

注:①硬质(玻璃、金属或复合材料);②半硬质(塑料);②A塑料的硬度可承受7×9.8N的垂直力而不变形;③薄膜(薄塑料);③A薄塑料瓶用硬质盘托住。

第三节 固体物料的充填

固体物料的范围很广，按形态可分为粉末、颗粒和块状三类；按黏性可分为非黏性的、半黏性的和黏性的三类。

（1）非黏性物料。如干谷物、种子、大米、砂糖、咖啡、粒盐、结晶冰糖和各种干果等，这些物料可以自由流动，倾倒在水平面上，可以自然堆成一个圆锥形的堆，所以也称为自由流动物料，是最容易充填的一类。

（2）半黏性物料。如面粉、粉末味精、奶粉、绵白糖、洗衣粉、青霉素粉剂等，不能自由流动，充填时会在储料斗和下料斗中搭桥或堆积成拱状，致使充填困难，需要采用特殊装置。

（3）黏性物料。如红糖粉、蜜饯果脯和一些化工原料等，充填就更困难，它们不仅本身黏结成团，甚至黏结在金属壁上和聚四氟乙烯涂层（常用于减少物料与金属壁的摩擦力、增加物料斗的耐磨性）的表面上，故使得充填更困难，有的根本就不能用机械的方式自动充填。应当指出，有些本来松散的粉末和颗粒物料，在温度升高或受潮后会变成黏性的。因此，充填时对车间的温度和湿度要加以控制。

固体物料的充填方法可分为三大类。一类是称量充填法，就是以重量来计量充填物料的数量；第二类是容积充填法，就是以容积来计算充填物料的数量；第三类是计数充填法，这一类通常用于集合包装，固体物料的块状、颗粒状的物料的充填，是以块状、颗粒状的固体物料的数量或包装单件的数量来计量的方法。

一、称量充填法

称量充填法适用于易吸潮、易结块、粒度不均匀、比重比较大的物料的充填。这类充填方法分净重充填和毛重充填两种。

1. 净重充填法

这种方法将物料先用秤称过，然后充填到包装容器中。称量结果不受容器重量变化的影响，因此，是最精确的称量充填法。如图 10-12 所示，充填结果是用一个进料器 2 把物料从储料斗运送到计量斗 3 中，由秤 4 连续称量。当计量斗中的物料达到规定重量时，物料通过落料斗 5 排出，进入包装容器。进料可用旋转进料器、皮带、螺旋推料器或其他的方式完成，并用机械秤、电子秤或组合秤控制称量。可采用机械装置、光电管或限位开关控制，达到规定的重量。

为了达到较高的充填精度，可采用分级进料的方法。称量时，大部分物料高速进入计量斗，剩余小部分物料通过微量进料装置缓

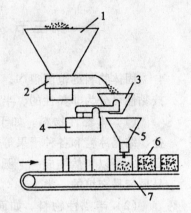

1—储料斗；2—进料器；3—计量斗；4—秤；
5—落料斗；6—包装件；7—传送带

图 10-12　净重充填法

慢地进入计量斗。在采用电脑控制的情况下，对粗加料和精加料可分别称量、记录、控制，做到差多少补多少。

由于净重称量精度很高，如 500g 的物料，其称量精度可达到 ±0.5g，即精度可达 ±0.1%，所以广泛应用于精度要求高或贵重的可自由流动的固体物料，也可用于那些不适宜用容积充填法包装的物料，如膨化玉米、油炸土豆片、炸虾片等。但净重法充填速度慢，所用机器价格高。

2. 毛重充填法

将物料装入容器后，连同容器进行称量，称得的重量为毛重。这种方法使用的机器简单，价格较低。缺点是包装容器的本身的重量变化直接影响充填物料的规定重量。如图 10-13 所示，与净重称量不同之处在于没有计量斗，而是将容器放在秤上进行充填，达到规定重量时停止进料，称得的重量是毛重。

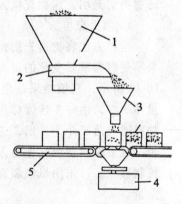

1—储料斗；2—进料器；3—落料斗；4—秤；5—传送带

图 10-13　毛重充填法

这种方法除了适用于价格一般的自由流动物料外，也常用于黏性物料，如袋装红糖、糕点粉等的充填，因为黏性物料即使有时黏挂在下料斗上，也不致影响最终的充填重量。

毛重充填不适合用于包装容器重量变化较大、物料重量占整个重量百分比很小的情况。例如，装 25g 胡椒粉的玻璃瓶，其重量变化量为 5.9%，此变化量在最终包装重量中必定要反映出来。

二、容积充填法

这种方法基于容积来计量充填物料的数量，由于不需要称量装置，所用机器结构简单，所以充填速度可以提高。但充填精度依赖于物料比重的稳定性，一般比称量充填要低，为 ±1.0% ~ ±2.0%。

实现容积充填的机器种类很多，但从原理上看，基本属于两种。

1. 控制充填物料的流量或时间来保证充填容积

（1）计时振动充填机，精度最低，但结构最简单，价格便宜，其原理如图 10-14 所示。储料斗 1 下部连接着一个振动托盘进料器 2。进料器按规定的时间振动，将物料直接充填至容器中。充填数量由振动时间来控制。

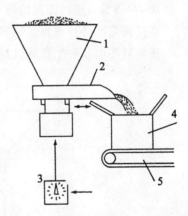

1—储料斗；2—振动托盘进料器；3—计时器；4—包装容器；5—传送带图
图 10-14 计时振动充填机示意图

（2）螺旋充填机，可以获得较高的充填精度，其原理如图 10-15 所示。储料斗 1 的锥形底部有一圆筒，储料斗内部装有一条带螺旋面的送料轴 2，同时还装有一个搅拌器 3。当送料轴转动时，搅拌器将物料拌匀，螺旋面将物料挤实到要求的密度。螺旋轴每转一圈就能输出一定量的物料。螺旋轴旋转的圈数由离合器控制，这就保证了向每一个容器充填定量的物料。

如果充填小袋，可在螺旋进料器下面安装一个转盘，以截断密

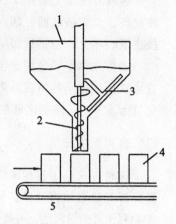

1—储料斗；2—进料轴；3—拌搅器；4—包装件；5—传送带
图 10-15　螺旋充填机示意图

实的物料，然后用空气与之混合，形成可以自由流动的物料。充填后再将袋振动，把松散的物料墩实。

（3）真空充填机。在充填过程中使容器保持真空，使物料比较密实，减少了其中的桥空（即物料互相支撑形成拱状）现象，所以充填精度比计时振动充填机和螺旋充填机都高。其原理如图 10-16 所示。通过滤网给每个包装容器抽真空，所以充填时容器与真空头之间必须密封。物料靠重力进入容器。为了控制充填数量，在储料斗内装一个螺旋供料器给真空头供料。

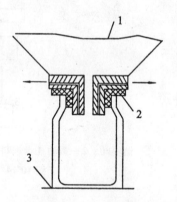

1—储料斗；2—密封环；3—平台
图 10-16　真空充填机示意图

真空充填机用于薄壁塑料瓶类的半刚性包装容器时，要用一个刚性密封套套在容器外面，以防充填过程中包装容器产生皱折。真空充填机的缺点是在某些情况下，充填重量受包装容积体积变化的影响。例如，玻璃容器壁厚的变化将引起充填容积的变化。

2. 相同的计量容器量取物料，保证充填容积

（1）重力-计量筒式充填机。这种充填机适用于充填价格低、充填精度低的自由流动固体物料。如图 10-17 所示，供料斗 1 下部装有两个或多个计量筒 3，均匀分布在回转的水平圆板上。计量筒上部有伸缩腔 4，可以使之上下伸缩，以调节其容积。计量筒在回转中通过供料斗下方时，物料靠重力落入计量筒内。然后，当计量筒下面的排料口对准空腔组件 5 下面固定盘上的圆孔时，物料通过排料管 6 排入包装容器内。为了使物料迅速流入容器，有时要对容器加以振动。

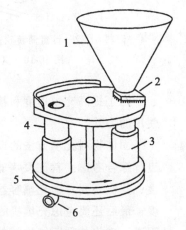

1—供料斗；2—刷子；3—计量筒；4—伸缩腔；
5—空腔组件；6—排料口

图 10-17 重力-计量筒式充填机示意图

（2）真空-计量筒式充填机。这种机器可用来充填安培瓶、大小瓶、罐头听、大小袋等。充填容器的范围为 5mg～5kg。大部分充填精度为 ±1%。其原理如图 10-18 所示。储料斗 1 下面装有一个带有可调节容积的计量筒转轮 2。计量筒沿转轮的径向均匀分布，并通过管子与转轮中心连接。转轮中心有一个圆环形真空-充气总管 3，用来抽真空和进空气。物料从储料斗落于计量筒中，经过抽真空后密实均匀。传送带 5 不断将容器送入转轮下方。当转轮转到容器上方时，空气把物料吹入容器内。

各种容积充填方法有一个共同的重要问题，就是尽量使物料的密度少发生变化，因而需要采用振动、搅拌和抽真空等办法。物料密度的变化，随时会引起计量误差，所以必须迅速发现，立即调整充填量。充填速度越快，发现和调整越困难，因此需要熟练的操作技术。在高速充填时，可采用自动检测器，将检测结果随时反馈到充填机的有关部位，然后自动进行调整。

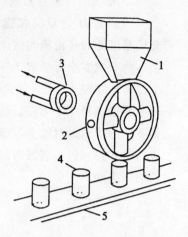

1—储料斗；2—计量筒转轮；3—真空充气总管；4—容器；5—传送带
图 10-18 真空-计量筒式充填机示意图

为了提高充填速度和精度，可以采用容积充填和称量充填混合使用的方式。

固体物料充填方法的选择和液体物料充填一样要根据各种因素进行综合考虑。首先要考虑选择被充填物料的物理特性和充填精度；其次还要考虑充填容器的结构和材质；第三，要考虑充填的速度；最后还要考虑充填机的复杂程度、操作的难易、价格的高低等因素。现将各种固体物料充填的方法比较列于表 10-2，以供选择时参考。

表 10-2 各种固体物料充填方法比较

项目	比较内容		称量方法		容积充填法				
					通过流量或时间控制充填容积			用计量器控制充填容积	
			(1)净重称量	(2)毛重称量	(3)计量振动式	(4)螺旋式	(5)真空式	(6)重力-计量筒式	(7)真空-计量筒式
1	充填物料	形态 粉末	+	+	+	+	+	+	+
		形态 规则或不规则个体	+						
		松散	+	+	+	+	+	+	+
		黏性 半黏性		+		+			
		黏性 黏性		++					

续表

项目	比较内容		称量方法		容积充填法				
			(1)	(2)	通过流量或时间控制充填容积			用计量器控制充填容积	
			净重称量	毛重称量	(3)计量振动式	(4)螺旋式	(5)真空式	(6)重力-计量筒式	(7)真空-计量筒式
2	充填容器	硬质 玻璃、塑料瓶罐,金属罐听等							
		半硬质 薄塑料瓶、杯等	+	++	+	+	+(加硬质套)	+	+(加硬质套)
		软质 纸、塑料、复合袋	+	++	+	+	+(加硬质套)	+	+(加硬质套)
3	充填精度	低			++			+	
		中		+		+			+
		高	++				+		
4	充填速度	慢	+						
		较慢		+		+			+
		快			++	+		+	
5	充填机特点	结构	复杂	复杂	最简单		较复杂	较简单	较复杂
		操作	要求高	要求高	最简便	较简便	要求较高	简便	要求较高
		价格	最高	高	最低	较低	较低	低	较低

注:"+"适合;"++"更适应。

三、计数充填法

在食品、日用化学、医药工业及其他工业生产中,一些块状产品、颗粒状产品和针棒状产品,如香皂、面包、糖果、药片、钢珠、钳扣、卷烟、铅笔等,或由于生产中实现机械自动化生产,实现了规格化、标准化生产,每种产品具有"相同"的分量和质量,这些类型的产品多应用计数定量包装。有些产品传统上就采用计数定量包装，如卷烟20支一包，铅笔、乒乓球论打包装，每打12支（个），药片100~500片一瓶等。因而计数定量法在固态的块状、颗粒和棒状产品以及单件包装的集合包装中应用甚广。

计数法按计量的方法分为两大类：第一类是包装物品具有一定规则的整齐排列，其中包括预先就具有规则而整齐的排列，或经过供送机构将杂乱包装物品按一定形式排列计数的方法；第二类是从杂乱包装物品的集合体中直接取出一定个数的计数方法。

1. 包装物品呈有规则排列的计数法

（1）集积计数法。使物品具有一定规则的排列，按其一定长度、高度、体积取出，获得一定数量，这种方法常分为以下几种。

①长度计数法。常用饼干包装、火柴盒包装、云片糕包装、卷烟包装等。计量的方法是物料经过输送机送到计量腔中，端头有电触头或机械控制装置，当被包装物到达端头后，迫使控制装置发出信号，使推进器动作，将要求计量的物品推送在包装材料上进行裹包包装，如图10-19所示。由于这类物品的形状规则具有确定的几何尺寸，它们若干包、盒、块叠加成的长度或厚度、宽度也具有确定的数值，只要选取推板的长度便可得到一定的数量，通常推板的长度以小于规定盒数的叠合长度为准。

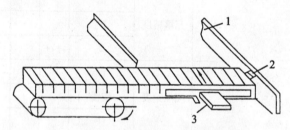

1—挡板；2—电触点；3—推板

图10-19 长度计数装置示意图一

如图10-20所示为长度计数法的另一形式，通过推杆往复一次获得一定的数量。

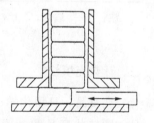

图10-20 长度计数装置示意图二

②容积计数法。通常用在香烟小包机和火柴装盒机上进行计数计量，如图10-21所示为火柴装盒中火柴梗顺序地装在料仓中，料仓1由凸轮机构带动进行振动，避免架桥，使火柴棒能顺利充满计量容腔3中，阀门2由凸轮机构控制开闭的时间，在容腔内计量火柴棒被送进盒后，阀门2闭合，隔断料仓1和计量容腔3的通道，完成计量过程。这种计量方法可达到大致相同的数目。

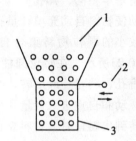

1—料仓；2—阀门；3—计量容腔
图10-21　容积计数装置示意图

③堆积计数法。主要用于不同品种，而各品种具有一定数量的计数包装，如图10-22所示。如四个料斗中，放着四种不同颜色的包装物品，每种各取一包。计量船作间歇运动，移动一格，从料斗中送入一包至船中，移动四次后即完成每大包四种不同颜色的包装，这种方法还可以用于形状、大小有一定差异的物料的计数包装。

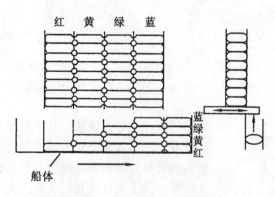

图10-22　堆积计数装置示意图

（2）计数器。使物品整齐而有规则地排列，逐个顺序计数的装置叫计数器。常见有两大类：机械式计数器和光电式计数器。

2. 包装物品呈现杂乱形的计数法

这种方法主要有四种形式，即转盘计数充填法、转轮式计数充填法、履带计数充填法和计数秤计数充填法。

①转盘计数充填法。主要是采用特制的定量盘来计量充填物料

的量，这种转盘可按要求间距和大小制作若干组计量孔眼，定量盘在传动装置带动下连续或间歇运转时，各组计量孔眼在料斗下接收物料，每孔一粒，当转到出料口，靠物料自动落下卸落物料，充填到容器中。这种方法适用于药片、巧克力、糖果类、钢珠和纽扣等颗粒类产品的定量自动包装，而且充填效率较高。

②转轮式计数充填法。也称转鼓计数法，其计量原理与转盘计量基本相同，其孔眼（盲孔）是在转轮上，转轮在料斗中依靠搓动使物料自动充填计量孔眼。可应用于糖豆、钢球、纽扣等直径比较小的颗粒物料集合自动包装计量。转轮式计数充填装置如图10-23所示，在转轮圆柱表面上均匀分布着有数组计量孔，其孔为盲孔，转轮连续回转，当转轮转到计量孔与料斗相通时，物料依靠搓动和自重进入计量孔中。当该组计量孔带着定量的物料随着转轮转到出料口时，物料靠自重经落料斗落入包装容器中。

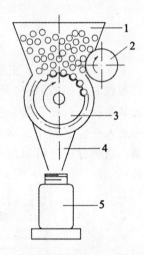

1—料斗；2—拨轮；3—计数转轮；4—落料斗；5—包装容器
图10-23 转轮式计数充填装置示意图

③履带计数充填法。基本原理是利用履带上的计数板对物品进行计数，并将其填充到包装容器内。适用于形状规则的片状、球状物品的计数充填包装。履带计数填充装置如图10-24所示，计数板为条形，其上有计量孔，孔为上大下小的通孔。根据需要，将有孔板条和无孔板条相间排列组成计数履带，在链轮带动下进行移动。当一组计量孔行经料斗下面时，物品由料斗靠自重和振动器的作用落入计量孔中，并由拨料刷将多余的物品拨去。该组计量孔带着定量的物品继续移动，当到达卸料区时，借助鼓轮的径向推头的作用，将物品成排的从计量空中推出，并经落料斗进入包装容器中。

④计数秤计数充填法。是利用杠杆原理制造的一种秤，该秤的计数原理是，采用各种形式的不等臂秤，如十分秤或百分秤。在这些秤上计量物体时，用来与被计量物体相平稳的砝码的重量可以是

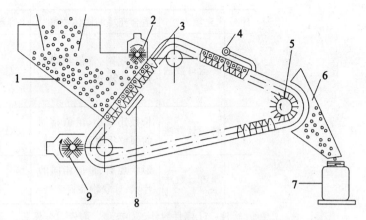

1—料斗；2—拨料刷；3—计数履带；4—探测器；5—径向推头；
6—落料斗；7—包装容器；8—振动器；9—消屑毛刷

图 10-24 履带计数填充装置示意图

被计量物的 1/10 或 1/100。被计量数量的物品放在承重装置上，而与其相同的用于保持平稳的物品则放在另一个小的重物盘上。然后，把这一盘中的物品数乘以秤杆所示的臂比（10、100 等），即可求得承重装置上的物品的数量。在类似的秤上如果它的臂比是 10 或 100，也可同样测出物品的 10 或 100 倍的数量，此数即为物品的数量。

计数充填方法各不相同，适用的填充物料和容器也不完全相同，各自也有自己的特点，计数充填方法的比较如表 10-3 所示。

表 10-3 几种计数充填方法的比较

序号	充填方法	适合充填的固体物料	容器类型	特点
1	长度计数法	有固定厚度、形状规则的扁平产品及包装件二次包装	箱、盒、包裹	(1) 填充精度高，误差几乎为零。(2) 填充速度快。
2	容积计数法	等径长棒状级颗粒状物品；要求计量精度低、价格低廉的物品	盒、罐、袋	(1) 填充精度较低。(2) 填充速度较快。
3	堆积计数法	形状规则的几种不同颜色、式样、尺寸有所差异的物品，按等数或不等数量装入统一包装内	箱、盒、包裹	(1) 填充精度高，误差几乎为零。(2) 填充速度较快。

续表

序号	充填方法	适合充填的固体物料	容器类型	特　点
4	转盘计数法	形状规则、量值相同的颗粒状物品	①②③	(1)填充精度高。(2)填充速度比较快。
5	转轮计数法	长径比较小、量值相同的颗粒状物品	①②③	(1)填充精度高。(2)填充速度快。
6	履带计数法	形状规则、量值相同的片状、球状物品	①②③	(1)填充精度高。(2)填充速度快。

注：①刚性容器，如玻璃、陶瓷、金属瓶、罐等。
②半刚性容器，如塑料瓶、杯等。
③软质容器，如塑料袋等。

思考题

1. 什么是充填、充填精度？为什么说充填精度的高低是关系到企业利益的重要因素之一？

2. 充填按计量可分为哪几类？按被充填物品的种类又可分为哪几类？

3. 液体物料的哪些性质对选用充填方式和设备有关键作用？

4. 什么是流量？为什么说流量的计算公式可以作为设计最佳灌装系统的依据？

5. 按灌装的方法，液体灌装可分为哪几种？分别指出其中哪几类是最基本的灌装方式，哪几种是属于定液位灌装方法，哪几种是直接定容积的灌装方法？

6. 了解纯重力灌装法、纯真空灌装法、定时灌装、定时/压力灌装法的特点及应用。

7. 灌装方法的选取要考虑哪些方面（原则）？

8. 简述固体物料充填技术的分类。

9. 试比较净重充填法与毛重充填法的特点和应用范围。

第十一章　装盒、装箱、裹包及装袋技术

　　装盒、装箱、裹包及装袋实际上是产品对盒、箱、袋等容器的充填。由于包装容器的特殊性，故其包装的技术与方法也有别于一般物料的充填。

　　盒与箱很早就作为包装容器广泛用于运输和销售包装，它们大部分由纸板或瓦楞纸板制成（也有塑料制成的盒与箱），属于半刚性容器。由于它们的制造成本低、重量轻，空盒、空箱可以折叠，便于存放、运输，并可回收重复使用或作为造纸原料，因此至今仍为包装的基本形式之一。

　　而裹包与装袋都使用较薄的柔性材料，如纸、塑料薄膜、金属箔以及它们的复合材料。

　　裹包与装袋用料省、操作简单、包装成本低，销售和使用都方便。因此，应用范围十分广泛，而且在不断扩大。从包装固体物料扩展到各种黏度的液体物料；从小小的剃须刀片到直径近1米的卷筒纸；从几克重的小袋调味品到几十千克重的大袋水泥、化肥。特别是现代化的商品销售方法和人们的生活方式，如超级市场、快餐食品的兴起，柔性材料和装潢、印刷技术的发展，以及相应的包装机的产生，为这两种包装技术迅速而持续的发展提供了很好的条件，它们在包装领域占有重要地位，对食品和日用品包装尤其如此。

第一节　装盒技术

　　盒是指体积小的容器，如牙膏盒、肥皂盒、药品、文教用品和各种食品盒。大部分盒用纸板制成，用于销售包装，有时装瓶装袋后再装盒，或装小盒后再装较大的盒。总之，都属于内包装。多数装盒商品在市场和零售商店陈列于货架上，最终到达消费者手中。

　　多年以来，盒的发展主要是变换式样，不断改进印刷和装潢。装盒技术主要是从手工操作向机械化、半自动化和全自动化方面发展。而盒的用途和功能则无很大变化。

一、纸盒的种类及选用

纸盒的种类和式样很多，但差别大部分在于结构形式、开口方式和封口方法。

1. 按制盒的方式

（1）折叠盒。即纸板经过模切、压痕后，制成盒坯片；或者再将盒坯片的侧边黏结，形成方形或长方形的筒，然后压扁成为盒坯，在装盒现场再折叠成各种盒。盒坯片和盒坯都是扁平的，目的是节省空间，便于储运；装在装盒机的储盒坯架上时，取放都很方便。折叠盒适合于机械化大批量生产。折叠盒从使用角度讲，分为筒式盒和浅盘式盒。

（2）固定盒。多制成盒与盖两部分，或者盖用韧性强的纸、布等做成柔性铰连与盒粘在一起。固定盒无论盒与盖，制成后就成为一个整体，不能折叠也不能压扁。空盒堆叠起来体积大，储运不方便。不论用手工粘糊或用机器制盒，生产率都较低，成本高。整体盒的优点是：可用较厚的纸板制造，对产品的保护性好，适于装脆性、易碎产品，如药用针剂、玻璃器皿等；此外，可用各种装饰材料裱糊成外观精美豪华的盒，用于装礼品、纪念品和贵重工艺品等。

2. 纸盒的选用

包装容器的选用涉及的因素很多，在此仅就盒的结构形式的选用提出以下要点。

（1）当商品很容易从盒的狭窄截面放入或取出时，如牙膏、药瓶等，可选用筒式盒，采用盖片插入式封口，使用方便；如果商品较重或有密封性要求时，应选用盖片黏结封口方式；如果商品为分散的颗粒或个体时，容易因盖片松开而散漏，如皂片、图钉等，其翼片和盖片应选用扣住式结构。

（2）当商品不易从盒的狭窄截面放入或取出时，如糕点、饼干、服装和工艺美术品等，应选用浅盘式盒。

（3）为了宣传商品和便于顾客了解商品，应恰当地选用开有透明窗的盒。如牙刷、手饰和生日蛋糕等。

二、装盒方法

1. 手工装盒方法

最简便的装盒方法就是手工装盒，不需要设备和维修费用。但速度慢、劳动生产率低，对食品和药品等卫生条件要求高的商品，容易污染。只有在经济条件差，具有廉价劳力的情况下才适用。

2. 半自动装盒方法

由操作工人配合装盒机来完成装盒过程。用手工将产品装入盒中，其余工序，如取盒坯、打印、撑开、封底、封盖等都由机器来完成；有的产品需要装入说明书，如药品和化学用品等，仍需用手工放入。

半自动装盒机的结构比较简单，但装盒种类和尺寸可以变化，改变品种时调整机器所需的时间短，很合适多品种小批量产品的装盒，而且移动方便，有时还装有转轮，可以从一条生产线很方便地转移到另一条生产线，生产率一般为 30~50 盒/min，随产品而异。有的半自动装盒机，用来装一组产品，如小袋茶叶、咖啡、汤料和调味品等，每盒可装 10~50 包。装盒速度与制袋充填机配合，相对地讲，每装一盒的时间较长，因此，机器运转方式为间歇转位式，自动将小袋产品放入盒中并计数，装满后自动转位。放置空盒、取下满盒和封盒的工序由操作工人进行。一般生产率为 50~70 小袋/min（每次装一小袋）或 100~140 小袋/min（每次两小袋），要与小袋包装机的生产率配合。半自动装盒机，大部分用手工装产品，所以装盒方式多为直立式，以便于充填。

半自动装盒工艺过程示意图如图 11-1 所示，盒坯由制盒厂加工供应，纸板经过模切，黏结侧缝后，压扁制成盒坯。盒坯由操作工人按时装入盒坯储存架内，然后机器中的特制机构，每次取出一个盒坯，再将其撑开成筒状，继续前进封底（底盖片插入或涂胶黏结），接着用手工将产品装盒，需要时可先装说明书，再前进封上口，装盒完成。如果需要打印标记、代码等可在盒坯取出撑开前进行。

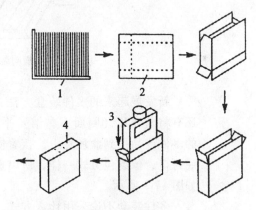

1—储盒坯架；2—盒坯；3—产品；4—包装件

图 11-1 半自动装盒工艺过程示意图

3. 全自动装盒方法

除了向盒坯储架内放置盒坯外，其余工序均由机器完成，全自动装盒机的生产率很高，一般为 50~600 盒/min，超高速的可达 1000 盒/min，但机器结构复杂，操作维修技术要求高，设备投资也大。产品变换种类和尺寸范围受到限制。在这方面不如半自动装盒机灵活。因此，适合于单一品种的大批量产品装盒，如牙膏、香皂、药片等。

全自动装盒过程中，产品由机器自动装入盒内，故一般均采用横向装盒方式，即产品推入的方向与盒坯输送带运动方向互相垂直，且在同一平面之内；无论与装瓶机还是装软管机连接时，产品在装盒之前均处于平放位置，如果在充填机输出时为直立位置，则在产品输送带的上方适当位置放置导板，将产品逐渐翻倒成水平位置后再装盒，对于成组装盒的产品，多数也以横向装盒为宜。横向装盒过程如图11-2所示。但对于自由流动的粉末、颗粒和块状产品，如精制大米、糖果、皂片、洗涤剂等，对于金属零件，如螺钉、螺母等，需要计数或计量。这种情况则应采用铅垂方向装盒方式，盒在输送带上处于直立位置，当运行到料件下方时，产品按时落下，装入盒内。

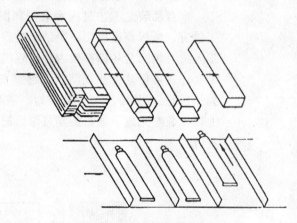

图11-2 横向装盒过程示意图

新发展起来的多件装盒方法，除采用上述的横向装盒方式外，还有将盒坯片（侧面不黏结）平放在输送带上，然后将堆积起来的多件产品推到盒坯片上，接着依次折叠成盒，先后黏结侧边，封底封口，像裹包方式一样，所以也称裹包式（或折叠式）装盒法，如图11-3所示。

多件装盒不论采用什么方式，因为机器需要将多件相同的产品先堆叠成组，尽管堆叠速度很快，但装盒速度仍然较慢。这类装盒机的生产率一般为5~50盒/min。

三、装盒设备选用

装盒机的装盒方式要根据装盒方法来确定；装盒机的生产能力和自动化程度，则根据产品生产批量、生产率及品种变换的频繁程度来确定。首先，要与产品生产设备的平时生产率相匹配，同时，又要考虑到产品高峰生产期能保证完成装盒要求。自动化程度并非

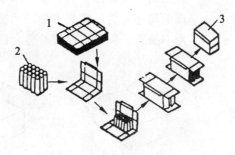

1—盒坯片；2—产品；3—包装件
图 11-3 裹包式装盒法

越高越好，而是要恰当，符合操作维修人员的技术水平，以达到最佳经济效益。此外，在订购设备时，还要考虑到本厂产品装盒的某些工序所需要的附属装置能否与主机配套。

第二节 装 箱 技 术

箱作为包装容器，通常用于运输包装，属于外包装。箱与盒的形状相似，习惯上小的称盒，大的称箱，它们之间没有明显界限，只不过是盒的结构强度较差，需另加一些措施（如盒内配置夹衬、隔板等）以增强盒内部的定位及缓冲隔振的效果。装箱技术是指对于已完成小包装的产品，为了使其在运输过程中不受损坏，便于储运而将小包装的产品按一定方式装入箱内，并把箱口封好的技术。

箱的种类和形式很多，按制箱材料可分为：木板箱、胶合板箱、纤维板箱、硬纸板箱、瓦楞纸箱、钙塑瓦楞箱和塑料周转箱等。其中，供长时间储存，在大范围内运输用的，以瓦楞纸箱为最多；供临时性储存，在小范围内流通的，以塑料周转箱为最多。它们都具有重量轻、成本低的优点。本节主要阐述瓦楞纸箱的装箱技术。

一、瓦楞纸箱的基本形式

瓦楞纸箱又分为折叠式、固定式和异形式三种。最常用的是折叠式的。折叠式瓦楞纸箱的基本形式有六种，如图 11-4 所示。其中，以通用开缝箱应用最广泛。国际上称为 RSC 箱（regular slotted case），在国际纤维板箱代号中为 0201，见图 11-4（a）。这种箱多数为上下开口，也有侧面开口的。是由一张瓦楞纸板，经过模切、压痕后折叠而成。侧边采用黏结或钉合方法连接。RSC 箱作为长方形比正方形的节省材料。因此，其尺寸特点为：翼片和盖片垂直于折痕的长度相等；其长度为纸箱宽度的一半。这样的尺寸结构，形成的箱坯片为一张长方形的瓦楞纸板，开缝后无边角余料，材料利用率最高；同时，两盖片盖合后，正好将开口处完全盖严。

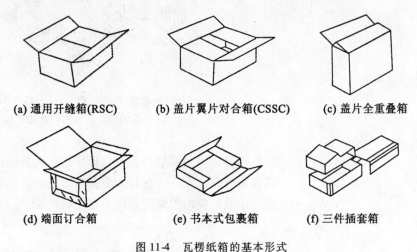

图 11-4 瓦楞纸箱的基本形式

(a) 通用开缝箱(RSC)　(b) 盖片翼片对合箱(CSSC)　(c) 盖片全重叠箱
(d) 端面订合箱　(e) 书本式包裹箱　(f) 三件插套箱

二、装箱方法

装箱与装盒的方法相似，但装箱的产品较重、体积较大，还有一些防震、加固和隔离等附件，箱坯尺寸大，堆叠起来也较重，因此装箱的工序比装盒多，所用的设备也复杂。

1. 按操作方式分

（1）手工操作装箱。先把箱坯撑开成筒状，然后把一个开口处的翼片和盖片依次折叠并封合做为箱底；产品从另一开口处装入，必要时先后放入防震、加固等材料，最后封箱。用粘胶带封箱可用手工进行，如有生产线或产量较大时，宜采用封箱贴条机。用捆扎带封箱，一般均用捆扎机，较手工捆扎可节省接头卡箍和塑料带，且效率较高。

（2）半自动与全自动操作装箱。这类机器的动作多数为间歇运动方式，有的高速全自动装箱机也有采用连续运动方式的。半自动操作装箱，取箱坯、开箱、封底均为手工操作。

2. 按产品装入方式分

（1）装入式装箱法。产品可以沿铅垂方向装入直立的箱内，所用的机器称为立式装箱机；产品也可以沿水平方向装入横卧的箱内或侧面开口的箱内，所用机器称为卧式装箱机。

①铅垂方向装箱。通常适用于圆形的和非圆形的玻璃、塑料、金属和纤维板制成的包装容器包装的产品，分散的或成组的包装件均可。广泛用于各种商品，如饮料、酒类、食品、玻璃用具、石油化工产品和日用化学品等。

常见的立式装箱机均为间歇运动式,速度受到一定限制。为了提高速度,有的设计成多列式,即在同一台装箱机上,每次装几个箱,速度可提高到60箱/min;新型的立式连续装箱机,适合于瓶装或罐装产品,生产率可达75箱/min,但不宜经常变换产品品种。

操作过程如图11-5所示,产品在空箱运输带上方运送,有一组夹持器与要装箱的产品同速度前进,到达规定位置后,夹住产品并逐渐下降,将产品装入箱内,然后松开提起返回;另外一组夹持器将后面的一组产品装箱。如此连续循环进行,不停顿地装箱。

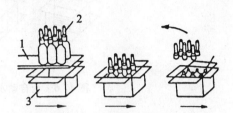

1—送料器;2—夹持器;3—空纸箱
图11-5 立式连续装箱过程示意图

②水平方向装箱。适合于装填形状对称的产品(圆形、方形等),装箱速度为低速和中速,一般为10~25箱/min,最高不超过30箱/min。水平方向装箱用卧式装箱机,均为间歇操作,有半自动和全自动的两类。半自动装箱需要人工放置空箱,装箱速度为10~12箱/min,很少达到20箱/min。全自动装箱需要设置取箱坯、开箱和产品堆叠装置。

全自动装箱机的操作过程如图11-6(a)~(f)所示。图(a)从箱坯储存架上取出一个压扁的箱坯;图(b)将箱坯横推撑开成水平筒状;图(c)将箱筒送至装箱位置,并合上箱底的翼片;图(d)将产品从横向推入箱内,并合上箱口的翼片;图(e)在箱底和箱口盖片的内侧涂胶;图(f)合上全部盖片并压紧。黏结用的黏合剂为快干胶,2~3秒即可固化粘牢,这种胶价格较贵。

(2)裹包式装箱法。与裹包式装盒的操作过程相同,见图11-3。高速的裹包式装箱机生产率可达60箱/min,中速的为10~20箱/min,半自动式的为4~8箱/min。

(3)套入式装箱法。这种装箱方法适合包装重量大、体积大和较贵重的大件物品,如电冰箱、洗衣机等。这类产品如果采用上述方法装箱,无论是上下移动或水平移动,既费功又容易出事故。为此,采用套入式,其特点是纸箱采用两件式,一件比产品高一些,箱坯撑开后先将上口封住,下口没有翼片和盖片;另一件是浅盘式的盖,开口向上,也没有翼片和盖片,长宽尺寸略小于高的那一件,可以插入其中形成一个倒置的箱盖。装箱时,先将浅盘式的盖放在装箱台板上,里面放置防震垫,重的产品可在箱下放木质托

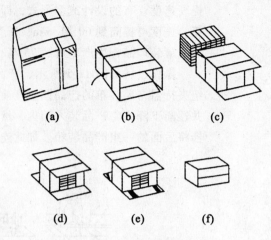

图 11-6 全自动水平装箱过程示意图

盘。然后将产品放于浅盘上,上面也放置防震垫。再将高的那一件纸箱从上部套入,直到把浅盘插入其中。最后用塑料带捆扎。见图 11-7。

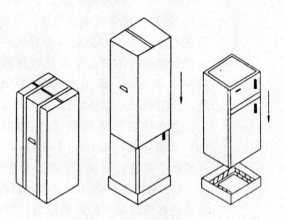

图 11-7 套入式装箱过程示意图

还有一种套入式装箱方法,见图 11-8。将直立储存架上的箱坯取出后撑开成筒状,当成组的产品送至装箱位置时,将箱筒自上而下套在产品上,然后封底及封箱。

除以上的装箱方法外,还有一种特殊的装箱方式,称箱装袋（bag in box）。箱装袋顾名思义,就是在瓦楞纸箱内装一个塑料或复合材料的袋子。袋上有灌袋口,可以装封口盖或带管的阀门。一般为手工装箱,将空袋先装在空箱内,灌满料液后,将袋上的盖或阀门旋紧,然后封箱。灌满后的袋,形状和容积正好填满箱的空间。取用时,不必开封,只需将露在箱外的放液盖或阀门开启即可,如婴儿食品等。因此,很受家庭、快餐店和饭店的欢迎。

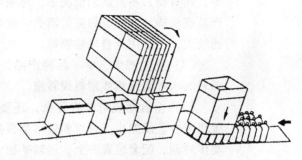

图 11-8 筒状箱坯套装多件产品

箱装袋是 20 多年前开始出现的,由于塑料薄膜和多层复合材料的性能不断改进,近年来箱装袋的应用范围不断扩大,主要用来包装各种黏度的液体物,如饮料、酒类、食用油、酱油等。包装容积,小袋为 $4 \sim 25 cm^3$,大袋可达 $200 \sim 1000 cm^3$。箱装袋有许多优点。

①空箱和袋都是可折叠的,储运占地少,并可重复使用;

②箱为长方形,堆叠起来占地面积比圆桶少;

③装袋之前,袋可进行灭菌处理,灌满液体物料之后袋中无空气,使用过程中袋逐渐压瘪,空气不能进入袋中,可一直保持袋中物料不与空气接触。

由此可见,箱装袋可节省包装和储运费用,并可延长物品的保存期,使用也很方便。但箱装袋也有缺点:在堆放过程中,万一有一个箱中袋泄漏,将污染和损坏其下层的箱。所以,箱要有足够的强度,袋的质量必须保证。新产品包装要经过严格测试。

三、瓦楞纸箱和装箱设备的选用

1. 瓦楞纸箱的选用

瓦楞纸箱是运输包装容器,其主要功用是保护商品。选用时,首先应根据商品的性质、重量、储运条件和流通环境来考虑。运用防震包装设计原理和瓦楞纸箱的设计方法进行设计,应遵照有关国家标准。出口商品包装要符合国际标准或外商的要求,并要经过有关的测试。在保证纸箱质量的前提下,尽量节省材料和包装费用。例如,容积相同的纸箱,采用长:宽:高 = 2:1:2 时最省料,为 1:1:1 时最费料。因此,尽量避免采用正方形的箱。还要照顾到商品对箱内容积的利用率,箱对卡车、火车厢容积的利用率以及仓储运输时堆垛的稳定性。

2. 装箱设备的选用

一般情况下,生产厂不设制箱车间,瓦楞纸箱均由专业的制箱厂供应。选购装箱机应考虑以下几点。

(1) 当生产率不高、产品轻、体积小时,如盒、小袋包装品等，在劳动力不短缺的情况下，可采用手工装箱。但对一些较重的产品或易碎的产品，如瓶装酒类、软包装饮料、蛋等，一般批量也比较大，可选用半自动装箱机。

（2）高生产率、单一品种产品，应选用全自动装箱机，如啤酒和汽水等装纸箱或塑料周转箱。

（3）全自动装箱机构复杂，还要有产品排列、排行、堆叠装置相配合。虽然生产速度和效率都很高，但必须建立在机器本身的动作协调、配套装置齐全、运转平稳，以及控制系统灵敏可靠的基础上，用于生产量大的场合。最新式的全自动装箱机的灌装速度可达 350L/min，当然还取决于液体的黏度。

第三节　裹包技术

裹包是用较薄的柔性材料将产品或经过原包装的产品全部或大部分包起来的方法。绝大部分裹包属于销售包装。裹包的特点是：用料省、操作简便，用手工和机器操作均可；低、中、高速都有；可适应许多种不同形状、不同性质的产品包装。主要的裹包材料有纸、塑料以及它们的复合材料。

一、裹包方法

裹包的形式很多，一般与所用的材料、封口方式和使用设备有关。按裹包形式可分为两类：折叠式裹包和扭结式裹包。按操作方式可分为三类：手工操作、半自动操作和全自动操作。

1. 折叠式裹包方法

这是裹包中用得最多的一种方法，包装件整齐美观。折叠式裹包的基本方式是：从卷筒材料上切下一定长度的一段，或者预先切好材料堆集在储料架内。然后将材料裹在被包物品上，用搭接方式包成筒状，再折叠两端并封紧。根据产品的性质和形状、表面装饰和机械化的需要，可改变接缝的位置和开口端折叠的形式与方向。

（1）两端折角式。也称纸盒、纸盘整包式。适合裹包形状规则方正的产品。基本操作方式是：先裹包呈筒状，接缝一般放在底面，然后将两端短侧边折叠，使其余两边形呈三角形或梯形的角，最后依次将这些角折叠并封紧。其折叠顺序见图 11-9。

手工操作时，接缝可采用卷包缝，可包得很紧，使包装件表面平整，如图 11-10 所示。

机器操作时，因工作原理不同，折角顺序和产品移动方向各有不同。如图 11-11 所示，为上下和水平移动的，折叠顺序见图中箭头。

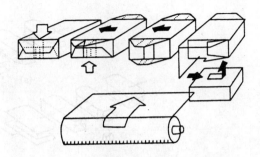

图 11-9　两端折角式裹包的操作顺序

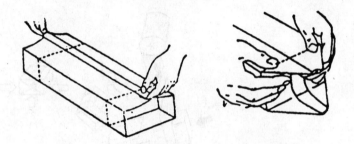

图 11-10　手工操作卷包接缝

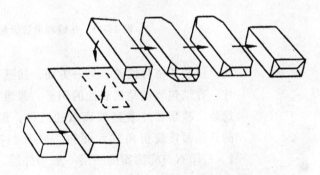

图 11-11　上下和水平移动式折叠

如图 11-12 所示，为水平移动的、接缝在侧面、正反两面的图案都是完整的、适合于直立盒的裹包。其折叠顺序有（a）与（b）两种。（b）的特点是先折两端的短侧边，这样可以保证被包产品，特别是多件产品不错位。如图 11-13 所示，是将最后的长边折角折向背面与接缝贴合，热封或烫蜡封时可一次完成。如果用铝箔或其复合材料则不用封，常见的如巧克力和牛奶糖等小型产品。

对于一些较薄的长方形产品，如口香糖、巧克力板糖等内层的铝箔采用将长边折角全部折向底面与接缝贴合的方式，然后外面套以印有商标和图案的封套。

（2）侧面接缝折角式。也称香烟裹包式。机器操作时，特别是用高速全自动裹包机，接缝放在背面不如手工操作裹得紧，因

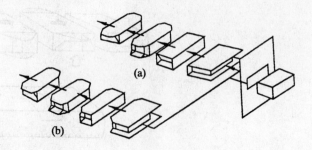

图 11-12 水平移动式折叠

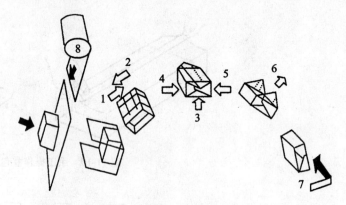

图 11-13 接缝和最后折角均在背面

此,包装的密封性差;另一方面,接缝在背面影响装潢图案的完整性。香烟包装就是代表性的例子。普通香烟的原包装,在国内分为简装、精装和外表裹玻璃纸的三种,最内层的是裱纸铝箔,采用的是侧面接缝折角式六面包,如图 11-14 所示。折叠顺序见图中 1~7。印有商标图案的一层一般为外层,采用侧面接缝折角式五面包,最后在开口处贴封签,如图 11-15 所示。有些商品如录音磁带、盒装药片等,为了零售方便,在多件裹包时也采用侧面接缝折角式五面包,见图 11-16。

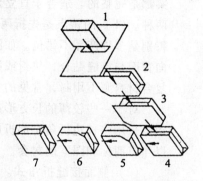

图 11-14 香烟内层侧面接缝折角式六面包

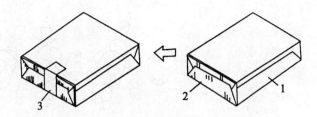

1—外层（五面包）；2—内层（六面包）；3—封签
图 11-15　香烟外层侧面接缝折角式五面包

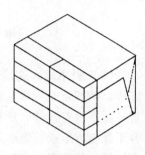

图 11-16　多件产品侧面接缝折角式五面包

（3）两端搭折式。也称面包裹包式。适合于裹包形状不方正、变化多或者较软的产品，如面包、糕点等。裹包时折叠的特点是，一个折边被下面一个折边压住，不像两端折角裹包那样，折边和折角都是上下左右对称的。这种方式的折叠顺序见图 11-17 中 1～4。

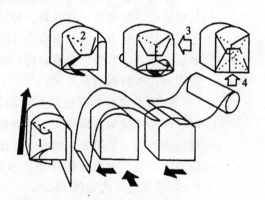

图 11-17　两端搭折式裹包

（4）两端多褶式。这种方式适合于裹包圆柱状或类似的产品，如圆形饼干、卫生纸卷、油毛毡、晒图纸和大型卷筒纸等。操作过程是：先将包装材料裹包在产品上搭接成圆筒状。然后沿圆周方向按次将两端折成许多褶，一个压着另一个。最后用一张圆形标签纸封住两端。如图 11-18 所示。

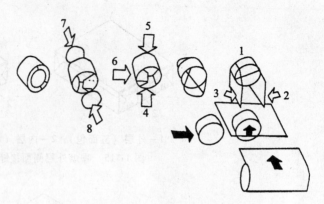

图 11-18 两端多褶式裹包

(5) 斜角式。这是一种最简单、最省料又可以包得很平整的方法。其特点是：被包装物品的对称轴线与包装材料的对角线重合，而且没有接缝，所有的折角都集中在一个面上。这种方法仅适合于裹包方形或长方形而且较薄的产品。有时在折角集合点贴一块商标纸，既美观又起到了封口的作用。

2. 扭结式裹包方法

这种包裹形式主要用于裹包块（粒）状等固体产品，如糖果、巧克力、果脯等。此法无论是手工操作还是机器操作，动作都很简单，而且易于拆开。糖果的最大消费者是儿童，即使 2~3 岁的幼儿也很容易将糖纸剥开；另一方面，只要是小块糖果，无论是什么形状（如球形、圆柱形、方形、椭球形等）都可以裹包。

扭结式裹包就是将一定长度的包装材料将产品裹成圆筒形，搭接接缝也不需要黏结或热封。然后将开口端的部分向规定方向扭转形成扭结。要求包装材料有一定的撕裂强度与可塑性，以防止扭断和回弹松开。包装形式有单层、双层和三层等多种，且内层和外层使用的包装材料有所不同。

扭结形式有单端扭结和双端扭结两种。双端扭结，手工操作时，两端扭结的方向相反；机器操作时，方向一般是相同的。双端扭结式裹包工艺可分为间歇式和连续式两种。单端扭结，用于高级糖果、棒糖、水果和酒类等。双端扭结的操作顺序见图 11-19 中 1~4；单端扭结式见图 11-20。

扭结式裹包的操作方法虽然简单，但因为生产量大，要求速度快，用手工操作时，工人的手快速重复一种扭结动作，常年累月容易患手指关节炎；另一方面，用手直接接触食品，不符合卫生要求。因此，大部分扭结式裹包产品，如糖果、冰棒、雪糕等食品包装都已实现了机械化。

此外，对于一些形状不规则或不定形的和易碎的产品，裹包时采用纸板、塑料支撑板来代替浅盘，或用类似浅盘盒来代替盒与

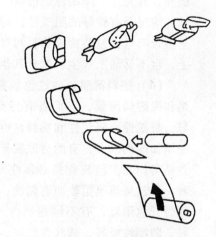

图 11-19　双端扭结式裹包

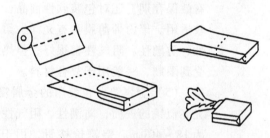

图 11-20　单端扭结式裹包

箱。对于形状规则，多件堆叠后不易散乱的产品，多采用最简单而适用的封套式裹包方式。

二、柔性包装材料的选择

柔性包装材料包括各种软性的袋、包装内衬物、裹包用的材料以及防震材料（部分）等。包装从生产、销售直到使用，要经过储运、货架陈列以及在用户手中存放，会遇到严寒或酷暑，各种振动、冲击和挤压以及干燥、潮湿的气候，还有微生物和虫类的破坏。要保证商品的质量，主要靠包装材料，其重要性是显而易见的。软性包装材料是其中的一大类，也是平常用得最多的一类。

1. 常用的软性包装材料的特性及选用

（1）牛皮纸。坚韧结实，有较高的耐破性和较好的耐水性；不透明，不能热封，只能胶合或用线缝合。适合裹包书籍和小盒的多件包装，也常用于预制小袋和多层大袋。

（2）蜡纸。是用白纸浸蜡而成，有很好的防潮性和阻气性，可以热封。基纸彩印后浸蜡，呈中透明状，有一定的装潢效果，适用于糖果、面包、雪糕等的包装。

（3）玻璃纸。是用粘胶溶液制成的透明纤维素薄膜，透明性极好,有光泽,印刷性也很好,可印复杂的彩色图案。此外,在干燥的情况下有较好的阻气性,对含油脂的商品有阻隔性。玻璃纸几乎不带静电,包装粉末物料封口处不会被沾染。包装件陈列在货架上,也不易沾上灰尘,这是其他薄膜材料所不及的。

(4) 塑料薄膜。软性包装常用的塑料薄膜有聚氯乙烯、聚乙烯和聚丙烯薄膜,它们各有特点。聚氯乙烯薄膜透明性和光泽很好,防潮性、阻气性和热封性也好,并且抗油脂,因为在加工过程中填加的助剂中,有的会散发异味,有的有毒性,一般用于包装非食品类物品。包装食品必须注意选择无毒性或低毒性无气味的品种。聚乙烯薄膜柔软而有韧性,抗冲击性好,但不易撕裂,造成使用时开包困难;有不同透明性的品种,是透明薄膜中最便宜的一种;防潮性极好,透气性也好,使包装件内的二氧化碳容易排出而空气中的氧容易进入,因此,对包装新鲜蔬菜和水果有益,可延长有效保存期,还对包装软性商品,如纺织品、服装及烘烤食品等比较适用。聚丙烯薄膜具有光泽、柔软的手感,而且透明,化学稳定性、防潮性、阻气性都很好,但热封性能差、价格较高,因而用途受到限制,一般用于复合材料。

(5) 金属箔。包装用的金属箔主要是铝箔,铝箔具有平滑而光亮似镜的表面,防潮性、阻气性能极好,包装用的铝箔厚度一般为 $18\sim40\mu m$。铝箔价格贵,用于包装时主要取其阻隔性和装饰性,其强度较低,容易褶皱,因此多与纸、塑料等组成复合材料,如裹包香烟、巧克力糖、软包装饮料及蒸煮袋装食品等。

(6) 复合材料。复合薄膜最多,用途广泛,复合薄膜具有任何单一薄膜达不到的性能,但制造工艺复杂,价格较贵,常用的多为纸、塑料和铝箔等以不同形式和不同层次组成,如纸/铝箔复合,可以提高防潮性能;聚酯/铝箔/聚乙烯复合,可以在 $100\sim120℃$ 的温度下,经 45 分钟加热灭菌,作为包装食品的蒸煮袋。除复合薄膜外,其他复合材料也有发展,如纸/纤维棉布复合,用于包装水泥等。

2. 软性包装材料的选用原则

包装材料的选用应结合实际应用,选用原则有以下几点。

(1) 对性质稳定而又坚实的商品,包装的作用主要是使用方便,可选用有足够强度而价廉的材料;如果商品本身的外观有吸引力和宣传性,则应采用透明材料;如果商品是怕光的,则应选用不透明或带颜色的材料。

(2) 干燥商品,特别是很多干燥食品,如饼干、早点食品、油炸土豆片和汤料粉等,只要保持干燥,就不会受微生物的损害。不过,一旦它们从空气中吸收了过多的水分,就容易变质。因此,必须用防潮性能好的材料包装。

(3) 有些含水分高的商品,在空气的平均湿度之下,会蒸发去一部分水分,将影响商品的外观和质量。这就需要根据有关数据和期望的有效保存期进行计算,以确定具有合适透湿度的材料。问题是比较复杂的,如果完全不能阻隔水汽,在常温下2~3天,微生物就会繁殖而损害商品外观。如果是食品,将变质甚至不能食用。因此,在正确选择包装材料的同时,还要采取其他制菌或灭菌等措施。

(4) 钢铁零件、工具等对氧敏感,特别在相对湿度超过65%时,容易被锈蚀。除选择具有一定阻气性材料外,可以在包装件内放少量干燥剂或防锈剂。

(5) 对奶油、油炸快餐食品等含油或脂肪较多的食品,容易被氧化而变味,特别是在光照下氧化过程加快。所以应采用不透明的或有铝箔的复合材料。如果短期保存,采用一般阻油性材料包装即可。

(6) 新鲜蔬菜和水果等,包装后继续"呼吸",消耗氧气排出二氧化碳,促成某些细菌繁殖。可采用水果、蔬菜保鲜薄膜进行包装,因其有适度的透气性,保鲜效果很好。如果采用透气性不好的材料包装,可在包装上开3~4个直径为5mm的小孔,或者仅密封一部分。

(7) 柔软材料也可以很好地包装液体物料,如牛奶、饮料等。液体物料软包装必须保证密封不漏;还要增加刚性便于陈列,可用纸、塑料薄膜、金属箔等的复合材料。

以上几条材料的选用原则也适用于刚性和半刚性材料及容器的选用。

三、裹包机的选用

裹包机的种类很多,有通用的和专用的,有低、中、高和超高速的,有半自动和全自动的。它们可以单独使用也可以联在生产线中使用。裹包机的选用要点如下。

(1) 机械的性能。首先裹包机分为半自动、全自动两类。半自动裹包机多属于通用的,更换产品尺寸和裹包形式需要的时间短,需要的操作人员略多一些,机器的运动多属间歇式,生产速度为低、中速,生产率一般为300~600件/min。全自动裹包机多属于专用的,如糖果、香烟、香皂等。一般都是单一品种产品,需要的操作人员很少。机器的运动间歇式和连续式都有,生产速度为中、高或超高速。生产率中速的一般为100~300件/min;高速的为600~1 000件/min;超高速的可达1 200~1 500件/min,生产率根据产品大小、形状和裹包形式,以及单件或多件包装等不同而有较大差异。

(2) 材料的价格和供应情况。裹包用的是较薄的柔性材料,机器对材料的机械物理性能要求比较严格,特别是高速和超高速机种，对材料的适应性差，往往由于材料不合要求而不能保证包装质量，或机器不能正常运转，所以，选购裹包机必须考虑材料的价格和供应情况。

（3）维修和操作工人的技术水平。机器的自动化程度越高，功能越完善，如质量监测、废品剔除、产量显示记录和故障警报等。为了实现这些功能，检测和控制系统就复杂，现在很多机器都采用了微电脑，因此，机器必须有很高的可靠性。操作人员和维修人员的技术水平也必须跟得上。

第四节 装袋技术

袋与箱、盒一样，都是包装物品最古老的方法，由于袋装具有许多优越性，所以至今仍广泛应用于包装领域。袋具有包装的基本功能，而且价格最便宜。它既可用于运输包装，也可用于销售包装。它的尺寸变化范围大，有多种材料可供选用，适应的面很广，既可包装固体物料，也可包装液体物料。装袋产品毛重与净重比值最小，无论空袋或包装件所占空间均少；袋本身重量轻，可降低运费。可以说，用袋装可与其他包装相媲美。但是袋装物品后，大部分不能像一些刚性和半刚性包装件那样直立在货架上；它的封口边和褶皱影响美观；与刚性和半刚性容器包装相比，其强度差、包装有效期短。随着新型包装材料和包装结构的不断更新，装袋技术的缺点逐步得到解决。例如，利用 ET/ALU/PE 复合材料可以制成立式包装袋，用来包装果汁、乳制品等，不但具有很好的展示性，还具有较强的力学性能。

一、袋的分类

袋可分为两大类：大袋与小袋。

1. 大袋

大袋常用于工农业产品等的运输包装，如水泥、化工原料、化肥、饲料、面粉、粮食和砂糖等。按称重大小分类，可分为普通袋和集装袋。普通袋也称重型袋，装重量为 20~50kg 的物料。重型袋按制袋工艺又可分为缝底袋和糊底袋。缝底袋其袋底是缝制的，而糊底袋是采用黏合或热封合封口。集装袋是一种特大型的、载重量在 1 吨以上的半散装周转容器，主要用于粉粒化工产品、矿产品、农副产品及水泥的运输包装，主要为编织集装袋及其复合集装袋。它们的主要特点是装货量大、装运成本低、包装自重轻。目前这类集装袋最大载货量可达 13 吨，反复使用次数多大于 400 次。

按制袋材料分类，大袋有以下几种：多层纸袋，用牛皮纸制成；织物袋，用棉、麻、草纤维及化学纤维等织物制成，如麻袋、布袋和草袋等；塑料袋，用塑料膜制成；塑料编织袋，用聚烯烃等塑料薄膜切成细条并加热拉伸，使细条定向，然后编织成袋；无纺织物袋，用聚烯烃纤维等黏结制成，而不是纺织或针织制成；还有纸、塑料、铝箔等组成的多层复合袋。

大袋的基本形式有两种：一种称为开口袋，在制袋时只封闭一端，另一端可以完全张开，以便充填物料；另一种称为阀门袋，在制袋时将两端均封闭，仅在袋一端角上开一个小孔，装有伸入袋子的充填管，以便充填物料。

2. 小袋

小袋常用于销售包装，适用范围很广，其中以食品和日用品包装使用最多，也可用于包装小的工业品，如螺钉螺母、电器元件和小工具等。

按装袋方法分类，小袋有预制小袋和制袋—充填—封口机式小袋两种。

(1) 预制小袋。在包装之前用手工或制袋机制成，由制袋车间或制袋厂供应。充填物料时，需先将袋口撑开，充填后封口。预制小袋用纸、塑料和复合材料制成。因为材料的性质不同，它们的形式也有区别。如图 11-21 所示为纸制小袋的常用形式。其中图 (a) 为平袋，适合装扁平的物品；图 (b) 为方底袋，可以装厚的或较多的物品，因为其两侧有褶；图 (c) 为自动开口袋，只要拿住开口处一抖，袋口就张开，袋底呈长方形，充填很方便；图 (d) 为缝底袋，可装较重的物品；图 (e) 为黏结袖口袋，两端均封住，在袋一端角部装一段充填用的管，充填后将管折叠后封住；图 (f) 为书包型袋，两侧无褶，但撑开后与图 (b)、(c) 相似，制作方便。以上六种纸袋除图 (e) 以外，均为开口袋。机制纸袋的开口和切断处均为锯齿形。小纸袋不透明，阻隔性不如塑料，虽然价格低但一般的生产厂家多不愿采用。主要在零售商店就地为顾客包装物品用。

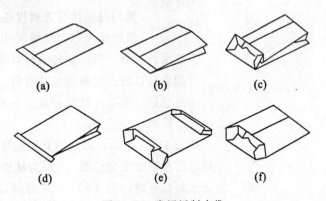

图 11-21　常用纸制小袋

如图 11-22 所示为常用的预制塑料小袋的形式。其中，图 (a) 为背面搭接接缝的平袋；图 (b) 为圆筒形薄膜制成，两侧有褶的袋；图 (c) 为两侧接缝，底部有褶的袋。开口处一边略长，便于撑开；图 (d) 为两侧接缝，接近开口处有向内伸长的舌片，可代替封口；图 (e) 为两侧接缝，开口处有小孔可以悬挂；图 (f) 为两侧接缝，开口处有舌片和按钮；图 (g) 为两侧接缝，开口处有加强板；图 (h) 为底部接缝，开口处有长圆孔，便于携带。

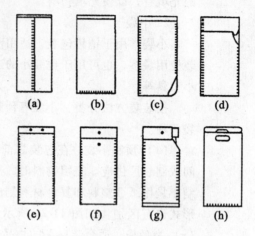

图 11-22　常用预制塑料小袋

预制袋用手工或制袋机制作，不合格的可以在使用前剔除，因而质量容易保证。专用制袋机制袋平整美观，接缝处牢固，并可制异形袋。但预制袋是用给袋充填包装机来包装，需要有给袋、开袋口等机构，因此，生产效率低。

（2）制袋—充填—封口式小袋。这种袋是与充填、封口工序在一台机器上连续完成的。制成的袋有以下几种形式。

① 枕形袋 $\begin{cases} 袋的纵向接缝 \begin{cases} 平袋为搭接在中部 \\ 侧边有褶袋 \end{cases} \\ 袋的纵向接缝为对接在中部 \\ 筒状袋无纵向接缝（用筒状薄膜） \end{cases}$

② 三面封口袋。用一卷包装材料对折，两侧与开口处封合。

③ 四面封口袋。用两卷包装材料，四边都封合。

④ 直立袋。用三片材料制成，一片用来加底封合，充填后可直立，便于陈列。

如图 11-23 所示，为制袋充填包装机生产的袋型。其中图 (a) 为枕形搭接中缝平袋；图 (b) 为枕形对接中缝有侧褶袋；图 (c) 为三面封口平袋；图 (d) 为三面封口平袋；图 (e) 为四面封口平袋；图 (f) 为直立袋。

制袋充填包装的工序安排合理，因此，省材料、省能源、省劳

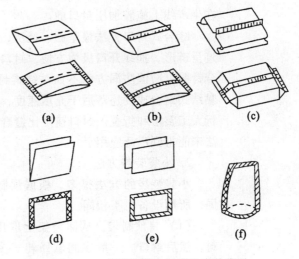

图 11-23 制袋充填包装机生产的袋型

力,而且生产率高,生产成本也较低。但缺点是制袋上的缺陷不能在充填之前发现而剔除,只能在完成包装之后进行检验,将造成一定浪费。

二、装袋方法

装袋方法与包装物料所用的袋子的类型、制袋方法等有关。大袋与小袋的不同,给袋充填和制袋充填也不同。

1. 大袋装袋的方法

(1) 手工操作。由人工取袋、开袋,把袋套在放料斗下或充填管上,充填完毕将袋移至缝合机或黏合机处封口。

(2) 半自动操作。在手工操作的基础上,附加一些辅助装置就成为半自动操作。如人工取袋、开袋,把袋套在充填管上以后,可以在充填口上安装由气动或机械操作的自动袋子夹持器,装满后松开,由输送带将袋运至封口工位,用机器封口。

(3) 全自动操作。袋子从储袋斗中取出,打开并夹住,送往充填工位,定位充填,充填后送至封口工位封口,整个过程完全由机械操作自动进行。

装袋方法的主要环节是充填,而充填方法与要充填的物料类型及流动性有关。阀门袋多用毛重称量法,开口袋用毛重称量和净重称量均可。液体物料通常用定容法充填,详见本书充填技术一章。

大袋的封口方法很多,其选用与袋子的形式和材料有关。阀门袋具有可折叠封合阀、管,可用手工折叠后再封口,也可采用阀管闭合后再折叠封合;开口袋多用缝袋机封口,一般是用手捏住袋口两角,直接通过缝袋机进行缝合。为了增加封口的强度,可在袋口加纸板或耐撕裂材料后,再缝合。此外,在制袋时,在袋口涂敷热熔性黏合剂，封口时在热封装置中加热，然后折叠加压封合；还有在生产线上施胶加压封口的。

缝合式封口方法最坚固、经济，且适应性强。缝合式封口的线迹呈链形，抽线开口极为方便，封口速度也比黏结式高。但因有缝合针眼，防湿防漏方面不如黏结式封口好。由于目前技术水平低，黏结式封合速度还落后于充填速度，在封口之前，往往要对袋口进行人工整形和折叠。封口速度比缝合式低。因此，大袋黏合封口方法未能得到广泛应用。

2. 小袋装袋方法

小袋装袋的方法很多，根据预制袋和制袋充填式制袋方法不同，所用设备也不相同。

（1）装预制袋。从储袋架上取出一个袋，打开袋口，充填物料，然后封口。一般在间歇回转式多工位的给袋充填包装机上完成。由于要打开袋口，充填和封口所需的时间较多、生产率低，充填固体物料约包装 60 袋/min，充填液体物料只能包装 30~50 袋/min。因为是间歇式运动，提高速度受到一定限制，且要求取袋准确，易于张开。因此，应用不广泛。

（2）制袋—充填—封口式装袋。这种装袋方法的出现至今已近 60 年。近 20 年来，随着市场的变化，人们生活方式的需要以及软性包装材料和技术的进步，软性小袋包装需求量越来越大。由于这种装袋方法工序安排合理，节省材料、能源和劳力，生产率高，生产成本低，因此，得到十分广泛的应用。但对包装材料有一定要求，多为塑料薄膜和具有一定强度的复合材料。

这种装袋方法由制袋充填包装机来完成。其包装方式有两种：一是先制袋然后再分别开袋口、充填、封口；另一种是制袋、充填和封口交替进行，连续完成。这种方式也称为连贯式，它有两种基本装袋方法，即直立式装袋（有单列式制袋充填机和多列式制袋充填机两种）和水平式装袋（有卧式枕形制袋充填机和卧式直线制袋充填包装机等）。

具体的工序安排和操作过程，各机器的工作原理及封口方法可参考《包装机械》一书有关章节。

三、装袋设备的选用要点

装袋机及其配套装置种类很多。根据功能、生产能力、袋的形状和尺寸的不同、所用材料及价格各不相同，而且差别很大。选用时，必须根据工厂和市场的具体情况综合考虑，引进国外设备，必须符合国内的条件。除一般性问题外，提出以下要点，供选择设备时参考。

（1）充填的计量装置要选择得当。当包装某些颗粒和粉末状物料时，其比重必须控制在规定范围内，才能选用容积式计量，否则宁可选用称量式计量。对于那些对空气湿度和温度敏感的物料尤其应当注意。

（2）封合时的加热方式与所用包装材料的热封性能要适应。否则封合质量不能保证。

（3）充填粉末物料时，袋口部分容易被沾染，影响封口质量。多数情况是由于包装材料表面带有静电。因此，装袋机必须具有防止袋口部分被粉尘沾染的措施，如静电消除器等。

（4）当装袋速度快、被包装物品价格较贵时，最好能配有检重秤，随时剔出超重或欠重的包装件，并能自动调整充填量。

（5）小袋包装适合采用连贯式制袋充填机，或组成生产线。这种高度自动化的单机或生产线，一旦发生故障，生产将受到很大损失。因此，必须选择质量好、可靠性高的机种。

思考题

1. 了解纸盒的种类及其选用要点。
2. 比较装盒方法的优缺点。
3. 箱按制箱材料分为哪几类？
4. 了解瓦楞纸箱的装箱设备选用要点。
5. 了解裹包方法的分类。
6. 常用软性包装材料有哪些？各有什么特征？
7. 了解袋装设备的选用要点。

第十二章 热成型包装技术

热成型包装在国外又叫卡片包装。热塑性的塑料薄片加热成型后形成的泡罩、空穴、盘盒等均为透明的,可以清楚地看到商品的外观,同时作为衬底的卡片可以印刷精美的图案和商品使用说明,便于陈列和使用。另一方面,包装后的商品被固定在泡罩和衬底之间,在运输和销售过程中不易损坏,从而使一些形状复杂、怕压易碎的商品得到有效的保护,所以这种包装方式既能保护商品延长保存期,又能起到宣传商品、扩大销售的作用。20世纪70年代从国外引进的热成型包装主要是用于药片、胶囊、栓剂等方面的包装,但由于这种包装方式本身的优越性,因此它在食品和日用品等的包装中也得到广泛的应用。目前,热成型包装主要用于医药、食品、化妆品、文具、小工具和机械零件,以及玩具、礼品、装饰品等方面的销售包装。

热成型包装包括泡罩包装和贴体包装。它们虽属于同一类型的包装方法,但原理和功能仍有许多差异。

第一节 泡罩包装技术

泡罩包装(blister packaging)是将产品封合在由透明塑料薄片形成的泡罩与衬底(用纸板、塑料薄膜或薄片、铝箔或它们的复合材料制成)之间的一种包装方法。这种包装方法是20世纪50年代末德国首先发明并推广应用的,首先是用于药片和胶囊的包装,当时是为了改变玻璃瓶、塑料瓶等瓶装药片服用不便、包装生产线投资大等缺点,加上剂量包装的发展,药片小包装的需要量越来越大。泡罩包装的药片在服药时用手挤压小泡,药片便可冲破铝箔而出,故有人称它为发泡式或压穿式包装或PTP包装(press through packaging),特别适合机械化的药品包装。

这种包装具有重量轻,运输方便;密封性能好,可防止潮湿、尘埃、污染、偷窃和破损;能包装任何异形品;装箱不另用缓冲材料;以及外形美观、方便使用、便于销售等特点。此外,对于药片包装,还有不会互混服用、不会浪费等优点,越来越受到制药企业和消费者的欢迎,正在逐步取代传统的玻璃瓶包装和散包装,而成为固体医药包装的主流。近年来这种包装方式发展很快。

一、常见的泡罩包装结构

由于泡罩包装的迅速发展，目前市场上出现了越来越多的泡罩结构，如图12-1所示。

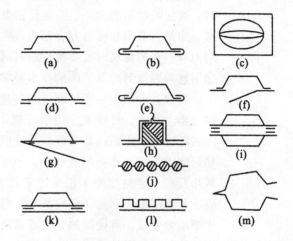

(a) 泡罩直接封于衬底
(b) 衬底插入特别的槽中
(c) 压穿式泡罩
(d) 罩泡封于冲有孔的衬底上
(e) 泡罩或浅盘插入带槽的衬底后封口
(f) 衬底有盖片可关合
(g) 衬底有一半可折叠，可将产品立于货架上
(h) 自由取用商品而无需打开泡罩
(i) 双面泡罩，衬底为冲孔式
(j) 全塑料无衬底条状包装
(k) 双层衬底的泡罩包装
(l) 分隔式多泡罩包装
(m) 全塑料或双泡罩无衬底的泡罩包装

图12-1 常见的泡罩包装结构

二、泡罩包装材料的选用

从泡罩包装的结构来看，它主要由热塑性的塑料薄片和衬底组成，有的还用到黏合胶或其他辅助材料。泡罩包装良好的阻隔性缘于其对原材料铝箔和塑料硬片的选择。铝箔具有高度致密的金属晶体结构，有良好的阻隔性和遮光性；塑料硬片则要具备足够的对氧气、二氧化碳和水蒸气的阻隔性能、高透明度和不易开裂的机械强度。

1. 塑料薄片

能用于泡罩包装的塑料薄片有许多种类,其中每种除了其主要材料本身所有的特征和性能外,还由于制造工艺和所用添加剂的不同,又赋予塑料薄片其他一些特征,如厚度、抗拉强度、延伸率、光线透过率、透湿度、老化、带静电、热封性、易切断性等。一般来说,泡罩包装采用的塑料薄片要具备足够的对氧气、二氧化碳和水蒸气的阻隔性能、高透明度和不易开裂的机械强度等特性。同时,被包装物品的大小、重量价值和抗冲击性以及被包装物品的形态,如是否有尖和棱角等,都会影响泡罩包装的效果。因此,在选用泡罩包装的材料时就要考虑塑料薄片和被包装物品的适应性,即选用材料要达到泡罩包装的技术要求,同时尽量降低成本。

通常,泡罩包装用的硬质塑料片材有纤维素、苯乙烯和乙烯树脂三类。其中,纤维素应用最普遍,有酯酸纤维素、丁酸纤维素、丙酸纤维素。它们都具有极好的透明性和最好的热成型性,有好的热封性以及抗油和脂的透过性。但纤维素的热封湿度一般比其他塑料片要高。定向拉伸苯乙烯透明性极好,但抗冲击性差、容易破碎,低温时则更明显,但它具有较好的热封性。乙烯树脂价格一般比苯乙烯便宜,有硬质的,也有软质的。它与带涂层的纸板可以很好的热封,透明性受添加剂的影响,有的较好、有的极好,加入增塑剂后可提高耐寒性和冲击强度。此外,还有复合材料的塑料薄片,如聚氯乙烯/聚偏二氯乙烯、聚氯乙烯/聚乙烯、聚三氟氯乙烯/聚氯乙烯、聚氯乙烯/聚偏二氯乙烯/聚氯乙烯等。包装需高阻气性和蔽光的产品时,应采用塑料薄片和铝薄复合的材料;包装食品和药片则需采用无毒的塑料薄片,如新型的铝箔复合成型材料(由尼龙(或PP)/铝/PVC/(PP、PE、热封涂层)构成),具有极高的阻气、阻湿、阻光性能,用于泡罩包装,可以对药品几乎完全的保护,而且是泡罩材料中唯一不需加热就可以用模具冲压成型的材料,非常适合对光、气、湿敏感的药品包装。

2. 衬底

衬底也是泡罩包装的主要组成部分,同塑料薄片一样,在选用时必须考虑被包装物品的大小、形状和重量。纸板衬底的表面必须洁白有光泽,适印性好,能牢固地涂布热封涂层,同时还必须与泡罩封合后具有好的抗撕裂结合力。药片和胶囊的泡罩包装衬底常用带涂层的铝箔。铝具有资源丰富、价格低、容易加工等优点,作为药品包装材料使用时,铝箔是包装材料中唯一的金属材料。当制作成泡罩包装时,使用时稍加压力便可将其压破,患者取药便利、携带方便,在药品固体剂型包装上得到广泛应用且发展潜力巨大。铝箔具有高度致密的金属晶体结构,有良好的阻隔性和遮光性,因而能有效地保护被包装物,在药品泡罩包装中应用十分广泛。铝箔是采用纯度为99%的电解铝,经过压延制作而成。它无毒、无味,具有优良的导电性和遮光性,有极高的防潮性、阻气性和保味性。

PTP 铝箔按使用方式分,有可触破式铝箔、剥开式铝箔和剥开-触破式铝箔;从材料上分,有硬质铝箔、软质铝箔、复合材料铝箔等。

传统衬底还有白纸板、B 型和 E 型涂布(主要是涂布热封涂层)。白纸板是用漂白亚硫酸木浆制成的,也有用废纸和废旧新闻纸为基层上覆白纸的。白纸板衬底的厚度范围为 0.35~0.75mm;常用的为 0.45~0.60mm。

三、泡罩包装方法的选择

泡罩包装的泡罩、空穴、盘盒等有大有小,形状因被包装物品的形状而异;有用衬底的,也有不用衬底的。同时,由于包装机械成型部分、加热部分、热封部分等的多样性,造成包装机械种类的繁多,所以泡罩包装有多种。我们可以按操作方法将泡罩包装分为手工操作和机械操作两大类。

1. 手工操作

这种方法适用于资金不足、劳动力充足的地区的多品种小批量生产。泡罩和衬底是预先成型印刷冲切好的,包装时用手工将商品放于泡罩内,盖上衬底,然后放在热封器上封接。有些商品对潮湿和干燥不敏感,可以直接采用钉书机钉封。

2. 自动化机械操作

泡罩包装机从总体结构及工作原理上划分,有辊式泡罩包装机、平板式泡罩包装机、辊板式泡罩包装机。尽管包装机械的种类繁多,但其设计原理大致是相同的,典型的泡罩包装机械必须有热成型材料供给部位、加热部位、成型部位、充填部位、封合部位、冲切部位、成型容器的输出和余料收取的部位,其包装操作过程如图 12-2 所示。图中,(a) 首先从塑料薄片卷筒将薄片输送到电热器下加热使之软化。(b) 将加热软化的薄片放在模具(只用阴模)上,然后从上方向模具内充压缩空气,使薄片贴于模具壁上而形成泡罩或空穴等。如果泡罩或空穴不深,薄膜较薄时,则用抽真空的方法,从模具底部抽气,吸塑成型。(c) 成型后取出冷却,充填被包装商品,并盖上印刷好的卡片衬底。(d) 在衬底和泡罩四周

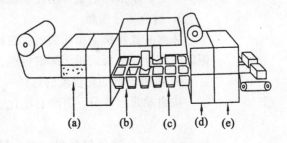

图 12-2 典型泡罩包装过程

进行热封。(e) 冲切成单个成品。而全自动化生产线除了以上操作过程外，还加有充填检测与废品剔除装置、打印装置以及装说明书和装盒等，使生产更加趋于完备。全自动机械操作适合于单一品种大批量生产，不仅生产率高、成本低，而且符合卫生要求，因此药品和小件商品包装应用最多。

四、泡罩包装机的选用

泡罩包装根据自动化程度、成型方法、封接方法等的不同，可分为很多种机型。因此，要选择适当的机型，必须首先了解泡罩包装机的主要工作装置的区别及其对工艺的适应性。泡罩包装设备主要由加热部分、成型部分、充填装置以及热封装置组成。

1. 加热部分选择

加热部分是利用一定的加热装置对塑料薄膜加热使之达到成型加工所需要的热融软化状态。按热源不同，常用的加热方式有热气流加热和热辐射加热。热气流加热用高温热气流直接喷射到被加热材料表面，这种方式加热效率不高，且不够均匀；热辐射加热用加热器产生的辐射热来加热材料的，其辐射能来自光谱的红外线段电磁波，塑料材料对一些远红外线波长的波有强烈的吸收作用，加热效率高，所以热成型包装机大多采用远红外加热装置。如果按加热器与材料接触的方式来分，加热部分有直接加热和间接加热两种方式，直接加热是使薄片与加热器接触而加热，加热速度快，但不均匀，只适合加热较薄材料；间接加热是利用辐射热，靠近薄片加热，加热透彻而均匀，但速度较慢，对厚薄材料均适用。

2. 成型部分选择

成型部分可分为压塑成型与吸塑成型两种方法。压缩成型是用压缩空气或机械方式将软化的薄片压向模具而成型，采用平板型，一般为间歇式传送，也可用连续式传送，成型质量好，对深浅泡罩和空穴均能适应；吸塑成型是负压成型，是用抽真空的方式使软化薄片紧贴在模具上而成型，多用于连续传送的滚筒型，因真空所产生的吸力有限，加上成型后泡罩脱离滚筒的角度受到限制，故只适合较浅的泡罩和较薄的材料。充填装置将药品定量充填到成型后的泡罩当中，多采用定量自动充填装置。

3. 封合部分选择

热封装置将覆盖用的铝箔衬底材料封合在泡罩上，有平板式和滚筒式两种。平板式用于间歇传送，滚筒式用于连续传送。

4. 机械的自动化程度的选择

按自动化程度分，有半自动化、自动化单机和全自动化生产线三类。

（1）半自动化包装机。多为卧式间歇操作，手工充填为主，生产率较低，用于包装单件、颗粒等商品。改换品种，更换模具快，适合多品种小批量生产。

（2）自动化单机。也是卧式为主，间歇与连续操作均有，生产率中等，有一定的通用性。既适合多品种小批量生产，也适合单一品种中批量生产。

（3）全自动包装生产线。有卧式和立式两种，以药品（药片、胶囊和栓剂等）专用包装为主。PTP采用多列式结构，生产率高，可以从1 000片/min至5 000片/min，最新机型高达9 000片/min。PTP包装质量好，有检测装置和废品剔除机械，并可将加印，分送折叠使用说明单和装盒均连接于生产线内，PTP是药品包装功能齐全，有代表性的包装线。

如图12-3所示为一种连续式滚筒型PTP自动包装生产线的示意图。此生产线采用间接加热，滚筒型成型，滚筒式热封，连续式传送。

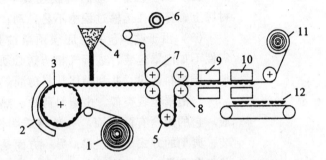

1—成型用塑料片材；2—加热器；3—成型滚筒；4—充填装置；5—调节辊；
6—覆盖用片材；7—热封辊；8—传送辊；9—打孔压花装置；
10—冲切装置；11—边角料卷筒；12—包装件

图12-3 连续式PTP自动包装生产线示意图

如图12-4所示为一种间歇式平板型PTP自动包装生产线示意图。此生产线采用间接加热，平板成型，滚筒式热封，间歇式传送。

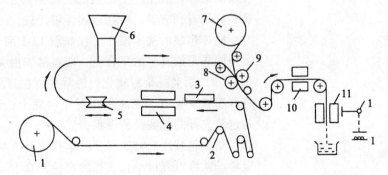

1—塑料片材卷筒；2—调节辊；3—加热器；4—成型器；5—输送器；
6—充填装置；7—复盖用材料卷筒；8—输送器；9—热封辊；
10—打孔压花装置；11—冲切装置；12—吸头；13—包装件

图12-4 间歇式PTP自动包装生产线示意图

第二节 贴体包装技术

贴体包装是将产品放在能透气的，用纸板、塑料薄膜或薄片制成的衬底上，上面覆盖加热软化的塑料薄膜或薄片，通过衬底抽真空，使薄膜或薄片紧密地包紧产品，并将其四周封合在衬底上的包装方法。贴体包装在食品、化妆品、日用品、文具、玩具、机械零件等方面广泛应用。贴体包装属热成型包装，它除具有直观、使用方便、缓冲性好等特点外，还具有以下特点。

（1）贴体包装不需要模具，能对形状复杂的器材进行包装，对一些较大器材包装方便，成本较低；

（2）保护性好，塑料薄膜经真空吸塑，可将器材牢固地捆在衬底上，保证在运输过程中不易晃动；

（3）由于贴体包装衬底须预留抽真空小孔，故其密封性、阻气性不如泡罩包装，进行气相防锈必须进行改造，即紧贴衬底下增加一层塑料薄膜，并和贴体塑料薄膜热封。

与泡罩包装类似，由塑料薄片、热封涂层和卡片衬底三部分组成。它的用途有两方面。一是靠透明性，作为货架陈列的销售包装，典型的方式是悬挂式；另一方面是保护性，特别是包装一些形状复杂或易碎、怕挤压商品，如计算机磁盘、灯具、维修配件、玩具、礼品和成套瓷器等。在这方面甚至可以代替瓦楞纸板衬垫、现场发泡、硬质泡沫塑料等缓冲包装。

一、贴体包装方法

贴体包装与泡罩包装在操作方法有所不同，主要区别在三个方面：一是不另用模具，而是用被包装物作为模具；二是只能用真空吸塑法进行热成型；三是衬底上必须加工许多小孔，以便抽真空。这些区别有利有弊，将在后述详细比较。

贴体包装的基本操作过程如图 12-5 所示。（a）商品放在衬底上一同送至抽真空的平台上，塑料薄膜由夹持架夹住，进行加热软化；（b）用夹持架将软化后的薄片压在商品上；（c）开始抽真空，将薄膜紧紧吸塑于商品并热封于衬底上，形成牢固的包装；（d）将包装完好的包装件传送出去。

贴体包装用的衬底需要开小孔。其方法是将衬底纸板通过带针滚轮，就可以开出小孔。孔的直径为 0.15mm 左右，每平方厘米内开 3~4 个左右。

二、贴体包装材料和包装机的选用

1. 贴体包装材料

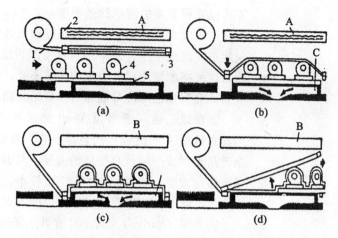

1—塑料片材；2—加热器；3—夹持器；4—产品；5—衬板
A—加热器正在加热；B—加热器停止加热；C—抽真空
图 12-5　贴体包装的基本操作过程

贴体包装材料主要是衬底材料和塑料薄膜。选用材料时，应考虑商品的用途、大小、形状和重量等因素。对销售包装要强调薄片的透明度和易切断性，以及纸板的卷曲等。对保护性为主的运输包装，则注意薄片的外观、吸热性、耐戳穿性和深拉伸性能。

(1) 衬底材料。贴体包装的底板分成三个基本大类，即固体漂白硫酸盐（SBS）、填充或再制的和瓦楞三种。瓦楞纸板由瓦楞纸板制造厂测定，按凹槽、尺寸以及折断重量或突然破裂强度试验中的磅重来测量。衬底材料要求既起到托附产品的作用，又起到包装的作用。这就要求衬底材料具有较高的强度，可折叠性、缓冲性能好、耐压力强等最起码的特性。贴体包装用的衬底材料通常为白纸板和涂布的瓦楞纸板。其厚度为 0.45～0.60mm，最厚不超过 1.4mm。白纸板必须进行微穿孔加工。为了抽真空，衬底上需要开若干小孔。白纸板的表面应该洁白有光泽，印刷适性好，能牢固地涂布热封涂层，以保证衬底和塑料薄膜紧密地结合在一起，以免内装物掉出。涂布的瓦楞纸板具有多孔性，不需穿孔即可使用。瓦楞纸板具有重量轻，有一定的挺度、硬度、耐压、耐破、延伸、易印刷、无毒、卫生，包装易机械化、自动化，废品易处理等优点。

(2) 塑料薄膜。常用的是聚乙烯和离子键聚合物。包装小而轻的器材，用 0.1～0.2mm 厚的离子键聚合物薄片；包装大而重的器材，用 0.2～0.4mm 厚的聚乙烯（PE）薄片。选用包装材料时，应考虑产品的用途、大小、形状和质量等因素。对销售包装要注意塑料薄片的透明度、易切断性以及纸板的卷曲性能等；对以保护性为主的运输包装，则应注意塑料薄片的戳穿强度和拉伸强度等。贴体包装常用的挤压薄膜有以下几种基本材料。

①聚乙烯。一般是"乳"或"云"状的外观，并不具有一般

零售包装所需要的清澈的透明度。它进行长时间的加热和冷却后会按一定长度大量收缩，而且有很好的耐破度和韧性。聚乙烯在贴体包装中广泛地使用，通常是与瓦楞纸板结合应用在保护性包装上，因为这种搭配使用对透明度的要求不高，而且瓦楞衬垫的强度可以有效地克服聚乙烯冷却收缩时出现的卷曲。

②聚氯乙烯（通常以 Vinyl 知名）。其薄膜有良好的透明性，但具有轻微"不正常"的色泽。它们在应用特殊涂层纸板和在复杂产品上形成一层优良贴体的时候，具有良好的黏着特性。聚氯乙烯价格比较低，收缩/卷曲特性比较小，加热迅速，生产效率高。但聚氯乙烯不能适应零下的温度，因而在某些地区性的应用受到限制。

③苏灵（Surlyn）。它是目前对于展销贴体包装最流行的薄膜，是一种离子键聚合物薄膜，具有极好的透明性和光泽度、快速加热特性和极好的黏着性。"苏灵"有特殊的强度和伸展特性。较薄规格的"苏灵"使用范围比较广，使用成本与聚氯乙烯、聚乙烯相当。

此外，乙烯-醋酸乙烯（EVA）是一种新型的挤压薄膜共聚物，醋酸乙醋（EAA）的共聚物是所有贴体包装薄膜中最便宜的，它们在贴体包装中都有自己的应用领域。

2. 贴体包装机

贴体包装机一般多为手动式，结构简单、价格便宜。因为更换品种不需要更换模具，所以比较灵活。操作过程中，用手将商品放入衬底纸板，并将薄片夹于夹持器中，然后进行吸塑加工过程。半自动式的，除放置衬底和商品外，其余过程均为自动进行。

一种 POSIS PAC 包装系统，自动化程度很高，可达 $5\sim6m/min$，包装效果很好。其操作过程示意图见图 12-6。

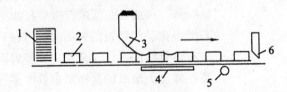

1—衬板供给装置；2—产品；3—塑料膜挤出嘴；4—抽真空装置；
5—切缝器；6—切断刀

图 12-6 POSIS PAC 连续式自动生产线

第三节 泡罩包装与贴体包装的比较与选用

泡罩包装与贴体包装虽属同一种类型的包装，但由于它们的包装方法略有差异，所以各有其优缺点。经过比较就可根据它们的特点和商品的包装要求，择优选用。

一、泡罩包装与贴体包装的比较

1. 泡罩与贴体包装的共同特点

(1) 一般是透明包装，几乎可以看到商品的全部。

(2) 通过衬底的形状和精美的印刷，可以增强商品的宣传效果。

(3) 通过衬底的设计，包装件在商场和零售店内可悬挂陈列。

(4) 可以包装成组和零件多的商品。

(5) 形状复杂的商品也能包装。

(6) 一般情况下包装成本比其他包装方法高。

(7) 费人工，包装效率较低。

(8) 采用委托包装的多。（国外情况）

(9) 包装后的产品被固定在成型的薄料薄片与衬底之间，在运输和销售中不易损坏。

(10) 既能保护产品、延长储存期，又能起到宣传产品、扩大销售的作用。主要用于包装一些形状复杂、怕压易碎的产品，如医药、食品、化妆品、文具、小五金工具和机械零件，以及玩具、礼品、装饰品等，在自选市场很多。

(11) 由于这种包装方法都是用衬底作为基础，因此也称为衬底包装（carded packages）。

(12) 对于陈列包装（不管是泡罩式还是贴体式），都使用正排量抽吸系统，它由泵和储气罐组成。

2. 泡罩、贴体包装的不同特点

泡罩、贴体包装的不同特点见表 12-1。

表 12-1　　泡罩、贴体包装的不同特点

比较内容	泡罩包装	贴体包装
包装保护性	通过适当选择材料，可具有防潮性、阻气性，可真空包装	衬底有小孔，没有阻气性
包装作业性	容易实现包装自动化，流水线生产，但需要更换符合商品的模具等，所以，主要面向少品种的商品	难以实现自动化，流水线生产，生产效率低。因不需要模具，适合多品种小批量生产。包装大而重和形状复杂商品有特长
包装成本	包装材料、包装机械昂贵，特别是大而重商品小批量包装，成本高	较泡罩包装便宜，但人工需要比例高，小而轻的商品大批量生产比泡罩包装贵

续表

比较内容	泡罩包装	贴体包装
商品效果性	美观性好	因衬底有小孔,美观性稍差
便利性	根据选择材质和构造,被包装商品可以容易地取出	一般不损坏衬底是不能取出被包商品的
商品的适应性	对异形、怕压、易碎商品以及单件或多件都能包装,因采用泡眼、罩壳和线盘等不同形式,其适应范围广	贴体包装不具备此优势

二、泡罩包装与贴体包装的选用

泡罩与贴体包装的选用主要是从它们的不同特点出发,按照一定的原则为顺序进行选取。

(1) 包装的保护性原则。因为包装的目的是为了保护商品、方便储运、促进销售。如果被包装物品在有效期内,发生的霉腐、潮解或脱湿结块、生锈等变化,则包装的选用就是失败的。通常,易潮、易霉腐的商品多采用泡罩包装。

(2) 包装作业的方便和高效的原则。泡罩包装比较易实现包装自动化流水线生产,因此工人的劳动强度低、生产效率高,但更换产品时需要更换模具比较费时费力;贴体包装难以实现自动化流水线,生产效率低,但不需更换模具,因此单一品种的大批量生产通常用泡罩包装,如药片的包装,多品种小批量生产则用贴体包装比较方便。

(3) 包装成本尽量降低的原则。泡罩包装的一次性投资成本比较高,贴体包装则需人工比较多。泡罩包装如果用于大而重的商品小批量包装生产成本高,贴体包装用于小而轻的商品大批量生产成本则比用泡罩包装高。

(4) 包装的美观性好和使用方便的原则。在保证商品不变质、包装方便、成本低的前提下,应尽量选用美观性好、使用方便的包装方法,有利于销售。

综上所述,泡罩包装用于大批量药品、食品和小件物品包装的优点是很突出的。例如,包装1 000支圆珠笔的泡罩塑料费用比同样数量的贴体包装塑料便宜24%;与此相反,包装一些较大的商品,如厨房用具、手工具、电视天线等,贴体包装的费用要比泡罩包装便宜得多。对于一些形状复杂或经晃动磨损、易破碎的商品采用贴体包装,既便宜又牢靠。因为贴体包装不需要模具,而且塑料薄片经真空吸塑，可将商品牢固地捆在衬底上，在运输和搬运过程中不易晃动。另外，由于贴体包装衬底有小孔，故其美观性和阻气性都不如泡罩包装。

思考题

1. 泡罩包装的方法有哪几种？典型的泡罩包装过程如何？
2. 泡罩包装材料的选用分为哪两个方面？各有哪几种？
3. 泡罩包装材料的选用要点有哪些？
4. 了解泡罩包装机的几个主要部位。
5. 贴体包装操作过程与泡罩包装操作过程的主要区别有哪些？
6. 试比较泡罩包装与贴体包装的异同点。
7. 泡罩包装与贴体包装的选用原则有哪几方面？

第十三章 热收缩包装与拉伸包装技术

热收缩包装是用可热收缩的塑料薄膜裹包产品和包装件，然后加热，使薄膜收缩和包紧产品或包装件的一种包装方法；拉伸包装是用可拉伸的塑料薄膜在常温和张力下对产品或包装件进行裹包方法。这两种包装方法原理不同，但产生的包装效果基本一样，它们与裹包技术有类似的地方，但所用材料和工作原理却完全不同。

第一节 热收缩包装技术

热收缩包装技术与拉伸包装技术和热成型包装技术都是在20世纪70年代进入我国，并得到了飞速的发展和普及，故其被认为是20世纪发展最快的三种包装技术之一，也是一种很有发展前途的包装技术。但热收缩包装的应用也有一定的局限，如在包装颗粒、粉末或形状不规则的商品时，不如装箱、装盒方便；此外，热收缩包装能源消耗较多，占用投资和车间面积均较大，实现连续、高速化生产也比较困难。

一、常用的收缩薄膜

收缩薄膜是收缩包装材料中最主要的一种。热收缩薄膜的生产通常采用挤出吹塑或挤出流延法生产出厚膜，然后在软化温度以上、熔融温度以下的一个高弹态温度下进行纵向和横向拉伸，或者只在其中的一个方向上拉伸定向，而另一个方向上不拉伸，前者叫双向拉伸收缩膜，而后者叫单向收缩膜。使用时，在大于拉伸温度或接近于拉伸温度时就可靠收缩力把被包装商品包扎住，收缩包装不仅可以用于销售包装，还可以用于运输包装。

收缩薄膜的制造方法分片状和筒状两类。片状薄膜是先制成片状，然后分别沿薄膜的纵轴和横轴方向进行拉伸，称二次拉伸法，或者同时进行两个方向拉伸，称一次拉伸法；筒状薄膜是先制成筒状，然后进行二次拉伸或一次拉伸。

1. 收缩薄膜的主要性能指标

（1）收缩率与收缩比。收缩率包括纵向和横向的，测试方法是先量薄膜长度 L_1，然后将薄膜浸放在120℃的甘油中1~2秒，

取出后用冷水冷却,再测量长度 L_2,按下式进行计算:

$$收缩率(\%) = [(L_1 - L_2) / L_1] \times 100\%$$

式中,L_1——为收缩前薄膜的长度;

L_2——为收缩后薄膜的长度。

目前包装用的收缩薄膜,一般要求纵横两方向的收缩率相等,约为50%;但在特殊情况下也有单向收缩的,收缩率为25%~50%。还有纵横两个方向收缩率不相等的偏延伸薄膜。

纵横两个方向收缩率的比值称为收缩比。

(2)收缩张力。是指薄膜收缩后施加在包装物的张力。在收缩温度下产生收缩张力的大小,对产品的保护性关系密切。包装金属罐等刚性产品允许较大的收缩张力,而一些易碎或易褶皱的产品收缩张力过大,就会变形甚至损坏。因此,收缩薄膜的收缩张力必须选择恰当。

(3)收缩温度。收缩薄膜加热后达到一定温度开始收缩,温度升到一定高度停止收缩。在此范围内的温度称为收缩温度。对包装作业来讲,包装件在热收缩通道内加热,薄膜收缩产生预定张力时所达到的温度称该张力下的收缩温度。收缩温度与收缩率有一定的关系,各种薄膜不同。如图13-1所示,为聚氯乙烯、聚乙烯和聚丙烯三种常用收缩薄膜的温度-收缩率曲线。在收缩包装中,收缩温度越低,对被包装产品的不良影响越小,特别是新鲜蔬菜、水果和纺织品等。

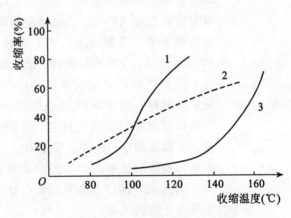

1—聚乙烯;2—聚氯乙烯;3—聚丙烯

图13-1 常用收缩薄膜的温度-收缩率曲线

(4)热封性。收缩包装作业中,在加热收缩之前,一定要先进行两面或三面热封,而且要求封缝具有较高的强度。

2. 常用的收缩薄膜的性能和用途

目前使用较多的收缩薄膜是聚氯乙烯、聚乙烯和聚丙烯、聚偏二氯乙烯、聚酯、聚苯乙烯、乙烯-醋酸乙烯共聚物和氯化橡胶等。

（1）聚氯乙烯收缩薄膜（PVC）。收缩温度比较低而且范围广，见图13-1。收缩温度为40~160℃，加热通道温度为100~160℃。热收缩快、作业性能好。包装件加工后透明而美观，热封部分也很整洁。氧气透过率比聚乙烯低，而透湿度大，故对含水分多的蔬菜、水果包装比较适合，是目前国内应用最广泛、最廉价的材料。其缺点是抗冲击强度低，在低温下易变脆，不适合用于运输包装；封缝强度差，热封时会分解产生臭味，当其中的增塑剂起变化后，薄膜易断裂，损失光泽。目前，聚氯乙烯薄膜主要用于包装杂货、食品、玩具、水果和纺织品等。因为PVC回收难度比较大，一般采用焚烧的方法，但燃烧会产生二恶英（dioxin），污染环境，所以近年来在欧洲、日本等国已禁止使用。

（2）聚乙烯（PE）。其特点是抗冲击强度大、价格低、封缝牢固，多用于运输包装。聚乙烯的光泽与透明性比聚氯乙烯差。在作业中，收缩温度比聚氯乙烯高20~30℃。因此，在热收缩通道后段需装鼓风冷却装置。聚乙烯还可以应用于拉伸标签等。

（3）聚丙烯（PP）。其主要优点是透明性及光泽均好，与玻璃纸相同，耐油性与防潮性良好，收缩张力强。缺点是热封性差、封缝强度低、收缩温度比较高而且范围窄。有代表性的用途是录音磁带和唱片等的多件包装。目前所使用的聚丙烯（PP）材料收缩率很低。

（4）聚酯收缩薄膜（PETG共聚物）。是一种新型包装材料，由于它具有回收方便、无毒、有利环保等特点，在发达国家正逐步成为聚氯乙烯（PVC）热收缩膜的理想替代品。其收缩张力更高能够达到80%。聚酯薄膜比PVC薄膜更有利于环保，而且成本也比PVC薄膜低。在将来可能会大规模地占据市场，得到广泛的应用。

（5）热收缩聚烯烃薄膜（POSF）。是近年来出现的新型热收缩包装材料，与单层PP等收缩薄膜不同，POSF采用PP/PE/PP三层共挤双泡管膜法制备技术，可同时具有高透明、耐低温、高强度、耐揉搓的综合性能。改变组成、调节工艺，可有效控制薄膜的收缩率和收缩速率，自2000年以来，POSF的发展非常迅速。

（6）其他薄膜。聚苯乙烯主要用于信件包装，聚偏二氯乙烯主要用于肉类包装。

最近出现的乙烯-醋酸乙烯共聚物收缩薄膜，抗冲击强度大、透明度高、软化点低、熔融温度高、热封性能好、收缩张力小、被包装产品不易破损，适合于带有突起部分的物品或异形物品的包装，预计今后也会有较大的发展。

二、热收缩包装的方法

热收缩包装有手工热收缩和机械热收缩包装两种方法。手工热收缩通常是用手工对被包装物品进行裹包，然后用热风喷枪等工具对被包装物吹热风,完成热收缩包装。这种方法简单、迅速,主要是对不适合用机械包装的包装件,如大型托盘集装的产品或体积较大的单件异形产品的热收缩包装用热功率为 1.5×10^8 J/h 的喷枪,包装一件体积 $2m^2$ 的产品,热收缩只需约 2 分钟。所用设备除喷枪外,只需一个液化气罐即可。这种方法方便而且经济,值得在国内推广。

机械热收缩包装作业工序一般分两步进行。首先是用机械的方式对产品和包装件进行预裹包,即用收缩薄膜将产品包装起来,热封必要的口与缝,然后是热收缩,将预裹包的产品放到热收缩设备中加热。这种方法是最常用的,因此也是重点讲述的内容。

热收缩包装中,热收缩薄膜对物品进行裹包所用的包装薄膜有筒状膜、平膜和对折膜三种形式。对折膜可用筒状膜剖割而成,也可以用平膜对折制成。用筒状膜裹包物品,制袋封口接缝少,但机械裹包效率低、结构复杂。

1. 预裹包作业

预包装时,薄膜尺寸应比商品尺寸大 10%~20%。如果尺寸过小则充填物品不便、收缩张力过大,可能将薄膜拉破;尺寸过大,则收缩张力不够,包不紧或不平整。所用收缩薄膜厚度可根据商品大小、重量以及所要求的收缩张力来决定。

常用的热收缩包装方法有以下几种。

(1) 两端开放式。当采用筒状膜时,需将筒膜开口扩展,再借助滑槽把物品送入筒状膜中,筒膜的尺寸比物品的尺寸大 10% 左右,如图 13-2 所示。这种方式比较适合于对圆柱体形物品裹包,如电池、纸卷、酒瓶的封口等。用筒状膜包装的优点是减少了 1~2 道封缝,外形美观;缺点是不能适应产品的多样化,通常用于单一品种大批量产品的包装。

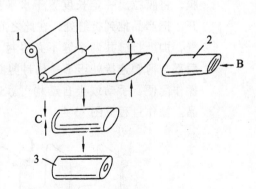

1—薄膜卷筒(筒状);2—产品;3—包装件
A—开口;B—将产品推入筒状薄膜;C—切断
图 13-2 两端开放式包装法(用筒状薄膜)

用平膜裹包物品，有用单张平膜和双张平膜裹包两种方式。薄膜要宽于物品。用单张平膜裹包物品时，先将平膜展开，将被裹包物品对着平膜中部送进，形成马蹄形裹包，之后折成封闭的套筒，经热熔封口。双张平膜裹包，即用上、下两张薄膜，在前一个包装件完成封口剪断之后，两片膜就被封接起来，然后将产品用机器或手工推向直立的薄膜，到位后封剪机构下落，将产品的另一个侧边接封并同时剪断，经热收缩后包装件两端收缩形成椭圆形开口，其操作过程见图13-3。用平膜包装不受产品品种变化的限制，平膜多用于形状方整的单一或多件产品的包装，如多件盒装产品。

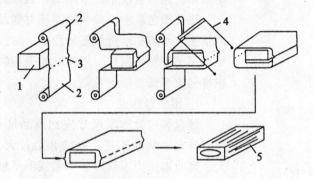

1—产品；2—薄膜卷筒；3—封缝；4—封切刀；5—包装件
图13-3　两端开放式包装法（用平膜）

（2）四面密封式。将产品四周（用平膜时）或两端（用筒膜时）均包裹起来，用于要求密封性好的产品包装。

如果用筒状膜裹包，则只需在筒状膜切断时同时进行封口、刺孔，然后进行热收缩。见图13-2的C处切断同时进行封口。

如果用对折膜可采用L形封口方式。这种方式是用卷筒对折膜，将膜拉出一定长度置于水平位置，用机构或手工将开口端撑开，把产品推到折缝处，在此之前，上一次热封剪断后留下一个横缝，加上折缝共两个缝不必再封。然后用一个L形剪断器从产品后部与薄膜连接处压下并热封剪断，一次完成一个横缝一个纵缝。操作简便，手动或半自动均可。适合包装异形及尺寸变化多的产品。操作过程见图13-4。

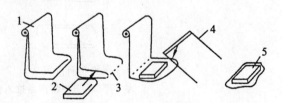

1—薄膜卷筒（对折膜）；2—产品；3—封缝；4—L形封切刀；5—包装件
图13-4　四面密封式L形封口（用对折膜）

用单卷平膜可采用枕形袋式。这种方式是用单卷平膜,先封纵缝形成筒状,将产品裹于其中,然后封横缝并切断制成枕型包装。其原理与制袋充填包装相似,操作过程见图13-5。

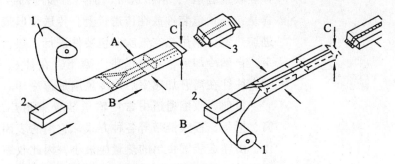

1—薄膜卷筒(平膜);2—产品;3—包装件
A—纵封缝;B—将产品推入;C—封横缝切断
图13-5 四面密封枕形袋式(用单卷平膜)

四面密封方式预封后,内部残留的空气在热收缩时会膨胀,使薄膜收缩困难,影响包装质量,因此在封口器旁常装有刺针,热封时刺针在薄膜上刺出放气孔。在热收缩后封缝处的小孔常能自行封闭。

(3)一端开放式裹包。一端开放式的收缩包装,将物品堆积于托盘上,作运输包装用。它的工艺方法大多采用将收缩包装薄膜(管状膜或平膜),经制袋装置预制成收缩包装所用的包装袋(收缩包装袋比所要包装的托盘堆积物尺寸大15%~20%)。裹包时,先将包装袋撑开,而后套入托盘和堆积物,无特殊密封要求时,下端开放不封合,然后带托盘进行热收缩。如图13-6所示。

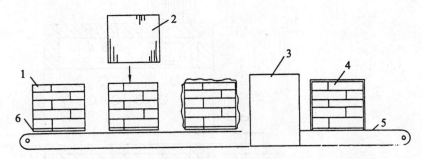

1—集装货物;2—收缩薄膜套;3—热收缩通道;4—包装件;
5—运输带;6—托盘
图13-6 托盘收缩包装过程

用托盘收缩包装是运输包装中发展较快的一种方法,主要特点是产品可以以一定数量为单位,牢固地捆包起来,在运输中不会松散,能在露天堆放。

2. 热收缩作业

在热收缩包装中，被包装物品用热收缩薄膜材料按要求完成裹包后，被运送到热收缩装置中。热收缩装置称为热收缩通道（也称热收缩隧道），由传送带、加热器和冷却装置等组成。热收缩过程是：将预包装件放在传送带上，传送带以规定速度运行，将其送进加热室，利用热空气吹向包装件进行加热，热收缩完毕离开加热室，自然冷却后，从传送带上取下。在体积大、热收缩温度较高时，往往在离开加热室后用冷风扇加速冷却。

目前，收缩通道中常用输送装置有耐热皮带、自动滚筒、滚筒、括板、板式链带等各种方式，它们的表面应不会与收缩薄膜粘住，由输送装置带出的热量应最小，因此收缩通道的输送装置与薄膜有关；因结构不同能带动的物品重量也不相同。例如，耐热皮带适合于聚乙烯、氯化乙烯的薄膜，不能载过重的物品；板式链带适合的薄膜只有聚乙烯，能载重的物体适用于托盘收缩包装用。

加热室是一个箱形的装置，内壁装有隔热材料。其中有加热通风装置、恒温控制装置。通常有两个门，一进一出，由热循环风机吹出的风经过加热器加热成热风，经过吹风口吹向预包装件。加热器的加热方式有电热、燃油、煤气和远红外线等。要恰当地配置吹风口，并合理选择风境和风速，使包装件各部分大致能同时完成收缩。为加热收缩过程保证均匀收缩，热风采用强制循环。加热室的温度采用温度自动调节装置来控制，使热空气的温度差不大于 ±5℃。热收缩通道示意图见图 13-7。

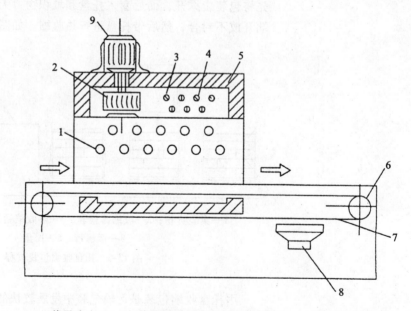

1—热风吹出口；2—热风循环用风扇；3—加热器；4—温度调节器；
5—绝热材料；6—驱动轮；7—输送带；8—冷却风扇；9—风扇电机

图 13-7　热收缩通道示意图

由于各种收缩薄膜的特性各不相同,所以应根据包装作业所用薄膜的性能合理选择热收缩通道的各种参数。表 13-1 介绍了常用收缩薄膜与热收缩通道的主要参数关系。

表 13-1　　常用收缩薄膜与热收缩通道的主要参数关系

薄　　膜	厚度（mm）	温度（℃）	加热时间（s）	风速（m/s）	备　　注
聚氯乙烯	0.02~0.06	140~160	5~10	8~10	因为温度低,对食品之类较适宜
聚乙烯	0.02~0.04	160~200	6~10	15~20	紧固性强
聚丙烯	0.03~0.10	160~200	8~10	6~10	收缩时间长
	0.12~0.20	180~200	30~60	12~16	必要时停止加热

三、热收缩包装设备

目前,国外收缩包装机种类较多,如适合于杂货、食品、工业品零件等包装的 NS 式 L-2 型半自动收缩包装机;适用于食品容器书报杂志等包装的 NS 式 A-8 型自动收缩包装机;适合胶合板、金属板及其他平板状产品包装的 NS 式 A-1C 型自动收缩包装机等,有几十种之多。有的包装机在我国也得到广泛应用。下面简单介绍几种我国常见的收缩包装机。

1. 小型收缩包装机

主要用于包装水果和新鲜蔬菜,一般都用纸浆或塑料浅盘包装,如苹果、橘子、西红柿等,也可不用浅盘,如黄瓜、胡萝卜、香蕉等。因包装件尺寸小,多数采用枕形袋式包装,其结构与卧式枕形袋包装机相似。配套的热收缩通道温度,因包装材料而异,用聚氯乙烯薄膜时要求 90~180℃;用聚乙烯薄膜时要求 160~240℃。

2. L 形封口式包装机

一般使用卷筒对折膜,用手工送料。包装能力取决于包装件尺寸的大小和操作者的熟练程度。一般约为 10~15 包/min。

3. 板式热封包装机

用于两端开放式和四面密封式包装,如包装多件纸盒或瓶、罐装产品。包装能力取决于包装件尺寸、产品重量和薄膜厚度。一般为 15~25 包/min。

4. 大型收缩包装机

用于装瓦楞纸箱和装大袋的产品集合包装。包装件长宽高一般在 1 米以上,有装于托盘上的,也有不用托盘的。

第二节 拉伸包装技术

拉伸包装是利用机械张力的作用,将薄膜围绕商品进行拉伸,由于薄膜经拉伸后具有自黏性和弹性,会牢牢将商品裹紧,然后进行热合的包装方法。薄膜由于要经受连续张力的作用,所以必须具有较高的强度。

拉伸包装起初主要是用于销售包装,是满足超级市场销售肉、禽、海鲜产品、新鲜水果和蔬菜的包装。自从比较理想的拉伸薄膜如聚氯乙烯薄膜用于拉伸包装后,拉伸包装得到了飞速发展,而且从销售包装的领域扩展到运输包装的领域,除对静电敏感的电子组件和易着火的器材外,它几乎适用于一切产品的运输和销售包装。因为拉伸包装用于运输包装可以节省设备投资和材料、能源方面的费用,拉伸包装和收缩包装一样,也是很有发展前途的包装技术。

一、常用的拉伸薄膜

1. 拉伸薄膜的性能指标

(1) 自黏性。薄膜之间接触后的黏附性,在拉伸缠绕过程中和裹包之后,能使包装商品紧固而不会松散。自黏性受外界环境多种因素影响,如湿度、灰尘和污染物等。获得自黏薄膜的主要方法有两种:一是加工表面光滑具有光泽的薄膜;二是用增加黏附性的添加剂,使薄膜的表面产生湿润效果,从而提高黏附性。考虑到受湿度、灰尘和材料刚性的影响,为了避免装货托盘靠在一起时薄膜的相互粘接,单面粘贴的薄膜应用越来越广。

(2) 韧性。是薄膜抗戳穿和抗撕裂的综合性质。抗撕裂能力是指薄膜在受张力后并被戳穿时的抗撕裂程度。应当指出,抗撕裂能力的危险值必须取横向的(即与机器操作方向垂直),因为在此方向撕裂将使包装件松散,但纵向发生撕裂,包装件仍能保持牢固。

(3) 拉伸。是薄膜受拉力后产生弹性伸长的能力。纵向拉伸增加,最终将使薄膜变薄、宽度缩短。虽然纵向拉伸是有益的,但过度拉伸常常是不可取的。因为薄膜变薄、易撕裂,加在包装件上的张力增加。

(4) 应力滞留。是指在拉伸裹包过程中,对薄膜施加的张力能保持的程度。对乙烯-醋酸乙烯共聚物、低密度聚乙烯和线性低密度聚乙烯薄膜,常用的应力滞留程度是,将薄膜原始长度拉伸至130%,在16小时中松弛至60%~65%;对聚氯乙烯薄膜松弛至25%。

(5) 许用拉伸。是指在一定用途的情况下,能保持各种必需的特性,所能施加的最大拉伸。许用拉伸随不同用途而变化。当然,所取许用拉伸越大,用薄膜越少,包装成本也越低。

除上述性能指标外,其他性能,如光学性能和热封性能,可能对某些特殊包装件是重要的。

2. 常用的拉伸薄膜

(1) 聚氯乙烯薄膜(PVC)。使用最早成本最低,自黏性甚佳,拉伸和韧性均好,但应力滞留性差。

(2) 乙烯-醋酸乙烯共聚物薄膜(EVA)。常用的含醋酸乙烯10%~12%,自黏性、拉伸、韧性和应力滞留性均好。我国已研制成功,经试用证明,能满足纸袋、塑料编织袋、瓦楞纸箱和木夹板包装商品的旋转缠绕裹包要求。

(3) 线性低密度聚乙烯薄膜(LLDPE)。这种薄膜是1979年出现的,比聚氯乙烯和乙烯-醋酸乙烯共聚物薄膜晚,但综合特性最好,因此,是目前使用最多的一种拉伸薄膜。吹塑的线性低密度薄膜的自黏性比聚氯乙烯及乙烯-醋酸乙烯共聚物薄膜略差,但挤出的薄膜则相同。

用上述材料制成的拉伸薄膜的最终性能,取决于所用原料的质量和加工工艺。几种拉伸薄膜的性质见表13-2。

表13-2　　　　　　　　几种拉伸薄膜的性质

拉伸薄膜	拉伸率(%)	拉伸强度(MPa)	自黏性(g)	抗戳穿强度(Pa)
线性低密度聚乙烯	55	0.412	180	960
乙烯-醋酸乙烯共聚物	15	0.255	160	824
聚氯乙烯	25	0.240	130	550
低密度聚乙烯	15	0.214	60	137

二、拉伸包装方法

拉伸包装方法按包装用途可分为:用于销售包装和用于运输包装两类。每一类的产品包装用的设备不同,又可分为几种不同的方法。

1. 用于销售包装的方法

(1) 手工操作方法。一般都把被包装物放在浅盘内,特别是软而脆的产品,如不用浅盘则容易损坏。还有多件包装的零散产品也须用浅盘;如果产品本身有一定的刚性和牢固程度,如小工具、大白菜等也可不用浅盘。手工操作过程见图13-8。

① 从卷筒拉出薄膜,将产品放在其上卷起来(或浅盘盛产品,再放到薄膜上),然后向热封板移动,移到一定位置时,用电热丝

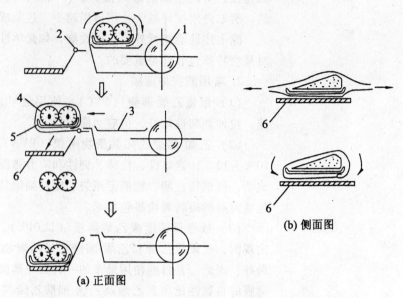

1—薄膜卷筒；2—电热丝；3—工作台；4—产品；5—浅盘；6—热封板
图 13-8 拉伸包装手工操作过程

将薄膜切断，再移到热封板上进行封合。

②用手抓住薄膜卷的两端，进行拉伸。

③拉伸到所需程度，将两端的薄膜向下折至薄膜卷的底面，压在热封板上封合。

（2）半自动操作。将包装工作中的一部分工序机械化或自动化，可节省劳力、提高生产率。包装形态主要是带浅盘的包装。被机械化的部分，根据厂家和用户不同而异。但包装的重要环节是卷包和拉伸，要使这些工序机械化，则机器的构造复杂、价格较高，而通用性却有所削弱。虽然能节省一部分劳力、产量有所提高，但从总体考虑不一定合算。如果仅将供给、输出和热封部分自动化，包装速度不会提高多少。所以，半自动操作使用较少。

（3）全自动操作。手工操作，工人劳动强度大，单一而频繁的动作，容易引起腰、肩和肘部疲劳，以至于损伤，加上生产成本高、生产效率低，因此全自动操作方式急速地发展，现有的拉伸包装机中所采用的包装方法大体可分为两种。

①上推式操作法：这是现在拉伸包装用于销售方面的主要包装方法。其操作过程见图 13-9。

将产品放于浅盘内，由供给装置推至供给传送带上运到上推部位（浅盘的长边与前进方向垂直）。同时，将预先按需要长度切断的薄膜，送到上推部上方。用夹子把薄膜四边夹住，把被包装物放于推杆顶部，上推部分上升。由于上推部分上升并顶着薄膜，薄膜被拉伸，然后松开左、右和后边的薄膜夹子，同时将这三边的薄膜

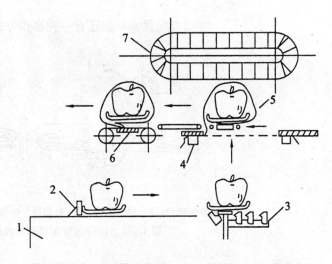

1—供给输送台；2—供给装置；3—上推装置；4—薄膜夹子；
5—薄膜；6—热封板；7—输出装置

图13-9 拉伸包装上推式操作过程

向浅盘下面折进去。接着启动带有软泡沫塑料的输出传送带，将浅盘向前推移，前边的薄膜得到拉伸，与此同时，松开前面的薄膜夹子，把薄膜向浅盘下面折进去，随后将包装件送至热封板上，最后进行封合。

②连续直线式操作法：这是自动拉伸包装最早出现的形式。因为包装较高产品时不够稳定，在使用上受到一定限制。其操作过程如图13-10所示。

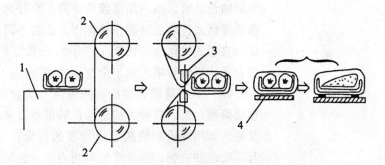

1—供给输送台；2—薄膜卷筒；3—封切刀；4—热封板

图13-10 拉伸包装连续直线式操作过程（一）

由供给装置将放在浅盘内的产品送至薄膜前（浅盘长边方向与前进方向垂直）。当前一个包装件的后部封切时，同时将两个卷筒的薄膜封合，被包装物送至此处，继续向前推移时，使薄膜拉伸。当被包装物全部被覆盖，用封切刀将后部垫封并切断。然后，将薄膜的左右两端拉伸，并向浅盘底面折进去。最后送至热封板上

227

封合。

连续直线式操作法还有一种操作方式，见图13-11。

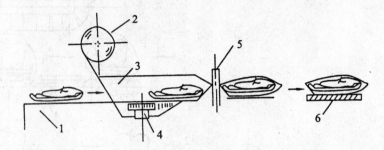

1—供给输送台；2—薄膜卷筒；3—制袋器；4—热封辊；5—封切刀；6—热封板
图 13-11 拉伸包装连续直线式操作过程（二）

由供给装置将放在浅盘内的产品沿水平方向推进，同时将薄膜的两侧向下折，用热封辊将两侧薄膜压紧热封，形成一条纵缝，此时薄膜形成圆筒状，将包装物裹于其中（浅盘的长边方向与前进方向一致）。一边封纵缝，一边向前进。到达封切刀处时，包装件的后部被热封切断，同时又形成了下一个包装件的前部薄膜横封缝。然后，将薄膜的前后两端经拉伸后折向浅盘底面，送至热封板上封合。

2. 用于运输包装的方法

拉伸包装用于运输包装，较传统用的木箱、瓦楞纸箱等包装，有重量轻、成本低的特点，因此得到迅速和广泛应用。这种包装大部分用于托盘集合包装，有时也用于无托盘集合包装。拉伸包装用于运输包装时，按所用薄膜的不同，可分为整幅薄膜包装法和窄幅薄膜缠绕式包装法两类；按操作方法的不同，又可分为回转式操作法和直通式操作法；按其生产率的高低的不同，还可分为手提式、平台式、运输带喂入式、全自动式等方法。

（1）整幅薄膜包装法。用宽度与货物高度一样或更宽一些的整幅薄膜包装。这种方法适合包装形状方整的货物，既经济，效果又好，如用普通船装载出口货物的包装；20kg大袋包装；沉重而且不稳定的货物，以及单位时间内要求包装效率高的场合。这种方法的缺点是材料仓库中要储备多种幅宽的薄膜。常用设备的操作方式有两种。

①回转式操作法。将货物放在一个可以回转的平台上，把薄膜端部粘在货物上，然后旋转平台，边旋转边拉伸薄膜进行缠绕裹包，转几周后切断薄膜，将末端粘在货物上。

将薄膜拉伸的基本方法有两种：一种是用摩擦辊限制薄膜从薄膜卷筒上被拉出的速度，从而拉伸薄膜，一般的拉伸率为5%~55%；另一种是用两对回转速度不同的辊，薄膜输入辊的转速比输出辊的转速低一些,从而拉伸薄膜,拉伸率一般为 10%～100%。为了消除方形货物包装过程中四角处速度突增的不利因素,常装置气动调节器,以保持薄膜拉力均匀。见图 13-12。

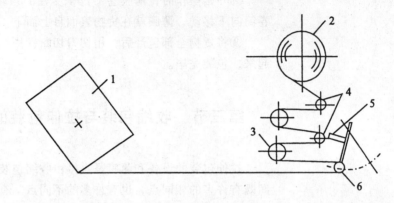

1—货物;2—薄膜卷筒;3—预拉伸辊;4—导辊;5—气动调节机构;6—调节辊
图 13-12 回转式拉伸包装示意图

这种方法所用设备有半自动的,即在开始时粘上薄膜,结束时切断薄膜,由手工操作,也有全自动的。

②直通式操作法。将货物放在输送带上,向前移动,在包装位置上有一个龙门式的架子,两个薄膜卷筒直立于输送带两侧,并装有摩擦拉伸辊。开始包装时,先将两卷薄膜的端部热封于货物上。当货物向前移动时,将薄膜包在其上,同时将薄膜拉伸,到达一定位置,将薄膜切断,端部粘于货物背后。这种方法所用设备与回转式一样,也有半自动的和全自动的。

（2）窄幅薄膜缠绕式包装法。用窄幅面薄膜（幅宽一般为 50～75cm）,自上而下以螺旋线形式缠绕,直到裹包完成,两圈之间约有三分之一部分重叠。这种方法适合包装堆积较高或高度不一致的货物以及形状不规则或轻的货物。这种方法包装效率较低,但可使用一种幅宽的薄膜包装不同形状和堆积高度的货物。所用设备有手工操作或自动操作的。其基本原理见图 13-13。

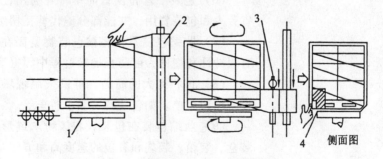

1—回转平台;2—薄膜卷筒;3—升降装置;4—热封板
图 13-13 拉伸包装窄幅膜缠绕式操作过程

①将货物堆放在回转平台上,将薄膜从卷筒拉出,端部黏结在货物上部。然后回转平台,并带着货物旋转,薄膜一边缠绕,同时被拉伸。

②开始操作时,薄膜卷筒位于支柱的顶端,随着薄膜的缠绕,卷筒向下移动,薄膜就在货物表面自上而下,形成螺旋式包装。

③将货物全部包严后,用切刀切断,用热封板把薄膜端部黏结起来,包装完毕。

第三节 收缩包装与拉伸包装的比较与选用

拉伸包装的设备和薄膜是直接由收缩包装衍生出来的。它们之间既有许多的相同点,也有许多的不同点。有的物品包装只能用收缩包装,有的物品适合于用拉伸包装,而有的物品两者都能用,故应从材料、设备、工艺、能源和投资等各方面,全面考虑、综合研究,针对具体产品和工厂情况做出选择。

1. 热收缩包装和拉伸包装的特点

热收缩包装能得到广泛而迅速的发展,主要是因为它具有很多优异的特点。

(1) 能包装一般方法难以包装的异型商品,如蔬菜、水果、鱼肉类、玩具、小工具等。

(2) 收缩薄膜一般均为透明的,经热收缩后,紧贴于商品,能充分显示商品的外观。由于收缩比较均匀,而且材料有一定的韧性,棱角处不易撕裂。

(3) 利用收缩的性质可以把零散的多件商品很方便地包装在一起,如几个罐头、几盒录音磁带,有时借助浅盒可以省去纸盒。

(4) 可以延长食品的保鲜期,适用于食品的保鲜、低温储藏,防止冷冻食品的过分干燥,为超级市场和零售商提供了方便。

(5) 密封、防潮、防污染,可在露天堆放,节省仓库面积,如水泥、化肥等的集合包装,既牢固又方便。

(6) 包装工艺和设备简单,有通用性,便于实现机械化,节省劳力和包装费用,并能部分地代替瓦楞纸箱和木箱等。

(7) 收缩包装不仅将被包装物紧固在一起,而且薄膜本身具有缓冲性和韧性,能防止运输过程中因振动和冲击而损失商品。

(8) 体积庞大的商品,可以采用现场收缩包装方法,工艺和设备均很简单。如包装赛艇和小轿车等。

(9) 收缩包装在包装颗粒、粉末或形状规则的商品方面不如装盒、装箱、装袋和裹包的速度高和方便。

需要热收缩通道,能源消耗、占用投资和车间面积均较大,实现连续化、高速化生产比较困难。

拉伸包装的特点有许多是与收缩包装类同的,因为拉伸包装来源于收缩包装,正因为如此,拉伸包装又有许多如下的优点是收缩包装没有的。

(1) 因为不需要热收缩设备,所以节省设备投资、能源和设备维修费用。

(2) 因为不加热,很适合包装怕热的产品,如鲜肉、蔬菜和冷冻食品等。

(3) 可以准确地控制裹包力,防止产品被挤碎。

(4) 薄膜是透明的,可以看到商品,便于选购和清点商品。

(5) 可以防盗、防火、防冲击和防振动等。

拉伸包装的不足之处有如下两点。

(1) 防潮性比收缩包装差,在运输包装中堆集的商品顶部需要另外加一块薄膜,使操作不便。

(2) 因为拉伸薄膜有自黏性,当许多包装件堆在一起,搬运时会因黏结而损伤。

因此,热收缩包装与拉伸包装各有利弊,为了进一步加强了解,可集中对它们作一简单的比较,见表13-3。

表 13-3　　　　　收缩包装与拉伸包装的比较

序号	比较内容	收缩包装	拉伸包装
1	对产品的适应性: (1) 对规则形状的和异形产品 (2) 对新鲜水果和蔬菜 (3) 对单件、多件产品的销售包装;对有托盘和无托盘的运输包装 (4) 对冷冻的或怕受热的产品	均可 特别适合 均可 货物可紧固于托盘上 不适合	均可 特别适合 均可 适合
2	对流通环境的适应性 (1) 包装件存放场所 (2) 防潮性(指运输包装件) (3) 透气性(指运输包装件) (4) 低温操作	 仓库、露天存放均可,不怕日晒和雨淋、节省仓库面积 好,可进行六面密封 差 不适合	 薄膜受阳光照射或高温天气,将发生松弛现象,只能在仓库内存放 差,一般只进行侧面裹包,必要时可进行五面密封 好,一般顶部不密封 可在冷冻室内操作

续表

序号	比较内容	收缩包装	拉伸包装
3	设备投资和包装成本 (1) 设备投资和维修费用 (2) 能源消耗 (3) 材料费用 (4) 投资回收期	需热收缩设备，投资和费用均较高 多 多 较长	无需加热，投资和费用低 少 比收缩包装少25% 短
4	裹包应力	不易控制，但比较均匀	容易控制，但棱角处应力过大易损
5	堆垛适应性	好 包装件不会互相黏结	差 薄膜有自黏性，包装件之间易黏结，搬运过程易撕裂。必要时可用单面有自黏性薄膜
6	薄膜库存要求	需要有多种厚度的薄膜	一种厚度的薄膜可用于不同的产品

2. 热收缩与拉伸包装的选用原则

在挑选拉伸和热收缩包装时，首先要考虑以下几个方面。

(1) 对产品尽量适应的原则。

(2) 对流通环境尽量适应的原则。

(3) 设备投资和包装成本尽量降低的原则。

(4) 包装材料来源广、品种多、库存方便的原则。

(5) 操作方便的原则。

此外，还要考虑生产速度、货物重量、滑动板材、爆炸或冷冻条件以及其他变化因素。有的因素可以改变最后的选择。

收缩包装通常用于不规则形状的货物；需长期在室外存放或需防水的环境条件的货物；像引擎机体这种货物需要牢靠固定在托盘上，只有收缩式包装才能很好地适合于这一类；收缩式包装能够做到完全防水；此外，还有耐太阳紫外辐射的收缩薄膜可供选用。

拉伸包装的货物应用范围较广，如袋、箱、瓶、罐、整齐排列的货物以及金属拉伸材料、轧制材料、板材、农产品以及器械用具等。

一般来说，由于能耗差异，许多货运商都是首先考虑拉伸式包装，然后在必需时再考虑收缩式包装。

思考题

1. 收缩薄膜与拉伸薄膜的主要性能指标各有哪些?
2. 用于收缩包装的薄膜的形态有哪些?各有什么特点?
3. 收缩包装主要有哪两个作业过程?各有哪几种方法?
4. 试比较收缩包装与拉伸包装的特点。
5. 拉伸包装的方法有哪些?
6. 收缩包装与拉伸包装的选用原则有哪些?

第十四章　辅助包装技术

在各种包装技术与方法中，有些工序具有通用性，而不是某种方法中特有的，如封缄、捆扎、贴标、打印以及艺术包装和防伪包装等，常被称为辅助包装技术。所用材料，如黏合剂、胶带、瓶盖和金属钉等，被称为辅助包装材料和元件。"辅助"在此的含义并不是不重要的意思，应当理解为通用。因为这些工序中多数在包装质量和功能方面起到重要的、甚至是关键的作用。特别是新型包装辅助材料的不断出现和新的工艺的不断应用，人的审美观念的不断提高和商品保护意识的增强，辅助包装技术越来越显示其关键作用。

辅助包装技术有很多种，本章主要讲述艺术包装、防伪包装、封缄、捆扎、贴标、打印技术。

第一节　艺术包装技术

一、人们的需求

随着商品经济的发展，为了促进商品的销售、方便流通，人们一直在研究设计包装外观与结构，力求在科学合理的基础上加以修饰和美化，使包装造型、装贴、画面、色彩、商标、封签、吊牌等方面构成一个艺术的整体。实际上，人们在包装过程中，都在有意或无意地涉足包装的新领域即艺术包装，以满足人们日益增长的物质、文化特别是精神生活的需要。

艺术包装也就是包装的艺术性，主要指包装品在外观形态、主观造型、结构组合、材料质地应用、色彩配比、工艺形态等方面表现出来的特征，给顾客以审美欣赏心理感受。在提高包装设计的艺术性方面，包装装潢是主要手段，它可以从商品的形象化，色彩的冲击力，文字的号召力，到整体形态的和谐统一，造成巨大的感染力，激发顾客购买欲望和购买行为。许多包装设计人员，就视包装装潢等同于整个包装设计，这说明他们何等地重视艺术包装。

事实上，包装品的许多改进，主要是艺术性方面的改进，如"西汉古酒"、"梦境毛毯"、"贵州茅台"、"绯丽人参系列化妆品"

等包装的设计都是艺术化包装的产品，因此，它们在国际上均获得好评，给人一种艺术的感染和吸引以及美的享受。由此可见，人们需要艺术包装。由于艺术包装是包装设计的主要内容，现简单介绍几种艺术包装的方法。

二、艺术包装常用的材料与方法

包装常用的材料与方法很多，可以说现代包装处处渗透着包装艺术。包装的艺术性是通过包装设计来体现的，归纳起来，包装设计的方法主要有以下几类，都可在一定程度上达到艺术包装的目的。

1. 系列法

系列法是包装中最常用的方法之一。它实际上是在形态、品名、色彩、形体、材料、组合方式上对同一产品作出不同的包装处理，形成系列状态，既可满足不同消费者的需求，又可避免一种商品只有一种包装形态的单调局面以满足顾客的审美心理需求。

2. 仿生法

仿生法是仿照生物（动物或植物、人体）的形象、结构、功能、色彩、材料、质地、效果来设计包装品，使包装品具有生物的形态与结构、特性及相似性，从而给消费者以生命、活力、生机等感受，诱惑消费者的购买欲望、激发其购买行为。如化妆品盒的装潢色彩喜用奶黄、乳白、粉红，显然与模仿油脂膏本色、瓷器玉器的本色和女性皮肤本色有关；而酱料的包装通常采用与酱料本色相似的深红、赭红、紫红等色彩，这就是色彩仿生。

3. 仿古法

仿古法是表达复古、怀旧、思乡、反思和民族化思潮的一种最好的方法。它是将一些古老的、有一定代表意义的、今天还仍然有一定的社会功利价值的事物，在包装品上再现出来，以引起人们对远古先祖的思念、对往昔生活的眷恋和对现实生活的逆反与批判心理。通常使用的手法有形象仿古、结构仿古、功能仿古、色彩仿古、形体仿古、材料仿古、质地仿古等。如"中国古汉酒包装"采用模仿古陶质酒瓶及黄布书法卷轴、裱绫宣纸卷轴来展示"中国古汉酒"的远古形象就是一种典型的形象仿古包装法。

4. 组合法

组合法不是着眼于商品和包装品本身，而是着眼于顾客的消费与方便使用方面。由于我国人民一向重视礼仪，并注重礼仪的一定组合形式，如喜酒包装两瓶一对，寿酒包装四瓶一组，贺乔迁新居则常用四件套（取"福禄寿禧"四全之意）和八件套（取"八面亨通"之意）的礼品，这就是典型的礼品组合包装。此外，还有使用组合、心理组合、套装组合等。如文房四宝加印章印泥成套包装、旅行卫生袋、女性手提袋等。

5. 附加法

附加法是在一般包装形态上，再附加一些内容，使之更有审美价值和经济价值，许多商品，如白酒、香水、饮料、化妆品等本身没有色彩，为了加强商品形象的视觉冲击力，提高其审美价值，往往在商品中加各种有色添加剂或在包装上加特殊颜色。如"旭日升冰茶"用蓝色作主色就给人一种冰凉透澈的感受，这就是典型的色彩附加法；"贡酒礼品包装"将酒瓶盖处理成包纱帽，酒瓶处理成白底黑花纹的官袍，形成一个九品县官的滑稽形象，使人爱不释手，这就是形态附加法；统一干脆面内加球星卡和卡通图卡常被小孩喜爱，这就是配件附加法。此外，还有加香水香料的嗅觉附加法和表面精加工的触觉附加法。这些附加的包装手法常常能给顾客以观赏的美感，强化其购买欲望。

6. 简化法

由于时代的变迁和价值观念、审美意识、心理需求、生产工艺、运输方式、装卸手段、包装材料和技术的更新，人们有时刻意追求简洁明了、视觉冲击效果好的包装。但简洁并不意味着简单。

7. 逆反法

逆反法是利用人们的逆反心理而采用的设计方法。它是对现行的或历史的包装品色彩、材料、质地、结构、形态、文字、图形等内容进行否定，然后利用相对立的色彩、材料、质地、结构、形态、文字、图形等，使包装品具有新颖性和情感冲击力。

所用材料除了前面各章提到的纸、瓷、玻璃、金属外，其他材料如纸板、纸塑复合品或箔品，这些材料既容易成型又有优异光泽，十分美观。

第二节　防伪包装技术

一、防伪包装概述

今天的普通消费者，对于"防伪"一词早已不再陌生，因为作伪之术已渗透到社会生活的各个层面。从最初的钞票、支票、债券、股票等有价证券，到现在的名酒、名烟、名牌服饰及至简单的日常生活用品。人们在正常消费时常常带着一个疑问"这到底是真货还是假货？"可见假货猖獗，防不胜防。

假冒行为是一种全球性的而且正在迅速增长着的经济犯罪活动，它既损害被假冒商品生产厂家的利益和正常经营活动，同时又严重侵害了消费者的利益，造成消费者经济、精神损失，甚至危及生命。因此，加紧对防伪技术的研究、加大对伪造活动的打击力度是当今迫切的问题。防伪包装技术就是指在商品包装过程中对制作假冒伪劣商品的行为能起遏制作用的一系列技术手段。防伪包装技术主要以商品为对象，它是防伪技术的组成部分，又是包装技术的组成部分，因此防伪包装既有防伪技术的一般功能特点，同时又适合于商品包装的自身特点。

由于目前的防伪技术有两个显著的特点：一是防伪手段的技术含量越来越高，二是防伪手段的有效周期越来越短。再先进再新的防伪技术都不可能绝对可靠和永远有效，因此伪造与反伪造类似于猫鼠追逐的"游戏"，而且将是一场看不到尽头的"特殊战斗"。利用包装技术防伪是目前大多数生产厂家采用的主要防伪措施。但由于对制假者的特点了解不够或对防伪技术的定位不准，使得有些采用了防伪技术甚至是高新技术的产品也不能有效地防伪，给产品生产厂家和消费者带来了极大的损失。因此，对防伪包装原理和选择使用原则作系统而科学的研究与定位是十分必要的。

二、防伪包装技术的定位与选择

在现代多元化经济条件下，与商品的开发一样，防伪包装也有一个定位与选择的问题。即在对防伪包装手段深入研究和具体应用之前，需要对商品的属性及流通销售多环节作综合考虑，以确定所使用的防伪包装方法的具体手段、技术特点、生产投入、预期效果、有效周期等。在防伪包装的分析定位中，需要对以下问题作深入的调查论证。

（1）商品本身的经济价值和社会价值。一般来说，如同包装必须与商品匹配一样，防伪包装技术应与商品的价值档次相匹配。那些价值低、周期短的商品如果采用技术含量高、制造工艺复杂、成本高的防伪手段，显然是不合理的。

（2）所采用的防伪包装的技术开发费用和生产成本所占产品总的开发和生产成本的比率。防伪包装不应是高新技术的堆砌，而应以经济实用为原则，不能因为防伪而无限提高产品的成本。

（3）商品的属性特点和消费层次。面向商店顾客为主的消费商品和面向批发商、制造商和厂家集团为主的材料制品类、大中型产品，可采用技术含量和成本完全不同的防伪包装方法。

（4）所采用的防伪包装技术对应的识别检测方法。让大众可识别，还是依靠专门仪器检测，涉及开发投入和管理手段的不同。识别方法和工具应尽可能地性能可靠、简便实用。

（5）流通中防伪辅助管理手段的有效选择。如通过专卖店销售、封闭式零售点网络等可有效防止伪劣品进入销售环节。

（6）产品生产规模化、自动化和标准化的程度，使伪造商难以生产价格更低更有利可图的伪劣品。

（7）所采用的防伪包装技术手段的可改进性和升级换代的可能性。同一种商品不断变换防伪包装方式是不明智的，易造成混乱，而同一商品的防伪包装手段和升级换代但不改变基本特征，则容易被消费者接受。

总的来说，目前所应用的防伪包装技术可概括为两个层次。第一层次是面向普通消费者的。此类防伪包装手段，成本较低、简单易行且有效。其识别方法通过宣传，可以迅速为大众接受，不需专门的仪器检测。此类防伪手段适合于超级市场中的一般消费品。第二层次是面向专家和厂商的。此类防伪包装手段较多地用到特种工艺技术，以增加伪造的难度。其防伪秘诀不为一般消费者所知，需借助专门仪器或专家作鉴别。那些价值较大、社会影响明显、流行周期长的产品都宜采用第二层次的防伪包装手段。

三、防伪包装的常用手段

目前防伪包装手段可谓名目众多，仅防伪标志者就有一百余种，但从总体分析，防伪包装技术集中于以下几方面：①防伪标识；②特种材料与工艺；③印刷技术；④包装结构等。选择防伪技术，应视商品属性与价值而定。根据所作的防伪包装定位分析，可采用单一技术防伪，也可多重技术防伪。不管怎样，简单、实用、有效、经济仍是选择防伪包装手段的重要原则。

1. 激光全息图像

激光全息图像是防伪标识中比较有代表性的一种防伪包装技术，是当前最为流行的防伪手段。全息图像由于综合了激光、精密机械和物理化学等学科的最新成果，技术含量高。每一张合格的全息模压图完成，需要美工技术、专业技术人员和全息技术专门工作环境的通力合作。

一般来说，贴有全息防伪标志的商品，让人们选购时较为放心。对多数小批量伪造者而言，激光全息标志的技术含量高，全套制造技术的掌握和制造设备的购制难以做到。

全息照相的方法与常规照相不同，全息照相是利用光的干涉原理将光波的振幅和相位记录下来的。振幅表示光的强弱，相位表示光在传播过程中各质点所在的位置及振动方向。它记录了光的全部信息，而普通照相只记录了景物的光波强度（振幅）信息。

激光全息防伪商标的制作工艺流程为：商标图案的选择与设计→拍摄全息图→制作全息图母版→制作金属模板→压印→复合→模切→成品。

2. 激光防伪包装材料

经过激光处理的材料兼有防伪和装潢两方面的功能。改变全息图像标识的局部防伪方式，达到整体防伪效果。整个包装都经过激光处理，加上厂家名称、商标等，呈大面积主体化防伪，制假者无从着手。激光包装材料在光线的照射下呈现七彩颜色，增加了包装的美感。

经过激光处理的包装材料的使用共有四大类。

(1) 软包装袋。用高新技术制出激光薄膜，然后再和普通塑料薄膜复合，加上印刷形成激光材料软包装袋（或称镭射软包装袋），可用于糖果、食品、饮料、茶叶、药品、化妆品等的包装。

(2) 硬包装盒。一种是先用高新技术制出激光薄膜，然后再和硬纸板复合，加上印刷形成；另一种是先在一般硬纸盒上印刷，然后再和经激光处理的上光膜复合，形成上光式硬盒。可做酒类、药品、牙膏、香皂、化妆品等的包装。

(3) 手提袋。制作方法与硬纸盒相似，可制成规格大小不同的包装袋。可用于西服、大衣、药品、食品等的包装。

(4) 镭射纸。镭射纸是直接用激光处理纸张，其生产工艺难度较大、成本较高，但容易印刷、便于处理、无环保问题。常用于烟盒、瓶贴、标签、税条、礼品包等的包装。

3. 隐形标识系统

隐形标识系统包括使用特殊机能的防伪油墨印刷的标识、计算机形成的图案和食品中添加生物抗体三大类。这些标识在商品消费时，有的是不被消费者察觉的，必须通过专用的仪器检测或专家鉴定，有的标识是可见的，但消费者往往不明其含义或暗藏其他暗记，这是在国内外获得广泛应用的防伪技术。

(1) 使用特殊机能的防伪油墨。包括光变油墨（OVI）、磁性油墨、荧光油墨与磷光油墨、热敏油墨四大类。光变油墨是一种较新的防伪油墨，价格高昂，并且销售控制比较严格，现一般只用于钞票印刷上。光变油墨是一种反射性油墨，具有珠光或金属效应，彩色复印机和电复印机都不可能复制出来。用光变油墨印刷出来的产品，油墨色块呈现一对颜色，如品红—蓝，绿—蓝，金—绿等，如果将油墨印迹层倾斜45°左右，则可以使图案由一种色相向另一种色相转移。由于只有印品上墨膜较厚时，才可能出现显著的色漂移现象，所以其印刷特征是任何其他油墨或印刷方式无法仿效的。磁性油墨作为防伪措施用于防伪印刷中已经有近30年的历史了，直到现在还广泛应用于钞票及信用卡的磁性条码上，通过发展相应的电子技术，使检测业务实现了自动化。所用的磁性材料为氧化铁类和合金类（如钐钴合金）。荧光油墨是在现代包装防伪印刷之中应用比较广泛的油墨之一，分为日光型荧光材料和紫外线型荧光材料两种类型。对防伪来讲，常用的还是无色荧光油墨，这类油墨在紫外线下或是在X射线下会产生明显的颜色变化，检测十分方便。磷光油墨是由于在油墨中加入了磷光物质的晶体，这类物质在紫外线的照射下，吸收投射到它上面的光，然后再以一定的波长在一定时期内发射出来，且发出的光与本体的颜色不同。热敏油墨是在油墨中加入了热敏材料，这种热敏材料可分为无机类、有机类、液晶类等三大类。在无机类中，人们用得最多的是 $AgHgI$，$CuHgI_4$，它们分别在40℃和70℃下产生鲜明的颜色变化。但它们都是重金属盐类，有毒，印刷适应性差，且腐蚀印版，在防伪印刷中不予采用。而有机温变材料也因其制作工艺复杂、技术难度大、成本高而不为人们所接受。目前，人们最感兴趣的是液晶温变材料，它是通过晶格的变化引起的光学性能变化。例如，在国内商标防伪中，一洲洋参丸的封口就是采用的这种材料，而万宝路香烟盒上的防伪标记就是用不可逆温变材料制成的。

（2）计算机形成的图案。由计算机产生全息图、计算机密码图案、计算机光学图案系统等。其特点是利用计算机分别产生全息图，产生一种类似象形文字的图案，将商品或其商标、纸张所固有的纤维的随机图像加以捕捉并经数字化处理，再印到商品上，后两者形成的密码都不易破译，防伪性强。

（3）在商品中加生物抗体。是美国生物码公司成功开发的一种全新隐形标识系统。此系统包括两种物质：加入到产品中的标志化合物；用于识别标志存在与否，必要时作定量分析的抗体。标志化合物可选用日用化学品，但必须是持久的、惰性的和容易与产品融合的，并符合卫生法规的要求。抗体是特定的生物识别分子，每一种抗体只认识或结合一种特定化合物。标志物识别操作分两种：现场测试和实验室测试。既可测试标志物的存在与否，又可测试其精度含量，被替代或被稀释的产品皆可测出。

虽然普通消费者不能看到隐形标识，但检验人员可明察秋毫。与全息图标识相比，隐形防伪包装更具生命力。

4. 激光编码

激光编码主要用于包装的生产日期、产品批号的印刷。激光编码技术也称激光"烧字"技术。由于激光编码机造价昂贵，应用不广泛，只有在大批量生产或其他印刷方法不能实现的场合使用。正因为如此，才使它在防伪包装方面发挥了作用。

激光编码封口技术是一种较好的容器防伪技术。在产品被充填完并封口加盖后，在盖与容器接缝处进行激光印字，字形可以跨骑在盖与容器上。

从防伪效果来看，使用激光编码技术防伪，制假者遇到的第一个难题就是昂贵的设备投资。加上字形模板更换变形的隐秘性，使那些分散的中小型工厂难以制假。

5. 凹版印刷

凹版印刷的按原稿图文刻制的凹坑载墨，线条的粗细及油墨的浓淡层次在刻版时可加以控制，不易被模仿和伪造，尤其是墨坑的深浅。仿照印好的图文进行逼真雕刻的可能性非常小。纸币、邮票、有价证券、珍贵艺术品一般都用凹版印刷。由于具有防伪效果，凹版印刷已越来越多地推广到企业商标和包装装潢印刷等方面。

6. 特种工艺与材料

某些产品能长期占领市场，就是依靠自己产品的特种工艺。这是一种有效的秘密防伪手段，越是具有独特的生产技术的产品越不容易被伪造。

包装中使用或加入自己公司特有的材料，也是常见的防伪方法。典型的例子就是纸币中使用特种纸张并加入安全线。

7. 特殊的包装结构

一次性使用的包装容器，一旦开启即自行报废，也不能重复使用，这可以防止"真瓶装假酒"一类的伪造，有时也把这种防伪方式叫做破坏性防伪包装。此外，食品饮料中大量使用的防窃启包装也具有一定的防伪功能，主要防止偷换与掺假。还有的是将容器设计得比较复杂，使人难以假冒，或在容器结构方面、制造工艺方面加入自己公司的技术秘诀。

四、防伪包装应用的实际效果

尽管"防伪包装"已成热点，防伪技术日益成熟，防伪包装的应用也相当广泛，但我国的防伪现状却不容乐观。许多的名牌甚至非名牌的商品都有假冒者光顾，逼使厂家千方百计寻找防伪的真经。

由于目前我国商品防伪标识使用混乱，激光全息标识也不可避免地受到"伪造仿冒"浊流的侵蚀。有一些具备这一技术与设备的工厂，在利益的驱动下，将制造假冒防伪标识卖给了制假者，使激光防伪标识成为无用的装饰物甚至成为"乱真"的手段。我们走进商城，看见有的带有激光防伪标识的商品如磁盘标价 80 元一盒，而在小贩手中我们只需 20 元一盒即可买到相同包装且同样贴有激光防伪标识的产品，而且小贩还会毫不掩饰地告诉你"这是假冒产品"。然而，"魔高一尺，道高一丈"，正在研制和新推出的，具有更好防伪功能的全息图形技术：高质量全色真三维全息技术、复杂动态全息图技术、加密全息技术、数字全息技术和特殊全息图载体技术将代替模压全息防伪标识成为假冒者的克星。

五粮液名酒也曾一度受到假冒者的光顾。四川宜宾五粮液酒厂推出的新包装已上市。新包装采用了具有世界先进水平的 3M 回归反射防伪胶膜瓶盖，它是通过光的回归反射原理，在五粮液专用防伪盖上用光把直径为 0.06mm 的玻璃微珠，涂在可视印刷品的表面上形成特定的五粮液厂徽图案，并对印刷品的可视部分起保护作用。消费者在自然光下可以清晰地看到白底红字的"五粮液"防伪标识，这种高技术的防伪不是一般制假者所能达到的。

纸币的防伪要求是最高的。通常融合了近十种防伪技术（如新 100 元美钞就有八种防伪标志），如特种纸张、激光编码、光变油墨和磁性油墨、水印金线、凹版印刷等，但纸币还是经常被人伪造。由此可见防伪任务之艰巨。

要杜绝假冒伪劣的行为，除了商品本身防伪外，还必须坚决打假。一方面要加强市场管理健全法制，以法制管理市场，让假货失去生存的土壤；另一方面要调动消费者和企业共同参与意识，使打假防假成为全社会的共同行为。

第三节 封缄技术

封缄也称封闭、封合，是指包装容器装过产品后，为了确保内装物品在运输、储存和销售过程中保留在容器中，并避免受到污染而进行的各种封闭工艺。包装封缄的方法和使用的材料和元件种类很多，如黏合、封盖（塞、帽等）、热封和钉封等。

一、黏合

两种同类或不同类的固体，由于介于两者表面之间的另外一种物质（黏合剂）的作用而牢固结合起来的现象叫黏合。简单地说，黏合是使用黏合剂进行封合的方法。这种方法具有工艺简单、生产率高、结合强度大、应力分布均匀、密封性好、适应范围广，并有增加绝热、绝缘性能等优点，在包装工业中广泛用于纸、布、木材、塑料、金属等各种材料的结合。在封口、复合材料的制造、封箱（盒）、贴条、贴标等过程中，起重要作用。

（一）黏合剂产生黏合的基本条件

1. 必须有良好的流动性

黏合剂必须能比较容易地、均匀地分散到整个被黏物表面，把表面凸凹部分填平，并在整个被黏物表面形成均匀的黏合剂薄层。

2. 必须能充分浸润被黏物表面

黏合剂对被黏物表面有一定程度的浸润是完成黏合的必要条件之一，充分地浸润为黏合剂分子与被黏物表面分子间相互吸引、达到黏合创造了必要条件。通常是在黏合剂成分中加入少量润湿剂，或者事前处理被黏合面，以增加黏合剂对被黏物体的浸润程度。

3. 与被黏物之间必须有足够的作用力

黏合剂与被黏物之间必须有较大的结合力才能形成牢固的结合。这种结合力可以是：机械力——黏合剂渗入被黏物中，形成"胶钉"形式的力；分子间力——范德华力、极性分子间的定向引力；化学力——由离子键、共价键、氢键等化学键形成的力等。

（二）黏合理论

黏合剂与被黏物的结合作用力究竟是怎样产生的？怎样从理论上指导黏合？不少学者从不同的实验条件出发，进行了黏合理论的研究。但到目前为此，还不能建立一套完整的、公认的黏合理论。

下面介绍几种主要的黏合理论。

1. 吸附理论

吸附理论是目前受支持较多的理论。这一理论认为黏合过程分两个阶段：第一阶段是黏合剂分子由于布朗运动迁移到被黏物表面，结果使黏合剂的极性基团逐渐向被黏物的极性部分靠近，通过溶剂挥发、加热或加压等情况，黏合剂分子可以与被黏物靠得很近。第二阶段是当黏合剂与被黏物表面分子间距离很小时（小于0.5nm），分子间便发生了作用，这种吸引力包括从能量级为418.7J/mol的色散力到能量级为 4.187×10^4 J/mol 的氢键力为止的一系列作用力，这样形成的键有偶极—偶极键（如纤维素—聚氯乙烯的黏合）、偶—诱导偶极键（如纤维素—聚苯乙烯的黏合）以及氢键（如纤维素—聚乙烯醇的黏合）等形式。由于这些作用的结果，完成了黏合。

吸附理论虽然得到较广泛的支持，但也不能解释某些黏合现象，如某些非极性高分子化合物之间牢固的结合等。

2. 机械理论

机械理论是最早提出的黏合理论，它认为黏合是一种机械过程，是黏合剂对两个黏合面机械作用的结果。黏合剂流入并填满凸凹不平的被黏物表面，一旦固化，黏合剂与被黏物表面便通过相互咬合而连接，完成黏合，类似轮船铁锚抛到海底泥土中的情况一样。这种理论虽然提出很早，但还不能够解释表面光滑的物体（如玻璃等）的黏合问题。

3. 扩散理论

扩散理论以高分子化合物的最根本特征（高分子链状结构和它的柔顺性）为出发点，认为高聚物分子的热运动会引起黏合剂大分子扩散，当黏合剂以液体形式被涂敷于被黏合物表面时，如果被黏合物为可以被溶胀或溶解的材料，则黏合剂与被黏合物会彼此越过界面而扩散交织起来，连结成牢固的黏接面。这个理论本质上是聚合物之间互相扩散、渗透、溶解。这种理论可以解释一些高分子化合物的黏合问题，但对于高聚物黏合剂黏接金属不能给予很好的解释。

4. 静电理论

这是一种较新的黏合理论。在从一些被黏合物体上剥离黏合剂的实验中发现，被剥离的表面带有电荷的现象，有黑暗处发光，并有"劈劈啪啪"的声音。经研究认为，在黏合界面处有双电层，它们之间有静电引力，从而产生黏合。双电层的形成可能是界面分子相互作用的结果。这一理论不能解释那些不能产生双电层的非极性物质的黏合。

5. 极性理论

该理论认为黏合作用与黏合剂和被黏合材料的极性有关，极性材料要用极性黏合剂黏合，非极性材料要用非极性黏合剂黏合。

6. 化学理论

这种理论认为黏合剂和被黏合物之间是通过化学反应形成牢固的黏合。

综上所述，各种理论都有各自的实验依据，并能在某些场合下较满意地解释黏合现象，但它们又都有一些事实上的局限性。总的说来，目前尚没有一个完整的黏合理论，这是黏合现象本身的复杂性及实验条件的局限性等原因造成的。

（三）黏合剂的分类

黏合剂的分类方法很多，包装黏合剂常用以下几种分类方法。

1. 按主要黏合物质的种类分

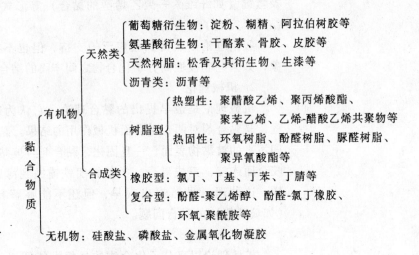

2. 按固化方式分

按固化方式可分为非反应固化型和反应固化型两大类。

（1）非反应固化型。可分为以下两种类型。

①溶剂和水挥发固化型。用溶剂或水将黏合物质等溶解，或者制成水乳液，将黏合剂均匀涂布到被黏合物表面，溶剂或水从黏合端面挥发或被黏合物吸收掉，形成黏合剂膜，发挥黏合效力。这种固化方式的黏合物质可以是淀粉、动植物胶、热塑性树脂、天然橡胶及合成橡胶等。

②热熔型。这是一种比较新型的黏合剂，是以热塑性高聚物为主要成分、不含水或其他溶剂的固体黏合剂。通过加热，将黏合剂熔化，涂到被黏合物表面，随后在空气中冷却固化完成黏合。很多热塑性树脂都可以制成热熔黏合剂。

（2）反应固化型。在含有反应性官能团的黏合剂中加入固化剂或催化剂，通过加热或不加热使黏合物质发生不可逆的化学变化，引起黏合剂固化。

3. 按黏合剂应用方式分

可分为溶液型、乳液（胶）型、热熔型、压敏型、喷雾型等。

4. 按操作温度分

可分为冷胶、热胶两类。冷胶包括溶液型乳液型以及胶带等；热胶主要以热熔胶为主，此外有少量胶带也需加温才能黏合。

（四）黏合方法

1. 冷胶黏合

冷胶为溶液型或乳液（胶）型。溶液型中多数为水溶性，有淀粉基和蛋白基的，如糊精、酪素、骨胶等。以纸制品黏合应用最多，其优点是不需要加热、节省能源、耐热性好、价格便宜；缺点是固化时间长、易霉腐、不能适应高速包装机的要求和卫生条件。广泛用于手工操作的普通包装场合。化学溶剂的冷胶虽然黏合速度快，但多有挥发物质，易燃或有毒性，适合黏合疏水性材料，因此，用途受到限制。乳液型黏合剂是具有黏合作用的热塑性树脂，在水中被分散乳化，待水分挥发或被吸收后固化的物质。其特点是黏合力强，能得到可靠的和长期稳定的黏结效果，操作简便，具有足够的耐水、耐油性，比水溶性黏合剂固化快。常用的有醋酸乙烯乳胶。乳胶型黏合剂是具有黏合作用的天然橡胶和合成橡胶的分散物。多用于纸箱、纸袋和裹包产品的封合。

冷胶黏合剂中还有水分或有机溶剂，因此其黏合过程为：涂布→压合→固化（挥发）。

黏合剂涂布有手工操作和设备涂布两种，设备涂布主要有以下三种方式。

（1）滚轮涂胶法。如图14-1（a）所示，容器中的冷胶靠旋转的滚轮进行涂布，涂胶的厚度可通过轮面与刮刀的间隙进行调节，但若滚轮表面有凹槽时，则涂胶厚度由凹槽的深度决定。

滚轮涂胶的特点是设备简单，但需每天清洗，黏合剂损耗较大。如果使用溶剂型黏合剂，还须考虑通风和环保的问题。

（2）喷嘴涂胶法。根据喷嘴头与被黏物是否接触，喷嘴涂胶分接触式喷嘴涂胶（如图14-1（b）所示）和非接触式喷嘴涂胶（如图14-1（c）所示）两种。向喷嘴供给黏合剂可采用压力罐或压力泵，对于非接触式喷嘴涂胶，多采用喷射压力较高的压力泵。

与滚轮涂胶法相比，非接触式喷嘴涂胶方向可以任意调节，不必每天清洗设备，但对于口径较小的喷嘴应采用相应的保护措施，如在停工时，将喷嘴放在潮湿处或向喷嘴吹湿气，以避免黏合剂干结而堵塞喷嘴。喷嘴涂胶适用于纸盒封口、低速瓦楞纸箱装箱机。

（3）喷雾涂胶法。与喷嘴涂胶的线状涂布相比，喷雾涂胶则使冷胶成雾状涂布，因此，两者涂胶系统结构差异不大，如图14-1（d）所示。喷雾涂胶法的涂布面积大，且涂胶用量少，压合时间短，但涂布边缘模糊，这种方法多用于瓦楞纸箱的封合。

2. 热熔胶黏合

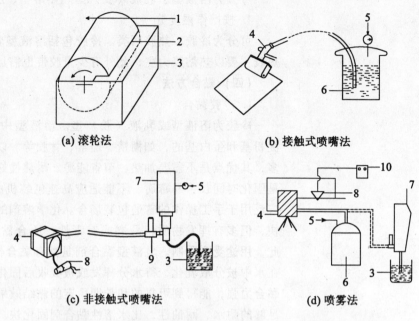

(a) 滚轮法　　(b) 接触式喷嘴法
(c) 非接触式喷嘴法　　(d) 喷雾法

1—被黏物；2—刮刀；3—储胶槽；4—喷头；5—空气；6—压力槽；
7—压力泵；8—电磁阀；9—过滤器；10—控制器

图 14-1　冷胶涂布方法

热熔胶黏合是用一种热熔胶加热后熔化，涂敷于被黏合表面，经冷却固化而黏合的方法。热熔胶是一种不含水分的固体黏合剂。在一定温度下呈流体状，经涂敷器涂敷到被黏合表面上，再压合使之散热，冷却而固化，完成黏合作用。

在包装作业中，常用的热熔胶是以乙烯-醋酸乙烯共聚物为基础，与低分子量树脂和腊组成的。

（1）热熔胶的特点有如下一些。

①黏合速度快。这是热熔胶的突出特点。冷却后即完成了黏合作用。加压时间很短就可得到很好的黏合效果。所需黏合时间只有 2~3 秒，在很多黏合剂中，是黏合速度最快的一种，适用于自动化和高速化的封缄工艺。

②无溶剂。不含水分及溶剂等，完全为固体成分，因而不存在因有机溶剂引起的中毒或火灾危险，也不需要蒸发水分和溶剂的设备、热源和时间。

③经济效益高。虽然单位重量的价格比其他胶高一些，但由于完全是固体成分，用胶量减少、生产效率高、设备占地面积少、操作费用低，所以综合衡量仍是经济的。

④无毒。适合食品工业的要求。

⑤需要使用涂敷机。因为作业时需加热至 120~200℃，操作要迅速，手工操作难以满足要求，而且容易烫伤，所以必需有涂敷

设备。

⑥作业时易受环境温度的影响。胶加热后，必须达到一定的流动性和湿润性，才符合涂敷胶和黏合的要求。因此，车间温度、胶和被黏合表面的温度对黏合质量有直接影响。

⑦耐热性差。多数热熔胶在60℃以上，其黏合强度显著下降，少数耐热的热熔胶，也只能在70℃以下保证强度。因此，耐热性差是热熔胶的主要缺点。

（2）热熔胶黏合的工艺要求有如下一些。

①熔化后的黏度要适当。熔化黏度与加热温度正反比，黏度低一些流动性好，有利于涂敷，但会增加黏合时间。黏度过高，将产生拉丝现象，不易涂匀。在实际操作中，为了兼顾各项要求，往往使用较高的熔化温度。

②控制发泡、冒烟和气味。尽量减少发泡以免引起操作故障。冒烟和气味不可能完全消除，故车间必须通风换气。

③严格掌握温度。热熔胶使用过程中，温度是重要因素。温度低，流动性差，湿润性不好、黏合力不够，并会出现剥落现象；温度过高，会加剧胶的受热老化，降低原有性能。

④进行充分加压。在黏合过程中，加压要均匀而充分，是保证黏合质量的主要条件。

⑤涂敷量要适当。可根据季节、黏合稳定性等因素来掌握。

（3）常用的热熔胶涂敷方法有如下几种。

①用涂胶滚轮。如图14-2所示，输胶管1将加热熔化的胶液送至储胶盒2。储胶盒与涂胶滚轮3紧密接触，当滚轮转动时，胶液即黏附其上。输送带4将瓦楞纸箱送至涂胶位置，待涂胶的折页与涂胶滚轮接触而涂胶。涂胶后封箱加压，冷却后就完成了黏合。

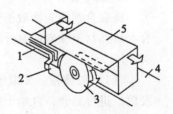

1—输胶管；2—储胶盒；3—涂胶滚轮；4—输送带；5—瓦楞纸箱

图 14-2　滚轮涂胶法

②喷嘴涂胶法。如图14-3所示，瓦楞纸箱4由输送带3送至涂胶位置。热熔后的胶液置于储胶筒1内，涂胶喷嘴2与储胶筒连接，当纸箱经过喷嘴下方时，涂胶开始，熔化的胶液靠压力从嘴喷出。完成涂胶过程，然后进行封箱、加压和冷却过程。由于喷嘴与被涂敷件不接触，而且胶液在压力下喷出，因此，速度快、涂敷均

匀，是各种涂敷方法中应用最广泛的一种。

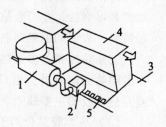

1—储胶筒；2—涂胶喷嘴；3—输送带；4—瓦楞纸箱；5—已涂胶部分
图14-3　喷嘴涂胶法

③平板涂胶法。如图14-4所示，加热熔化的胶液盛于储胶盘1中，被涂敷件3（如纸盒坯）的涂敷表面向下放置于涂胶平板2上，涂胶平板上下运动，下降时携带纸盒坯在储胶盘内涂胶，上升后即完成涂胶。其余过程同前。涂胶平板上按照被涂敷件需要涂胶的部分刻出空槽。这样可以一次涂敷全部要涂胶的表面，从而提高效率。这种方法多用于纸盒的黏合。

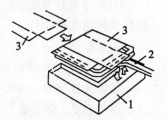

1—储胶盘；2—涂胶平板；3—纸盒坯片
图14-4　平板涂胶法

3. 胶带黏合

将黏合剂预先涂敷于带状基材上制成胶带，然后用胶带进行黏合。按基材上涂敷的黏合剂种类不同，胶带分为胶质带和胶粘带两类。

（1）胶质带。多以牛皮纸为基材涂以植物冷胶，使用时用水浸湿，进行黏合，自然干燥或加热干燥后完成黏合过程。用胶质带作为包装件的封缄材料，如封盒、封箱等，有防尘、防潮、进行美术印刷以及封印等优点，多用于食品包装。

（2）胶粘带。也称压敏胶带，是在基材上涂以橡胶或树脂为主要成分的黏合剂。使用时不需要加热或用水湿润，只要贴上去压一压，短时间内即可达到满意的黏合效果。这是当前包装用得最多的胶带。

胶粘带与胶质带比较有如下优点。

①成卷供应，可连续使用，剥离容易，黏合剂不残留于带的背

面,同时也不粘手,操作方便。

②在常温下,贴于需要黏合处,压一压即可。不用通过水湿润、加溶剂和加热等手段。

③黏合后的胶带,一般慢慢揭下还可再用。

④可选择不同的基材,制成适合各种用途的胶带。

⑤几乎任何材料都可黏合。对塑料的黏合效果特别好。

常用胶粘带介绍如下。

(1) 牛皮纸胶粘带。这是最便宜、最常用的一种。在瓦楞纸箱封缄中,使用量占四分之三,强度稍差,对沉重物品或长距离运输包装不太适合。因胶带背面有防粘硅膜涂层,多层箱堆垛时,容易滑落。

(2) 布基胶粘带。抗拉强度和耐冲击强度均好,柔软而有弹性,黏合剂涂层较厚,对胶合板之类的粗糙表面也能很好地黏合。最适合沉重物品及出口商品的封缄。一般是用人造纤维织物作基材,价格比牛皮纸胶带贵。

(3) 聚丙烯胶粘带。与布基胶带相比,抗拉强度差一些,但耐冲击强度与布基胶带相近,胶膜厚度为 40~60μm 不等,可根据瓦楞纸箱的重量选用。一般情况下,纸箱内装物品为 20kg 以下时,应采用牛皮纸胶带;20~30kg 时,用聚丙烯胶带;30kg 以上时,应选用布基胶带。

胶粘带使用方便,今后将成为外包装的主要封缄材料。特别是在自动包装机上应用,可以大大节省劳力、提高经济效益。

二、热封法

热封法也称加热黏合,与上述的涂胶黏合和胶带黏合方法完全不同。热封法不用外加材料,仅靠包装材料本身加热后熔化而黏合。因此,其研究对象主要是塑料薄膜、塑料捆扎带等。常用的热封法有以下几种。

1. 板式热封法

如图 14-5 所示,将待封的两层塑料薄膜平放在有伸缩性的耐热橡胶热板上,用加热后的加热板压在封口处。过一定时间提起加热板即完成热封。

这是热封作业中最普通的方法,因结构和原理都很简单,封口速度也较快,所以,广泛用于聚乙烯、聚乙烯/玻璃纸复合薄膜的封合。由于加热是持续的,不适合用于热收缩薄膜和容易热分解的薄膜(如聚氯乙烯)。

2. 滚轮式热封法

如图 14-6 所示,将待封的两层塑料薄膜通过转动的两加热滚轮之间,就可以完成热封。

此法的特点是连续热封。可用于塑料薄膜(如聚乙烯/玻璃纸

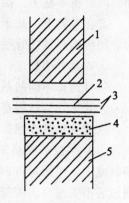

1—加热板；2—热封部分；3—塑料薄膜；4—耐热橡胶；5—支撑台
图 14-5 板式热封法

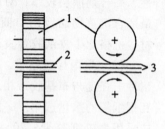

1—加热滚轮；2—热封部分；3—塑料薄膜
图 14-6 滚轮式热封法

复合薄膜）。由于支持薄膜的材料如玻璃纸、铝箔等，加热后不产生热变形，因而不影响包装件外观。但对单一薄膜来说，会产生皱纹，影响外观，故不适用。

3. 带式热封法

如图 14-7 所示，待热封的两层薄膜夹在两条回转的金属带中间，随着金属带的运动，塑料薄膜通过加热板和冷却板而完成热封。由于薄膜在热封过程中被金属带夹持，所以对单一薄膜连续加热也不会产生变形。此法所用设备较复杂，多用于半自动封口机。

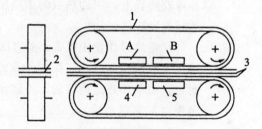

1—传送带；2—热封部分；3—塑料薄膜；4—加热器；5—冷却器
A—加热区；B—冷却区
图 14-7 带式热封法

4. 滑动滚压式热封法

如图 14-8 所示，与滚轮式热封法相似。所不同的是，待热封薄膜是在两块加热板之间的缝隙滑过而加热，经加热软化的薄膜，通过一对不加热的滚花轮，一边压紧一边滚压出各种不同花纹。此法可用于热封变形大的塑料薄膜，并可连续操作。因结构简单、封口可靠，故广泛用于制袋机和自动包装机。

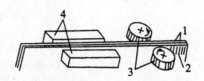

1—塑料薄膜；2—滚花压纹；3—滚花轮；4—加热板

图 14-8　滑动滚压式热封法

5. 脉冲热封法

如图 14-9 所示，在热封压板的下端装有镍铬耐热合金加热条，热封时瞬间通过脉冲大电流，加热镍铬合金条，将合金条压在薄膜上，当合金条离开热封部分时已经冷却。所以，对容易产生热变形的薄膜也能热封。

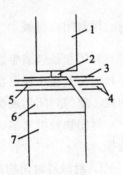

1—热封压板；2—耐热合金；3—防黏材料；4—塑料薄膜；
5—热封部分；6—耐热橡胶；7—支撑台

图 14-9　脉冲热封法

这种方法与板式热封法相比，结构较复杂，需要冷却时间。因此，封合速度受到限制。尽管如此，因能得到稳定而满意的封合效果，所以，对封合强度和密封性要求高的包装液体物料的制袋机，以及真空包装的封口等仍然广泛采用。

6. 超声波热封法

如图 14-10 所示，由高频振荡器将高频电能输送至磁致伸缩振子，转换为纵向机械振动，再经过指数曲线型振幅扩大棒，产生超声波，施加于重合的待封薄膜表面，使薄膜熔化而封合。

7. 高频热封法

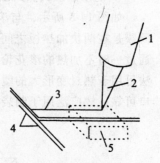

1—磁致伸缩振子；2—指数曲线振幅扩大棒；3—热封部分；
4—塑料薄膜；5—耐热橡胶热板
图 14-10　超声波热封法

用上下两个电极压住薄膜，加上高频电压，由聚合物的介电系数损失发热而熔化完成热封。热封部分的最高温度是在热封面，所以薄膜不会过热，能得到强度高的封合缝。这种方法加热快，主要用于介电损失大的聚合物，如聚氯乙烯等。

高频热封法与超声波热封法一样，发热是以薄膜重合面为中心产生的，所以适合于热收缩薄膜的热封，并可连续作业，常用于一部分制袋机和包装机上。

三、用封闭物封缄

封闭物是包装容器内装进产品后，为了确保内装物在运输、储存和销售过程中保留在容器里并避免受到污染而附加在包装容器上的盖、塞等封闭物或覆盖器材的总称。

封闭物种类繁多、功能各异。需根据包装容器、被包装物品来选择。

1. 封缄对封闭物的要求

封闭物的形状、结构、材料和功能等直接影响包装质量。因此，对封闭物的要求是多方面的。

（1）必须保证包装物品经过储运、销售，直到使用时，无滴漏和逸散等情况，同时也不会受到包装件外部的影响。

（2）必须容易开启。有的能重复使用，有的不用取下盖、塞就能取用包装件内部物品，还有的不取下盖、塞，而是用注射针头刺入容器中取用等。

（3）封闭物不得影响包装内物品，必要时需进行消毒灭菌等过程。

（4）有的包装需要用防盗盖、塞，以防止假冒商品，或在销售时开启封闭物，破坏包装件的无菌或真空状态，造成商品损坏。

（5）特殊的商品要求气密性包装，以防潮、防挥发等；也有的商品要保持一定真空或压力。

（6）除保护商品质量、方便使用外，还要具有较好的可印刷性和装饰性，以达到美观和宣传商品的作用。

总之，封闭物往往都是些很小的零件，但对商品的作用和影响却很大，不可忽视。

2. 封缄常用的封闭物

（1）用于瓶、罐类包装件的封闭物。这类封闭物主要是盖和塞。盖的种类很多，目前多为金属和塑料制成，常用的有以下几种。

①螺旋盖。是内表面有连续螺纹的圆形盖，用金属或塑料制成。盖内的螺纹能与玻璃瓶、软管等容器的瓶口或颈部的外螺纹啮合。这种盖应用非常广泛，无论是日用品或工业品包装，随处可见。重要的是选择适当的旋盖扭矩和相应的密封垫。

旋盖扭矩是用扭矩测试器测量，用测试器夹持盖子，用手转动旋紧或松开盖子，从刻度盘上直接读数。但不能把测试器直接装在加盖机的旋盖头上。因此，加盖机的旋盖扭矩只能间接测量。先用手持扭矩测试器，按照所需扭矩旋紧瓶盖，然后再用扭矩测试器测量手动松盖扭矩。得到数据后，用同样方法测试旋紧盖的松盖扭矩。经过不断调整机器，直到两种数据相符合为止。

如果忽视上述工作，瓶盖过松将不能保证包装质量，过紧则给消费者和用户带来麻烦，甚至影响商品的销售量。

②快旋盖。是用于玻璃瓶的金属盖，盖内有塑料溶胶密封垫，盖上有一系列等距离朝里突出的耳状物，与瓶口间断的外螺纹啮合，旋转不到一圈便可将盖拧开或旋紧。广泛用于包装食品的大口罐头瓶，如果酱、酱菜罐头等。

③王冠盖。是一种金属盖，用组合软木或塑料的衬垫，盖边制成纹形，与瓶口的环形部分啮合密封，适用于汽水、香槟和啤酒等含碳酸气体饮料。这种盖在压盖机的压力下装于瓶口，因盖内有弹性衬垫，所以密封性好，能经受瓶内较大的压力。开启后不能重复使用。

④易开盖。是一种金属罐头盖，在开启部位有刻痕，装有提拉附件，以方便开启，有拉环式、拉片式、按钮式等不同形式。

⑤滚压盖。用韧性金属（常用铝）制成的盖。这种盖供应包装用户时没有螺纹，加盖时将盖坯套在玻璃瓶的封口部分，用机器在盖上滚压出螺纹，与瓶口的螺纹啮合。国外广泛用于含碳酸气体饮料和药品包装，国内目前多用于高档葡萄酒类。这种盖可以得到很好的密封性（与衬垫或塞配合）和完美的外观。另一方面，在盖的下部往往制出防盗圈。当盖被开启后，此圈与盖分离，可向用户显示包装已被开启。

⑥儿童安全盖。盖子的结构应设计成使绝大多数5岁以下的儿童短时间内难以开盖。装有毒物质或有害物质的容器配上这种盖对儿童比较安全。

在机械化和自动化的包装作业中,压盖封缄工序,多采用半自动或全自动压盖机,生产能力与装瓶机、装罐机相匹配。特别是汽水、啤酒等含气饮料的灌装生产,都将压盖机安排在灌装之后。当瓶灌满后立即压盖,以防瓶内的气体逸散,同时保持应有的压力。要获得满意的压盖质量,除盖子本身和衬垫的质量要符合要求外,瓶子的尺寸、瓶口光洁度和坚固性都直接影响压盖的质量。

塞多用于狭颈容器,用软木(天然的和人造的)、橡胶和塑料等制成。由于各种盖不断发展,塞的应用范围不断缩小,有的与盖合为一体,有的已被盖所代替,但有特殊物品的包装仍需用塞封缄,如无菌的抗生素粉剂及瓶装医用注射液等。

此外,有的瓶、罐类还有第二封口。如蜡、纤维素、金属箔片、热收缩性塑料以及其他衬垫等。它们主要起防气、防湿、装潢和防盗的作用。

(2)用于袋类包装件的封闭物。这类封闭物主要是夹子、带提环的套、按钮带、扭结带和扣紧条等。如图14-11所示的都是使用方便的塑料袋封闭物。图(a)为塑料夹子,用于袋装烘烤食品;图(b)为带提环的套,包括一个提环和一个套,提环下部两侧可以调节松紧;图(c)为扭结带,很像电视天线的扁馈线,由

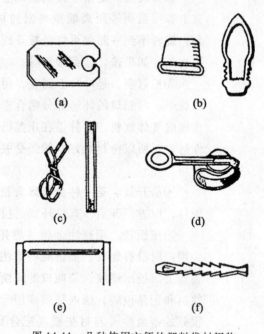

图14-11 几种使用方便的塑料袋封闭物

两条铝丝外面包以软塑料,扭结后不会松开,用于面包、糖果等小袋商品;图(d)为按钮带,将袋口捆扎后靠按钮固定,使用方便;图(e)为条形拉锁边,是在塑料袋口一面制出一条扁条,另一面制出一条扁槽,封闭时,只需将塑料袋两面重合,用手压紧一侧,让条与槽吻合,然后沿拉锁边滑过去就可以锁紧,可以重复使用,用于纺织品、小五金零件、礼品、化妆品和旅游用品等商品;图(f)是塑料扣紧条,作用与带提环的套相似,但更简单。

(3)用于纸盒、纸箱的封闭物:除前面已讲过的用胶黏合或用胶带封合的方法外,还有用卡钉钉合的。

卡钉是用金属制成的,与钉书机用钉相似。常用的有带型与U型两种。带型卡钉是将圆的或扁平的金属丝钉子用塑料粘成带状,可成卷供应,使用方便,并可避免由于连接不良所造成的断钉或卡钉变形以及操作上的损失。卡钉经过镀镍,防锈性能良好。使用带型卡钉的封箱机一次可装1 250~4 000件,减少装钉的麻烦。对各种厚度的瓦楞纸箱,均能保证封合质量,并可进行深钉或浅钉,不会破坏箱内的衬里。U型卡钉呈U型,用胶粘成条使用。经过防锈处理,可长期保存,卡钉连接强度良好并且柔软,具有通用性,可在手动、气动和自动封箱机上使用。

第四节 捆扎技术

捆扎是用挠性捆扎原件(或另加附件)将多件无包装或有包装的货物捆在一起,起集装货物、固定货物和加固包装容器的作用。可防止货件移动、碰撞、翻倒或塌垛,还能起防盗、装饰的作用。

一、捆扎原件的技术性能与种类

1. 捆扎原件的主要技术性能

货物经捆扎后,捆扎带就会长期受到拉伸力的作用,并受到流通环境因素的温、湿度和其他因素的影响,为保证货物捆扎的有效性,就应该了解捆扎原件的物理机械性能。以便正确合理地应用。

(1)强度。捆扎原件抵抗拉伸变形的能力是用抗拉强度和拉断强度来表示的。一定长度的捆扎原件在断裂前的最大载荷值与捆扎原件的横断面积之比所得的应力值即为该捆扎原件的抗拉伸强度(N/cm^2),该最大载荷值就是拉断强度(N)。

(2)延伸率。即断裂伸长率,是指捆扎原件经拉伸后的总长与原长的差别和总长的比率,用百分比来度量,延伸率表征材料塑性变形的大小,延伸率越小,则用该材料捆扎的包装件不易松散。

(3)延伸恢复量。是指拉力去掉后,捆扎带缩回的延伸量,单位 cm。它表征了捆扎原件的弹性恢复能力。

（4）拉伸应力和拉伸应力衰减。捆扎原件受拉力后，在其内部产生的应力称为拉伸应力。如果该原件在拉力作用下，保持一定时间后，应力将衰减，衰减的应力称为拉伸应力衰减。

（5）工作范围。捆扎原件在正常工作情况下，所承受拉力的大小。除钢带外，其余各种捆扎带在工作范围内所能承受的拉力为拉断强度的 40%～60%。

2. 常用的捆扎原件

现今，常用的捆扎原件主要有以下两类。

（1）金属捆扎原件。有钢丝、钢带、钢链、钢索等。钢质捆扎原件的特点是强度高、柔性差、易生锈，对温度、湿度变化不敏感。其中，钢索主要用于起重运输；钢链是一种非标准的捆扎原件，一般用于重型货物的集装捆扎；钢丝是由低碳钢冷却而成，刚性较大、延伸率在 7% 以上，拉伸强度达 $8\,000 \times 9.8 \text{N/cm}^2$，经退火处理后，可提高其耐冲击性和柔性。钢丝除用于木箱的加强性捆扎和货物的固定性捆扎外，还用于金属制品、木材等大型货件的集装捆扎，还可用于捆扎棉包的软性包装件；钢带一般也用冷碳钢制成，其抗拉强度在所有捆扎带中为最大，延伸率最低只有 0.1%，拉伸应力衰减最小。钢带与货物捆扎的接触面大，不易损坏货物或包装容器，所以应用比钢丝还要广泛（在集装捆扎方面），大量应用于木箱的加固和木箱包装的加强性捆扎，还用于钢材、建筑材料和木材等的集装捆扎。

（2）非金属捆扎原件。指纸绳、塑料绳、麻绳、棉绳、合成纤维绳等捆扎原件，只适用于轻小产品的捆扎集装，而用于捆扎集装运输中的非金属捆扎原件，主要是各种塑料捆扎带。

①聚酯捆扎带。是一种最新型的塑料捆扎带，是塑料捆扎带中性能最好的，其拉伸强度较高（约为钢带拉伸强度的一半以上），延伸率约为 2%～3%，具有较好的保持拉力的性能。完全可代替轻型钢带，而成本比钢带低 30% 以上。聚脂捆扎带受潮后不会产生蠕变，有缺口也不会发生纵向断裂，且弹性回复能力强，即可用于硬质货物的捆扎集装，又可用于趋于膨胀的货物捆扎集装，因其耐化学腐蚀性好，还可用于瓶装化学药品包装件的捆扎集装，但聚酯材料受热产生难闻气味，其接头尽量避免采用热合法接合。

②尼龙带。是成本最高的一种塑料捆扎带，其强度相当于中等承载的钢带，与聚酯捆扎带的强度几乎相同。与其他塑料捆扎带相比，延伸恢复量大、抗蠕变能力强，可紧紧捆扎在包装对象上，且可长期保持，因而适用于捆扎后沉陷的货件的捆扎集装，但因其延伸率较前者大，且在连续的强应力作用下会失去大部分保持应力而使包装松散。同时，受潮后强度降低，有缺口就断裂。

③聚丙烯捆扎带。其成本低于前两者，是一种性能差而应用最

广泛的塑料捆扎带,其延伸率高达25%,保持拉力易减弱,仅适用于轻、中型的膨松货物的捆扎集装,即主要是用于瓦楞纸箱的加强性捆扎。聚丙烯的最大优点是具有抗高温、高湿和低温的能力。

二、捆扎的操作工具简介

不论用手工还是机器捆扎,操作过程都相同。先将捆扎带绕于包装件或货物上,再用工具或机器将带拉紧,然后将带的两端重叠连接。绕带几乎全是沿物品的高度方向进行,也就是铅垂方向。小纸箱绕一道,或平行绕两道,也可绕成"十"字形的两道,较重较大的包装件或货物,沿宽度方向绕2~3道,必要时再沿长度方向绕一道。重型包装件可绕成"井"字形4道或更多。

捆扎带两端的连接方式有三种。

(1) 用铁皮箍压出几道牙痕连接。用于钢带捆扎重型木箱或货物,也可在手工捆扎塑料带时用。因牙痕不切开,故对接头强度不削弱。

(2) 用铁皮箍切出几道牙痕,并间隔地向相反方向弯曲而连接。主要用于钢带捆扎重型包装件。

(3) 用热黏合连接。在用机器捆扎塑料带时广泛采用。捆扎时,经过绕带、拉紧过程后,用加热器将塑料带加热熔化一端,然后压紧冷却,即完成连接。

三、捆扎工具与设备

捆扎工具与设备不仅用于包装工业,其他行业和部门也在使用。因此,发展很快,不同用途不同规格的种类很多。

用于包装捆扎的工具与设备,常用的有以下几类。

(1) 手动捆扎工具。有人力的、气动的和电动的;有设计成整体的,有拉紧机构和接头机构可组合的,价格便宜、操作简单、便于移动使用。最适合产量小,不考虑捆扎速度以及需要移动使用的场合。

(2) 半自动捆扎机。需要由操作者将包装件放在适当的位置上,并启动机器,即可捆扎一道,然后移动位置再捆扎另一道。除此以外,从绕带、拉紧、接头和切断工序都是自动完成的。

(3) 全自动捆扎机。全部捆扎工序都是根据规定的程序自动完成的。

除通用的以外,还有一些用于托盘包装、大宗货物捆扎、压缩捆扎和水平捆扎的特种用途的捆扎机。但要与生产线联动,有的包装件还需要放在适当位置。

总之,用手动捆扎工具、半自动和全自动捆扎机,完全可以满足不同批量和各种包装要求的捆扎作业。

四、捆扎包装的设计要点

捆扎工作看起来很简单，只要捆紧不散即可，但在实际应用中却有不少因素要考虑。

（1）被捆扎物品的类型和性质。比如物品有坚硬的、松软的、有弹性的，还有物品的体积、重量以及物品本身能承受多大的力等。

（2）捆扎带的选择。前面介绍了几种捆扎带，选用前要对捆扎带的性质，如弹性、强度，对环境温湿的敏感性，应力保持与衰减等有充分的认识，使捆扎带能适应被捆扎物品的要求。

（3）搬运的方向、运输环境和工具的考虑。

（4）成本和经济效益。在满足包装要求前提下，尽量降低成本。

（5）在大批量捆扎前，要先通过各种试验确认其设计是否符合要求，否则会造成经济损失。

第五节 贴标技术

标签是指在容器或商品上的纸条或其他材料，上面印有产品说明和图样，或者是直接印在容器或物品上的产品说明和图样，如印在桶、袋、塑料瓶、玻璃容器上的说明和图样。标签的主要内容包括制造者、商品名称、商标、成分、品质特点、使用方法、包装数量、储藏应注意的事项以及其他广告性图案文字等。

标签的功能是介绍商品、方便使用；有时通过精选的图案和印刷，起到宣传商品、扩大销售的作用。

一、标签的种类

1. 按功能分

（1）商标。是商品的牌子。商标的设计和使用，涉及到美学、商品的宣传和销售知识，以及商标的法规。归商标管理局统一管理，商标必须登记，取得许可后方能使用，同时也受法律保护。

（2）货签。是粘贴或拴挂在运输包装件上的一种标签。内容有运输号码、发货人、收货人、发站、到站、货物名称及件数等，一般用纸、塑料或金属片等制成。

（3）吊牌。是一种活动标签，通常用纸板、塑料、金属等制造，用线、绳、金属链等挂在商品上，上面印有产品简要说明和图样。有些产品合格证也采用吊牌方式挂在商品上。

（4）其他标签。除以上三种功能的标签外，还有许多其他功能的标签。如合格证、检验员号与名称、价标等。

2. 按放置在商品上的方法分

(1) 胶粘标签。用薄片材料制成，一般用纸，经印刷后模切需要的形状。涂胶可在制造标签时完成，使用时用水将胶湿润后粘贴，也可以在使用时涂胶。

(2) 热敏标签。制造标签时，在标签背面涂一层热熔性塑料。使用时将标签加热，使塑料涂层熔化，然后贴在商品上，热敏标签比胶粘标签价格高些，但使用简便，可适应高速度贴标的需要，特别适合于将标签当做封闭物用的包装件，如裹包的饼干两端各贴一个标签，将口封闭。

(3) 压敏标签。在标签背面涂以压敏黏合剂，然后黏附在涂有硅树脂的隔离纸上，使用时将标签从隔离纸上取下，贴于商品上。压敏标签可制成单个的，也可在制造时，黏附在成卷的隔离纸上，用于高速贴标机。

(4) 系挂标签。用卡纸、薄纤维板或金属卡制成，用线绳或金属丝系或挂在商品上。有时用彩色绸带将标签系结于豪华消费品或礼品上。

(5) 插入标签。将标签放在透明的包装件内，不需要固定，顾客可以通过透明包装材料看到标签。

(6) 直接印在包装件或包装容器上的标签。在玻璃容器上印标签，可以用陶瓷染料，印后高温加热熔化而存留在容器表面，成为永久性标签。这种方式用于可回收重复使用的饮料瓶，可以省去贴标签和洗去标签的工序；此外，还用于装某些药品的玻璃瓶，因为这些药品一旦失去了标签而被误用，会造成生命危险。

二、标签的形式

标签的形式多种多样，常用的为长方形、圆形或椭圆形，此外，还有各种异形的。罐头用的标签，大多数是长方形的，而且围绕一周，在大量生产中将标签印刷在卷筒材料上，操作时，一面切断一面粘贴，速度很快。卷筒标签也用于药品包装，这样可以避免贴错标签。瓶装商品用的标签，除了用长方形的（贴在前部、后部或围绕一周）以外，还有贴于瓶肩部和瓶颈部的。其他形状的标签都切成单个的供使用，但压敏标签例外。

三、标签材料

1. 纸

一般的纸、涂敷纸和金属箔与纸的复合材料都可用来制造标签。但必须考虑纸的可印刷性和可粘性，因此，应当根据印刷方法和黏合剂选择标签用纸，而印刷方法则需根据标签图案的要求和印刷成本来决定。标签印刷之后，为了保护图案不被磨损，增加光泽，常常涂敷一层光泽透明的保护膜。

2. 金属箔及其复合材料

这类材料可以产生特殊的装饰效果，如金属光泽或凹凸的图案。此外，当贴有标签的容器经常需要浸在冰中时，为了保持标签牢固地粘在容器上，也采用这种材料。

3. 塑料

除了用收缩薄膜作的套筒标签以外，一般粘贴的标签不用塑料制造。有时用透明塑料薄膜标签，代替直接印在容器上的标签。此外，系挂标签可用硬质塑料薄片印刷。

四、贴标签工艺及设备

贴标工艺过程因标签的种类和使用设备不同，而略有差别。大致可分为两类：冷胶和热熔胶贴标以及压敏标签的粘贴。

1. 用冷胶和热熔胶贴标（包括热敏标签）的工艺与设备

贴标操作过程简单可分为四步：①将标签（成叠的或卷筒的）放入签架内或卷筒支架内；②用吸盘、压缩空气或二次胶粘等方法取出一张标签；③用涂胶辊在标签背面全部涂胶，或沿垂直、水平方向涂几条，也可以在容器上涂胶；④用压板、压缩空气、皮带或刷子，将涂过胶的标签压在容器上，直到粘贴牢固后松开。

（1）最简单的贴标机是托板式的。先用涂胶辊在托板上涂胶，再用此板在装标签的框架内粘出一张标签贴在容器上，然后用压板压紧，与此同时，将托板撬起离开容器，准备进行下一次涂胶。压板将标签压紧一断时间后，标签粘贴牢固，压板复位。这种贴标机属于简单机械式的，但可以并列几行同时贴标，因此也可以实现高生产率。缺点是需要涂较厚而粘的胶层，有时胶会被挤出来，影响商品美观；取出标签和贴标动作可靠性差，从而增加了停机时间。

（2）比较先进的是真空鼓式贴标机。在涂胶鼓的周围均匀分布一些吸标签口，由于鼓内是负压，当鼓转至振动的存标签框架下方时，就吸住一张标签，并带动它继续向前转动，到涂胶辊下涂胶，容器由螺旋分离轴送至贴标位置，此时正好与涂过胶的标签啮合，再向前经过压紧皮带和压紧条将标签压紧并输送出去。此机可得到较好的贴签外观和较高的贴签效率，可连入生产线。缺点是操作维修技术水平要求较高，不过，真空鼓式贴标机是唯一能用热熔胶贴标的机种。

（3）真空与机械结合式是最新开发的贴标机。取标鼓式上的真空吸标口将标签从存框架内吸出，与辊配合将标签推入送标辊送到涂胶辊涂胶，然后，送至贴标位置与螺旋分离轴输送的容器啮合贴标。再由压紧皮带与压条将标签压紧并送出生产线。该机的特点是可以进行高速贴标，同时可以使用各种黏合剂进行贴标。

2. 压敏标签粘贴工艺与设备

压敏标签是预先涂胶的，成卷供应，贴标速度高、操作简便、贴标准确、效率高,所以使用广泛。压敏标签的基本粘贴工艺有三种。

(1) 滚压法。如图14-12所示,标签印刷时就贴在隔离纸上,标签之间有一定距离,并卷成卷筒。贴标时将隔离纸一端绕在一个滚筒上,滚筒旋转时,首先经过压标辊,将标签压在容器上。压标的位置要和容器的位置配合准确;隔离纸运动的线速度要与容器输送带的速度同步。此法适合在平面上贴标。

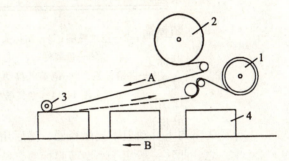

1—标签隔离纸卷筒;2—标签卷筒;3—压标辊;4—包装件
A(v_1)与 B(v_2)应同步

图 14-12 滚压贴标法

(2) 冲压法。贴标时,冲压头从隔离纸上将标签吸起并移至贴标位置,当操作者或自动贴标机给出信号后,冲压头将标签压在容器上。此法适合在凹进较深的商品表面,或贴标机构接近商品表面受到限制的场合使用。如图14-13所示。

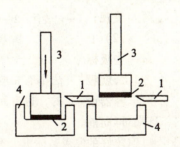

1—标签隔离纸;2—标签;3—冲压头;4—包装件

图 14-13 冲压贴标法

(3) 空气喷射法。贴标头底部端面有很多小孔,内部装有产生真空和喷气装置。贴标时,贴标头用真空从隔离纸上将标签吸起至容器上方,然后启动喷气管将标签吹至容器上并压紧。此法可贴长方形和异形标签,并能在曲面或凹面上贴标。如图14-14所示。

(4) 冲吹法。是以上三种基本方法中冲压和喷射两种方法的组合,先用冲压头从隔离纸上将标签吸起,送至贴标的位置,冲压

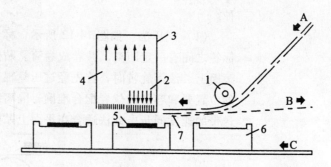

1—导棍；2—空气喷嘴；3—贴标头；4—真空腔室；5—标签；
6—包装件；7—标签隔离纸
A—供给标签；B—隔离纸移动方向；C—包装件供给
图 14-14 空气喷射贴标法

头略向下移动但不接触容器，然后用空气将标签吹到容器上并压紧之。此法一般用于小型薄膜标签，特别适合粘贴受到限制、不易接触容器的场合。如图 14-15 所示。

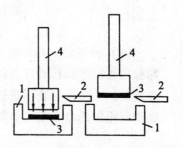

1—包装件；2—隔离纸；3—标签；4—冲压头
图 14-15 冲吹贴标法

上述各种方法都有相应的贴标机来实现，而且都是自动化高效率的，有连续式的，也有间歇式的。以下再介绍两种性能极好的特殊贴标机。

(5) 连续式贴标机。有两个卷筒可交换使用。贴标头比较宽，底部端面分成左右两部分，可以分别进行贴标操作。在贴标头两侧上方，放置两个标签卷筒。当右边工作时，左边等待。一旦右边发生卷筒断头，贴标不正常或标签用完时，可立即启动左边的进行继续贴标，机器不必停止。该机速度快产量大，但停机更换用完的卷筒或不同品种的标签卷筒，对生产效率有明显的影响。其操作示意图如图 14-16 所示。

(6) 多列贴标机。两个或更多的标签在一台机器上分成多列同时粘贴，这种方式可以在不提高机器运转速度的情况下，成倍或几倍地提高产量。如图 14-17 所示，有一个具有真空吸力的运输皮

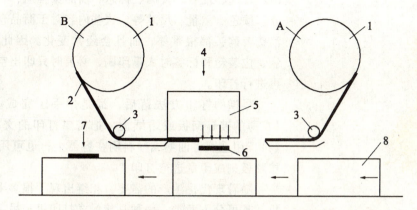

1—标签卷筒；2—带隔离纸的标签；3—导辊；4—贴标头；5—空气喷嘴；
6—标签；7—贴好标签的包装件；8—包装件
A—正在使用；B—待用
图 14-16　连续式贴标机

带，从标签隔离纸上吸起几个标签，然后送至贴标位置，正好与到位的容器对正，贴标方法则采用前面讲过的空气喷射法、冲压法或滚压法。

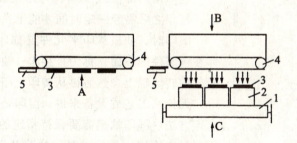

1—包装件输送带；2—包装件；3—标签；
4—具有真空吸力的输送带；5—标签隔离纸
A—标签吸于输送带上；B—用滚压法、冲压法和空气喷射法贴标；
C—包装件排单列式多列
图 14-17　多列贴标机

贴标设备有手动工具、半自动和全自动贴标机。选用时，首先要根据包装件或容器的大小、形状、材料、批量和要求贴标的速度来选择标签的种类、贴标工艺。然后才确定贴标机。原则上讲，贴标机应当速度适当、效率高、操作简便、贴标位置准确。

第六节　打 印 技 术

打印是指在商品或包装件上印上各种经常变动的资料。如产品出厂日期、批号、代码、标志、商品保鲜期、有效期以及价格、成分、颜色、重量、尺寸等。这些内容对于商品仓储、运输、销售和消费者购买都很重要，而且会经常变化。因此，不能在印刷包装袋、包装箱和标签时大量印刷，必要时只印出空白框格，在包装后再进行打印。

早期的打印方法落后，都是用手工完成。常用的是漏字板（在薄的镀锌钢板或蜡纸上，把需要打印的文字和数字等刻出空洞），用毛刷将油墨或颜料刷在容器上；也可用喷枪喷印；有时用橡胶板刻成印章进行打印。

随着现代化生产的需要，相继出现了很多半自动和全自动打印机。其可分为两类：一种是接触式打印机；另一种是非接触式打印机。

一、接触式打印

接触式打印是指蘸有油墨的印字元件直接与包装材料或容器表面接触印字。包括湿印、热印和干印三种方法。其中湿印又分直接印和转印两种。

1. 湿印

湿印用的油墨或颜料，是用油或其他溶剂调制的，呈流体状态，打印之后需经一定时间才能干燥。所以，称为湿印。

湿印时，油墨从印字元件（如印章、印版和印辊等）上直接印在包装件的表面，称为直接印；油墨从印字元件先印到一个表面较软的转印辊上，然后再从转印辊印到包装件上，则称为转印。

无论从工艺或设备来讲，湿印是一种较早使用的、价格便宜的打印方法。湿印油墨需要保持指定的黏度，使用时易溅出或泄漏，需要经常擦洗。为此，湿印的劳动强度比其他打印方法较高。此外，湿印的文字容易被抹脏，因此需要一定的干燥时间，这样会妨碍产品在车间内的流动。选用合适的油墨，是湿印的关键。这种油墨应当是速干的，并能可靠地黏附在包装件的表面。

2. 热印

将需要打印的资料用热熔性油墨预先印在金属箔制成的带状衬底上，字迹是反的。打印时将衬底印有字迹的一面贴敷在包装材料表面上，然后加热使油墨熔化，字迹就印到包装件上。印出的字迹清晰，不会被涂抹，而且迅速干固。此法最适合用于要求打印结果清晰美观的场合。热印和一般比湿印的价格贵一些，并需要停机装衬底卷的时间，因此，打印费用较高。

3. 干印

用一个热熔性塑料辊，加热将油墨活化而进行打印，印出的字迹立即干固。打印操作可实现高速度，在每分钟打印 1 000 次的速度下，可连续工作而且打印质量很高。可在常用的各种包装材料上打印，油墨的消耗缓慢，如打印尺寸为 3mm×25mm 时，可连续印 250 000 次不需要换印辊，从而大大减少了停机时间。尽管这种打印方法是新兴的，但已经发展到可以很容易地组合经常用的包装生产线。

二、非接触式打印

非接触式打印就是在打印时，打印机的任何部分都不接触被打印的表面。主要的方法有油墨喷射式和激光打印式两种。接触式打印与非接触式打印相比，人们更重视后者。这是因为非接触式打印可以在操作条件变化范围广的情况下应用；而且在各种不同的材料上，能可靠地打印出清晰的字迹和图案。

1. 油墨喷射式打印法

此法是将微小的油墨点从一个或多个喷印头通过缝隙喷射到位于生产线上的每一个包装件，形成点阵组成的字迹。字迹高度可从几毫米到 50mm 以上。

用一个微处理器控制所需字母和数字的程序，数目与喷印头数目相等。同时，通过传感器的作用与生产线的速度保持同步，以保证每个包装件都能正确地打印上代码（即用文字和数字所代表的资料）。

油墨的喷射由压力或静电来完成。这种方法使用的打印机有很多种型号。可以沿水平方向，自下而上，自上而下；或者从任意角度打印。在两种非接触式打印机中，油墨喷射式打印机应用较广泛。其操作过程如图 14-18 所示。

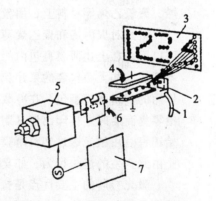

1—真空吸墨管；2—油墨传感器；3—打印表面；4—静电偏转板；
5—喷油墨装置；6—喷油墨的通道；7—油墨点电子调节器

图 14-18　油墨喷射式打印法

2. 激光打印法

由激光器、光束发送系统、光学成像系统和传感同步定位系统所组成。如图 14-19 所示。在光学成像系统中，除反射镜和透射镜外，还有一个刻有打印资料的模板。激光束穿过模板上的空隙及聚焦透镜，在包装件表面成像。从激光器发出的瞬间高能光束，在包装件表面微观薄层按照成像的形状完成打印工作。

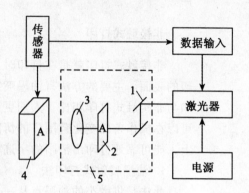

1—反射镜；2—模板；3—透镜；4—包装件；5—光学成像系统
图 14-19　激光打印法

激光能量在包装件上产生的作用，取决于表面的组成。在有涂层的金属和纸上作用，是将涂层材料（如油墨、油漆和喷漆等）烧去一层而形成字迹；在某些塑料或陶瓷表面上，作用的结果显示出像加热变色颜料效果的字迹；在玻璃和某些其他塑料上作用，结果像结霜或蚀刻效果的字迹。

不同的塑料对激光能量的反应也不同。某些塑料只吸收激光中部分波长的光或者全部不吸收。

在醋酸纤维、玻璃纸、聚酯、乙烯树脂、聚碳酸酯、聚苯乙烯、聚氯乙烯等材料上，用激光打印可得到很好的效果。

激光对聚丙烯和聚乙烯薄膜不起作用。这种特性也是有益的。可以用来在上述薄膜裹包内的纸上打印。这是用其他打印方法所做不到的。如无菌包装的果汁和其他饮料，灌装后外面用对激光不起作用的塑料薄膜裹包，在冷藏库或批发商店的冰柜中保存。在出售给零售商店时才打印出售日期。这就可以在生产时不打印，而在开始销售时用激光透过塑料薄膜在铝箔或纸上打印日期代码，但要防止由此产生的违法行为，如卖过期商品等。

激光打印的主要优点是打印的字迹不会被抹脏、涂改或擦去。缺点是打印机价格贵，因而使它的应用受到限制。一般只用于大批量生产或用其他打印方法无法打印的场合。

我国对商标、包装标志和代码的标准、法规、条例，有一部分已经发布并开始实施，有的正在拟订中，将陆续发布并不断完善，举出一部分如下：

GB190—85——危险货物包装标志。

GB191—85——包装储运图示标志。

GB6388—86——运输包装收发货标志。

思考题

1. 什么是黏合？黏合剂产生黏合的基本条件有哪些？
2. 黏合剂有哪些分类方式？各有哪些类型？
3. 比较冷胶和热胶的优缺点及涂敷工艺。
4. 什么是封缄？封缄有哪些常用的方法？
5. 了解热封作业的原理和作业方法。
6. 了解封缄对封闭物的要求及常用封闭物的特性。
7. 什么是捆扎？捆扎原件的主要技术性能有哪些？
8. 了解常用的捆扎原件及其主要特点。
9. 捆扎包装的设计要点有哪些？
10. 标签有哪些类型？各有什么作用？
11. 了解冷胶和热熔胶的贴标工艺。
12. 了解打印方式的分类及各自的作用原理。
13. 什么是艺术包装？艺术包装的方法有哪些？
14. 为什么要进行防伪包装？进行防伪包装要注意哪些问题？
15. 常用的防伪包装方法有哪些？

参考文献

[1] 林学翰，徐瑞红，张林桂．包装技术与方法．长沙：湖南大学出版社，1988．

[2] 赵延伟，彭国勋．包装技术与机械设备．长沙：湖南大学出版社，1986．

[3] 陈先枢．集合包装概况．中国包装年鉴，1985．

[4] 许文才，向明，潘松年．防锈包装技术．中国包装，1997，18（1）：67．

[5] 王京海，赵京华．鲜肉的包装技术研究．中国包装，1997，17（3）：64．

[6] 胡世俊，孙永中．基于缓冲包装的系统分析．包装工程，1997（1）：13．

[7] 王会云．防霉包装的机理与应用．包装工程，1997（4）：20．

[8] 刘忠一．包装设计原理与方法．合肥：安徽科学技术出版社，1994．

[9] 马桃林，金卫红．包装装潢设计与消费者心理结构．包装工程，1997，18（6）：45．

[10] 李基洪，王培良，黄寿恩．包装技术问题．北京：中国轻工业出版社，1995．

[11] 赵秀萍，许明飞．包装·设计·印刷．北京：印刷工业出版社，1995．

[12] 周伟雄，张燕萍，韩鹤鸣．世界包装设计精华（1、2）．合肥：安徽科学技术出版社，广东科技出版社，1993．

[13] 金国斌．防伪包装技术的选择与应用．中国包装，1997，17（6）：49．

[14] 苟新建，吴龙奇，张海．防伪包装的最优定位．包装工程，1998，19（3）：28．

[15] 黄俊彦．现代商品包装技术．北京：化学工业出版社，2007．

[16] 陆浩．日本制成防霉包装袋 并且使饲料含有特殊香味．中国禽业导刊，2002（14）．

[17] 林向阳等．超高压杀菌技术在食品中的应用．农产品加工（学刊），2005（1）．

[18] 王应强,段玉峰,刘爱青. 流体食品冷灭菌技术. 食品与药品, 2006 (11).

[19] 郭海枫,王颉,王强. 高压静电技术在食品加工中的应用. 保鲜与加工, 2008 (2).

[20] 陈希荣. 纳米抗菌包装材料的开发与应用(一). 中国包装, 2009 (2).

[21] 韩芳. 食品包装材料的发展趋势. 中外食品, 2008 (1).

[22] 袁晓林,李艳. 活性包装材料与技术探讨. 包装工程, 2006 (3).

[23] 彭国勋. 运输包装. 北京:印刷工业出版社, 2005.

[24] 李永梅,骆光林. 瓦楞纸板和蜂窝纸板的发展方向. 中国包装工业, 2005 (4).

[25] 金国斌,徐兰萍. 纸浆模塑件生产工艺方法综合研究. 包装工程, 2004 (3).

[26] 周盛华. 植物纤维发泡材料的研究背景、现状及工艺探讨. 包装工程, 2007 (11).

[27] 周明砚,张峻岭. 缓冲包装设计理论的发展及方向. 包装工程, 2005 (2).

[28] 刘力桥,奚德昌. 防潮包装的研究方法. 包装工程, 2003 (2).

[29] 孙蓉芳. 防潮包装的机理和应用. 包装工程, 1994 (15).

[30] 崔爽. 浅谈金属防锈包装材料. 包装天地, 2008 (11).

[31] 洪亮,程利伟. 泡罩包装技术分析. 包装工程, 2008 (2).

[32] 刘颖. 国内外泡罩包装材料发展与比较. 机电信息, 2005 (1).

[33] 洪亮,程利伟. 浅谈药品泡罩包装材料及设备. 包装天地, 2007 (10).

[34] 洪亮江,新忠. 浅谈贴体包装技术. 包装天地, 2008 (10).

[35] 董俊杰. 收缩包装与拉伸包装及其应用. 机电信息, 2004 (17).

[36] 李丽. 热收缩包装技术以及热缩包装新应用. 中国食品报, 2007 (10).

[37] 宋继鑫. 拉伸包装现状及其前景. 包装工程, 1989 (10).

[38] 杨虎林,李海军,杨海辰. 真空包装技术工艺的粗浅探讨. 广东包装, 2008 (3).

[39] 孙艳华,赵淑香. 探析真空包装技术. 今日印刷,2008(4).

[40] 韩兆让,刘宝璋,林龙杰,任宝林. 铁系脱氧剂特性及在食品防氧包装中的应用. 食品科学,1994(1).